金商道

The positive thinker sees the invisible, feels the intangible,
and achieves the impossible.

惟正向思考者，能察於未見，感於無形，達於人所不能。 —— 佚名

商業圖書大獎作者
三谷宏治 著

張嘉芬 譯

7堂管理學入門課
洞悉商業世界的
運作真相

管理學,最強商業邏輯養成

新しい経営学

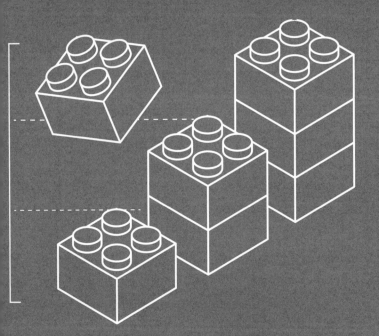

解析7大主題 × 49個關鍵概念 × 22道練習題,
零基礎就能掌握商業的原理和賺錢的方法。

管理學，最強商業邏輯養成

目次

序章

概論：
管理學全貌與
本書的學習方法

第1章
目標族群：
該鎖定誰？

第2章
價值：
價值主張為何？

第**3**章
能力：
如何提供價值？

第4章

獲利模式：
如何調度資金？

第5章
案例研究：
咖啡和咖啡館

第6章

商業三大必修學分：
事業目標、共通語言、資訊與人工智慧

第7章
經濟基礎知識：
基礎個體經濟學與策略管理史

推薦序
本書架構將能大幅提升學習者的管理知能

吳相勳／元智大學終身教育部主任、管理才能發展與研究中心主任

　　身為跨足商業與學界的跨域專家三谷宏治，極為精確地掌握了學習管理學的痛點，「花了這麼多時間與精力學習，卻始終掌握不了全貌」。我長期教授大學一年級管理學，偶爾也主持企業初階經理人內訓，讀此書時，作者每一段文字都在回應我長期的疑惑、也充滿了鼓舞的力量。我在兩天內讀完一次，也更加堅定相信無論是大學管理或企業訓練主管的教授方式，若照著本書架構重新梳理與設計，將能大幅提升學習者的管理知能。

　　我給予本書如此高度評價，是因為作者提出了最重要的主張：不依專業領域，而是依目的來學習管理學。主流的管理學教科書架構大多涵蓋：管理職能（Planning, Organizing, Leading, Controlling，簡稱POLC）與專業領域簡介（包括規畫與策略、行銷、財務、人力資源管理、營運管理等），集管理各大領域經典與前沿知識為一體。但遺憾的是，這樣的架構反而無助了解管理學。原因在於學習者好奇商業世界的諸多現象，卻不知如何正確提問，也無法在教科書中直覺找到解答。因此，作者主張，管理學是為了經營好事業而生的學問，那麼，就應該讓學習者從「經營整體事業要怎麼做」著手學習。要經營好單一事業，所有管理者都得了解「目標族群該怎麼選擇」，而我們對應提供的「價值主張是什麼」，還要透過何種「能力」才能滿足，從而建構出「獲利模式」。

　　三谷宏治另一個重要主張，是確實區分經營管理在公司層級（Corporate level）與事業層級（Business level）的學習內容。對初學者來說，專注「事業層級」即可。公司層級談的涉及多個事業的統籌規

畫，例如，多角化擴張、併購；事業層級則是談單一事業的商業模式與
運作方式。初學者一般不會遇到同時要管理多個事業的難題，然而，在
許多管理學教科書卻沒有明確區分公司與事業層級的知識與方法，這使
得初學者會突然陷入學習迷霧中。因此，若是讀者曾經因學過管理學而
覺得索然無味，甚至灰心喪志，本書提供了再認識管理學的絕佳機會。

　　這兩個主張在邏輯上是合理的，但是真的以經營事業角度來學習管
理學會比主流架構得到更好的學習成效？在沒有讀到三谷宏治此書之
前，我自己的管理學教學實踐已朝向目的導向。這兩年課程，我給予剛
從高中進入大學的新生，真實事業經營的挑戰題目：「一家照明產品品
牌公司意欲透過智慧照明產品，建立在消費者心中的地位，如果是你，
應該怎麼做？」學生模擬自己是該公司的初任行銷專員，開始認識公司
原本的商業模式與優勢，接著透過大量的資料收集與分析，了解智慧照
明產品的目標客群有哪些，他們在乎什麼。學生的提案必須考慮組織已
有的組織架構、流程、資源，才能讓獲利模式有可執行性。教師在這個
學習歷程，提供必要的分析架構、知識與各式案例，讓學生可以更有效
率完成提案。學生並非照著教科書章節，一章一章學習，而是不斷提問
與練習。大一學生可依照這樣的方式，掌握經營事業的重要元素，我相
信初階、中階主管必然也能以此建構完整的管理思維與手法。

　　作者以簡化的商業模式圖：目標族群（顧客）、價值、能力（營運
／資源）、獲利模式（利潤），帶領學習者快速掌握、不斷熟練案例的
精華內容。相較於Osterwalder（2010）提出的商業模式草圖（Business
Model Canvas），三谷宏治的簡化版本更適合初學者。這本書提及的大
量案例，約有40%是西方企業案例（可以在哈佛商學院出版的案例中找
到全文），60%是日本案例。透由精鍊案例內容，讓學習者也能輕鬆從
案例中學習專業理論與架構。甚至，像我這樣長期以案例教學為主的教
師，也能再次從中學習、獲得啟發。當學習者感受到樂趣後，自然也會
自行查找更多資料，強化特定主題或案例的深度。

　　說實在話，這本書幾乎不需要導讀，作者與編輯團隊非常貼心地指

引不同狀態的學習者。在「前言」說明這是給初學者的管理學專書；在書末「課程尾聲」，作者寫了四封信〈給19歲的你（也就是大學生）〉、〈給29歲的你〉、〈給30多歲～40多歲的你〉與〈給和我同世代的讀者〉，以充滿正能量的文字，鼓勵處於商業世界而奮戰的人們——不同階段的事業經營難題，在掌握經營本質後，都能找到解方。對於想要鑽研特定主題與理論的學習者，第7章相當完整地梳理了個體經濟學、管理理論、策略發展理論，學習者可以更好掌握專家、學者們如何詮釋商業世界演化的方法。

　　我經常開玩笑地說：「台灣人一輩子花最多時間學習、卻效果有限的兩門專業：英文與管理。」在我們面臨複雜、動態的商業世界時，不能將視野放在過度細分的專業領域中，而是得抬頭看整體世界的樣貌；不能只是不停吸收與背頌知識，而是得提出問題並行動實踐。本書正是讓我們初探商業世界運作本質，也提供了動手應用的有用方法。

推薦序
用簡單的方式，
理解經營管理的第一性原理

劉奕酉／鉑澈行銷顧問策略長

作者三谷宏治開門見山地指出，這是為商務人士初學者所寫的管理學入門書。但對於資深的商務人士來說，我想本書內容也是做好經營管理的第一性原理[*]，提醒我們要不時審視最核心的關鍵要素與連動關係。比方說：

・管理學的六大領域，包括經營策略、行銷、會計、財務、人力與組織、營運
・事業經營的核心，是理解與建構商業模式
・商業模式的四大要素，是目標族群、價值主張、能力與獲利模式

管理學的六大領域和商業模式的四大要素，建構出經營管理的基礎範疇。為了更好地設定商業模式中的目標族群、價值主張，需要學習經營策略和行銷等理論；為了規畫與具備實踐的能力，需要學習人力與組織、營運管理等理論；為了打造獲利模式，必須深入學習會計學理論。對於有志於進入管理學領域，或是未來希望成為管理者來說，本書勾勒出一幅「學以致用」的學習地圖。

管理學是一門終身學習的科學，需要透過不斷實踐、反饋與再學習，方能與時俱進，更完善地應對事業經營上的各種難題。換句話說，

---

[*]　編按：英文為 first principle。由希臘哲學家亞里斯多德提出的哲學原理，指任何一個系統中，存在最基本的命題或假設，既不能被省略或刪除，也不能違反。特斯拉 CEO 馬斯克過去受訪，便曾經提到他創業過程，便採用此原理思考。

想要一步到位掌握管理學的精髓，其實是一種迷思，正確的做法是**依據目的與遭遇的問題來補強不擅長的領域、逐步強化經營管理的能力**，作者在本書中也提出了相同的看法。此外，書中提供了大量的商業模式圖來整理、說明實際案例與想法；比起學習更多的理論與方法，像這樣透過個案解析來理解會更有效。

全書分為八個章節，包含五面向：

- 建立管理學的全貌與關鍵知識點（緒論）
- 引導理解商業模式的四大要素（第 1 章到第 4 章）
- 透過咖啡與咖啡館的案例研究，理解商業模式的實際應用（第 5 章）
- 在商業模式之外，對於事業經營同等重要的三個重點（第 6 章）
- 經濟基礎知識的補充，可當成延伸閱讀參考（第 7 章）

除了三井越後屋、咖啡與咖啡館等案例研究之外，在每個章節中的知識點，也都有對應的實際案例作為輔助說明，像是福特汽車、家用遊樂器產業、家電量販店等，讓讀者可以按圖索驥、依樣畫葫蘆地理解與學習管理學知識。

而令我印象深刻的是書中的四篇專欄，指出了實務與理論上的差異、如何解決學用落差的問題，也顯現出作者的實務經驗不俗。像是STP、4P 與 SWOT、PLC 這些常聽到的行銷名詞，你真的理解在實務上如何運用嗎？你聽過 ST-4P-P 和 TOWS 這些實務做法嗎？讓我賣個關子，等待你自行閱讀與感受這些經驗談中的價值吧！

對於不同職涯階段、不同工作階層的讀者來說，我想書中的內容有著不同的感受與提醒。當你困於商業模式、事業經營等議題之中時，不妨參考書中的第一性原理來重新思考；相信你也能和我一樣，從本書獲得必要的知識與啟發。

推薦序
管理學的本質是「故事」

黃瑞祥／「一個分析師的閱讀時間」FB 粉絲團版主、
鯤鵬顧問有限公司負責人

　　管理學的書籍繁多，但大多號稱「入門」的管理書，事實上都不算入門，反而比較像是給有一定經驗者閱讀的學習心得。我們要先釐清，管理學是一門由經驗累積而成的學問。因此，對於從來沒有管理經驗的人來說，直接閱讀管理理論，就像是一個沒有喝過威士忌的人，要憑空想像品酒師說的「泥煤味」、「礦物味」一樣困難。如果用這個角度思考，那這世界上就不可能存在真正的管理入門書了。

　　幸好，人雖然無法憑空構築抽象的理論，但人天生就喜歡聽故事。目前全球商管學院與 MBA，最主流的教學方式正是個案教學（case study），也就是透過說故事來談管理學。我個人撰寫過幾篇管理學個案並發表在《哈佛商業評論》中文版上，深知個案對於學習管理學的影響力，因此，對於這本《管理學，最強商業邏輯養成》（以下稱本書）的撰寫邏輯，相當認同。

　　MBA 使用的個案不會有過多的圖表和細部解說。這是因為個案教學的過程中，老師扮演了關鍵角色，可以透過大量的討論與問題，讓學生更容易進入故事。然而，對於自學者而言，在沒有指導者帶領的情況下，很多時候即使直接讀了個案，卻仍無法從中獲得知識與洞見。然而，**本書則以大量的圖表與解釋框，嫁接了「故事」與「理論」，因此讀者便能以更加輕鬆的方式明白重點**。

　　管理學是一門綜合性學問，例如像行銷可能是身為消費者的一般人平日也會接觸到的領域，但像會計、財務、產品策略、商業模式等隱藏在商品背後的範疇，對於普羅大眾來說就特別難理解。本書並沒有迴避這些進入門檻偏高的內容，並盡可能在不使用過多專有名詞與概念的情

況下，用最具故事性的方式帶入這些知識。例如，本書的第 4 章在討論獲利模式，並沒有花大量篇幅去講解損益表的原則與邏輯，而是以一張損益平衡表輕輕帶過，並用實例給出洞見：收入要大於費用才能獲利，同時，費用的組成方式會影響該企業努力的目標。

　　管理學的本質，無非就是故事。我們透過對故事的歸納，從中抽取出各種概念與法則，再將其整合成知識。我認為管理學的學習，對所有人來說一律平等，對社會人不見得有利、對學生不見得不利。確實有一部分社會人的管理能力隨時間不斷提升，但更多人的管理思維跟還沒出社會時差不多，為什麼會這樣呢？這是因為，多數人並沒有透過歸納故事而整合出知識。

　　不管你是已經有職場經驗的社會人，又或者是沒有職場經驗的學生，如果還不確定是否該投資大量金錢攻讀 MBA，那麼本書可能是很好的試金石，讓你能在故事中一方面探索管理學的美妙，一方面也更加探索自我。畢竟，我們都活在故事之中，每一個從故事中獲得的洞見，最終都將反饋到我們的人生。

推薦序
新世代管理者必備的
商業管理實戰工具書

劉恭甫／創新管理實戰研究中心執行長

　　我在超過 300 家大型企業，進行創新工作坊、創新專案輔導時，經常與許多優秀的主管交流，發現他們都有一個很好的習慣，就是善於活用實戰的管理架構，解決職場管理問題。

　　深入探究之後，我了解到這習慣有三個重點。第一是「實戰」：他們總能將過去所學的商業理論，透過自己親身的職場經驗驗證，從而萃取寶貴的實戰心得。第二是「管理架構」：他們總能將知名的企業案例，以有效的管理架構進行拆解，從而得出其成功或失敗的關鍵要素。第三是「解決問題」：他們總能以解決問題為目的，進行有效溝通。

　　以上三點都需要很長時間的親身歷練和學習，才能成為優秀的主管，才能長於活用實戰的管理架構，解決職場的管理問題。但問題是，在現在飛快的職場步調下，我們希望能更有效、快速的學習，不落入紙上談兵的理論，充實更新、更實戰的管理知識。

　　作者以獨特的四管理要素架構：「目標族群」、「價值」、「能力」、「獲利模式」，串連完整的管理知識。這既符合 MBA 的完整商業理論，又能減化艱澀的商學理論，讓你更省時、不費力地了解商業管理的成功和失敗案例，進而掌握重點，並快速運用於職場。

　　當閱讀本書之後，我非常開心，因為我認為這是每一位新世代職場人士必備的商業管理實戰工具書。因為，**本書具備的三大重點：實戰、管理架構、解決問題，能培養你成為優秀主管所需要具備的三個能力。**而本書的核心觀念：「用新視野看待艱澀商學理論」，跟我的創新觀點也不謀而合。

　　第一是實戰：作者將許多傳統商學理論中的價值、市場與管理策略，透過自身在外商顧問公司的經驗，萃取出寶貴的實戰心得，書中的「福特 VS. 通用汽車」案例就是經典的實戰案例。

　　第二是管理架構：作者將超過 20 個知名的企業案例，運用其獨特的四個管理要素架構進行拆解，讓你快速得出成功或失敗的關鍵要素，書中的「福特 VS. IBM」案例就是經典的垂直整合和水平分工模式管理架構的案例。

　　第三是解決問題：作者總是以讓你能解決職場問題為目的，將艱澀的管理知識大眾化，搭配豐富的案例與圖解，內容非常充實，更有許多練習表單，刺激你深度思索和了解盲點。

　　誠摯推薦給所有職場人士以及主管們。想運用有效的方法，為自己加值晉升籌碼，躋升上流人才，本書是非常值得您細細閱讀的必備寶典！

前言
基礎管理學的入門書

　　這是為商務人士初學者所寫的一本管理學入門書籍。不過，從學生（國高中、大學）到社會人士（新進員工～事業部協理等級）都是本書的目標讀者群，範圍很廣——因為**本書是為初「學」商務知識的人所寫，而不只適合初「級」者**。對已有商務經驗的讀者來說，本書必能幫您梳理經驗。

　　同時，為了讓商務經驗尚淺的讀者容易理解，本書也提供了許多企業個案和實際案例。咖啡主題實例整併為第 5 章，讀完本書後，想必您會明白：光是咖啡就能發展出五花八門的生意和創新。

　　管理學是指經營者都該學習內容的集合體。而經營者的任務，就是在名叫「事業」的船上擔任舵手，負責強化船身和槳手。舵手要決定航行的目的地，還要設法確保獲利，籌措資金。

　　經營者無法樣樣精通，但要為團隊訂定每件事情共通的方向，否則船有可能迷航，甚至遇到暴風雨而沉沒。不，恐怕連出航都沒辦法吧？為避免陷入這般窘境，經營者該學習管理學。

　　然而，**管理涵括的範圍實在太廣，社會上根本就不存在「管理學」這門學問**。它往往被整理為管理學史，或被跟策略管理理論混為一談。可是，這些都只不過是部分的管理學而已。於是，在無可奈何的情況下，只好針對想學習基礎管理學的人，直接提供各專業領域的基礎內容或摘要集。

　　可惜的是，這並不適合初學者。因為這些基礎內容或摘要集會把不同等級、定位的內容，全都混在一起。

　　為了避免和既有的管理學入門書籍混淆，我在本書中會按照以下三大方針來撰寫：

　　1. 以事業等級的主題為主，而不是企業等級

　　2. 依照要達成商務上的各項目的進行解說，而不是用專業領域來區分

　　3. 大量使用同樣表格，進行案例習題演練（解答在第 374 頁～）

　　作為入門書，我們要先在第 1～4 章中學會如何讓事業步上軌道。至於如何同時管理多項事業、擬定企業願景和資金政策等，則稍往後挪，留待本書第 6 章再探討。本書只聚焦在經理人或事業部總經理需要了解的內容，而且不依專業領域分項條列，<u>改用目的別來分類整理，這樣做對管理事業者而言，更有意義</u>。亦即依序探討商業模式裡的四大元素。或許有人想問：「這是什麼？」首先請您先翻到序章，快速瀏覽。對管理學用語有些許了解的人，只要看看第 49 頁的一覽表，或許就能明白我想表達的意思。

　　這本書打破了既往基礎管理學書籍的常識，是一本「商業教科書」，收錄了我過去在波士頓顧問公司（Boston Consulting Group，簡稱 BCG）、埃森哲（Accenture）、顧彼思（GLOBIS）、早稻田大學商學院、KIT 虎之門研究所*、女子營養大學等各種教學場域講授的內容，以及相關的方法論。

　　不管是接下來才要啟航勇闖商界的人，還是已屢次乘風破浪，經歷船隻漂流、破損的人，本書一定對您有所助益。請您不妨把這本書，當成進一步鑽研深入知識的入門書籍來運用。

　　接下來，我們就從日本商業史上規模最大的成功案例——三井家越後屋創業的故事開始說起。在這個故事中，究竟藏著什麼經營管理智慧呢？

　　我們將時間倒轉到 1673 年、約 350 年前開始談起。

────────

＊　譯註：由金澤工業大學在 2004 年時開設，校區位在東京港區，目前設有 MBA 學程與智慧財產管理學程的碩士班，最快 1 年可取得學位。

序章

概論

管理學全貌與本書的
學習方法

01 越後屋的創業故事

▶三井高利，52 歲的挑戰

　　日本商業模式史上最大規模的商業創新，早在 1673 年，也就是江戶時代前期就已展開。這個案例就是和服商行越後屋（現今的三越）創業的故事。

　　三井高利（1622～1694）家中育有四男四女。他排行老么、才華洋溢，卻因受到大哥等人的排擠，而於 28 歲時被趕回家鄉松坂，離開了江戶，負責照顧母親殊法女士等人。不過，他後來陸續把兒子和優秀的青年才俊送到江戶，讓他們接受更多磨鍊。

　　24 年後，三井家的大哥過世，三井高利才終於得以實現長年醞釀的大計。他在江戶最中心的地段，也就是人稱「和服街」的本町地區，開了一家面寬僅 9 尺（2.7 公尺）的小商號。當年 52 歲的三井高利人在松坂，指揮長子三井高平（21 歲）等人打理生意。

▶母親殊法女士的教誨──「薄利多銷」、「顧客至上」、「節約」

　　三井家原是武士家庭，因戰敗而從越後流落到松坂，後放下刀劍，

圖表 0-1　越後屋內部 [1]

開起了當舖和賣酒水、味噌的商行。

然而，三井高利的父親三井高俊卻對做生意不感興趣，因此一肩扛起三井家經濟重擔的，是從商家嫁來的殊法女士。她親自站在店頭、接待顧客，不僅是當年罕見的女老闆，還不斷在生意上構思、執行新做法。

‧薄利多銷｜為了增加來客數，賺取更多收入，用比其他同業更低的利息貸放資金
‧顧客至上①｜為減輕顧客負擔，在「流當」中讓借款一筆勾銷[2]
‧顧客至上②｜凡是前來酒水、味噌商行洽公者，不論是打雜小弟或老闆，一律奉上茶水、點心招待

殊法還相當勤儉持家。後來三井家經營的「越後酒水商行」生意興隆，甚至還獲得伊勢松坂的城主恩准使用「越後屋」這個名號。而三井高利應該是家裡幾個手足中，受母親影響最深的孩子。

▶「現金交易、價格實在」的衝擊

在老字號和服商行林立的一級戰區，新秀越後屋祭出了大膽的策略，主打「現金交易、價格實在」。

‧業界一般是以季結為主[3]→只能當場付現
‧業界一般是視買家或情況不同，而開出不同價格→不論誰來買，都以相同定價銷售

不論哪一項做法都打破了既往的業界常識。現金交易大幅改善了和服商行的資金周轉與呆倒帳風險，不僅如此，對顧客而言，這個策略也帶來了龐大的價值。

在此之前，和服售價會因人而異調整。價格取決於相對比較，所以

常態是「新客賣貴，熟客賣便宜」。越後屋在一物多價的時代，斬釘截鐵地宣稱「不論面對哪種顧客，我們都以同樣划算的價格供應商品」。

▶越後屋徹底改變了既有和服商行的一切

除此之外，三井高利還顛覆了許多業界常識。

以往，此行業的主流做法，多是到大戶人家府上銷售（宅邸銷售），以及在店頭接單後送貨到府（展示銷售）。三井高利的越後屋，卻只做「店面銷售」（在店頭銷售）的生意。如此一來，成本當然下降，還可壓低售價。不過，越後屋做出的改變，還不只反映在價格上而已。為了讓顧客消費更方便，他們推出了「布料零賣」和「現場縫製」的服務。

過往和服商行在銷售布料時，都只以「反」（通常為寬 36 公分、長 12 公尺）為單位，零散銷售堪稱禁忌。不過，三井高利卻毅然推動布料零賣，標榜「一寸、一尺都能賣」。這個做法大受江戶庶民階級（富裕的中產階級）和追求脫俗族群（傾奇者[4]或女性）的歡迎。

越後屋還提供了「現場縫製」服務，相當於現在的簡易訂製。[5]急件可於購買當天縫製完畢，並在店頭交付商品給顧客，這在當年可是劃時代的創舉。其他和服商行把車縫業務全部委外，越後屋卻是延攬車縫師傅，還依不同配件分工，打造當天訂購、交貨的機制。

為了回答顧客的疑難雜症，店員依不同種類的布料[6]分工負責，並接受扎實訓練。借用越後屋的說法，就是要做好「各司其職」。

▶結合錢莊事業的大膽策略

儘管越後屋生意興隆的程度，已是人稱「一日賺千兩」，但老字號同行卻對它使出了手段激烈的惡意打壓。畢竟越後屋視業界常識為無物，打破業界禁忌，還因而大發利市，會受到這樣的對待，也是理所當

然。店員遭同業霸凌、挖角，越後屋被排除在同業公會之外，甚至店門前被潑灑穢物、店面被縱火等，各種事件層出不窮。

1682 年，三井高利因兩家店毀於祝融，便決定將商行遷到隔鄰的駿河町。到了第二年，三井高利還擴大商行的營業規模，做起了錢莊生意。1686 年，在自家和服採購商行所在的京都，也開設了錢莊，正式跨足江戶、大坂[7]之間的匯兌[8]業務。當時，東日本使用金幣作為支付工具，西日本則是銀幣，引發了許多問題。

江戶的和服商行必須在京都的西陣地區採購商品，金、銀幣之間有匯兌成本，還要承擔匯率變動的風險。此外，江戶幕府對於如何收取各地朝貢也傷透腦筋。因為當時做法是將各藩朝貢的米與物產，匯集到大坂賣掉，換成銀幣後，再花幾十天把現金運送到江戶。

三井高利主動向幕府建議，提出了「公款匯兌」方案，獲得幕府採納。這項機制是三井錢莊向幕府的大坂御用金庫支領銀幣，2～5 個月後，再用金幣將該筆款項繳納給江戶城。

對三井錢莊而言，儘管公款並不會帶來直接收入，但可在幾個月內，無息動用鉅額資金。而在大坂收到的銀幣，可用於越後屋在京都的採購；繳納給江戶城的款項，則可應用於越後屋在江戶的營收支應，等於是用較低成本採購，不必擔負大量現金（銀）在東、西之間運送所產生的成本與風險。

1691 年，越後屋獲得了「大坂金庫御用銀幣匯兌商」（大阪御金銀御為替御用）的稱號。它不僅為三井家帶來了延續至明治維新期的獲利來源，也發揮了遏止同業騷擾的功能。

▶長子三井高平的智慧：透過控股公司，治理多家企業

三井高利晚年的煩惱，是如何讓已是富商巨賈的自家永續經營。

當時三井家的事業領域已有和服與錢莊兩類，發展區域也分東、西，旗下共有多達 20 家商號，組織龐大且多元。該如何傳承給後世的

子孫成了一大問題。三井高利並沒有讓 15 名子女分割繼承，而是只留下了一段遺言，囑咐將等值的遺產「分配」給每位子女。

可是，遺產既非由長子繼承，也不是分割繼承，而是由「整個家族共同繼承」，究竟該如何處理呢？

解答這個難題的是三井高利的長子三井高平。他在 1710 年時，設立了管理三井旗下所有事業的統整機構「大元方」。三井家所有資本和資產都由大元方統一管理，並由大元方出資提供各商行的資本額，各商行每半年就要將一定金額的利潤，連同帳冊一併上繳給大元方，三井家族共十一家的酬勞，則由大元方支付。換言之，<u>就是打造出一家現代所謂的「控股公司」</u>。

三井高平等人還以三井高利的遺訓為基礎，制定了一部家憲（家族憲法），名叫「宗竺遺書」，內容從三井家族必須團結一致，到總領家的地位與權限、養子定位、幕府服務、人情與信仰等，共多達近 50 個項目，非常詳細。

圖表 0-2　**越後屋的金流**

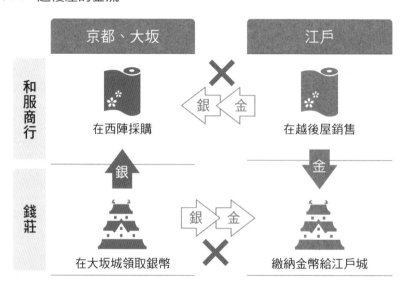

「家族子弟都必須從小弟工作開始歷練，讓他們精通各項業務」

「總商行要掌握旗下所有商行的帳務」

「讓賢能者晉升，並任用新人」

「做生意重視當機立斷，若見形勢不利，就要立即停損了結」

「切勿借貸給大名[9]，若要借也是小額，不期待收回」

後來，三井家安渡江戶時期的榮枯起落，還在明治維新的衝擊、動盪中存活，發展成三井財閥。而為這 350 年繁榮盛世奠定基礎的，就是當年的三井殊法、三井高利和三井高平。

* * *

這場日本商業史上最大規模的成功案例，<u>從管理學的角度來看，究竟呈現什麼樣貌</u>？

不過，在探討此議題之前，我們要先來談談<u>管理學究竟是一門什麼學問</u>。

圖表 0-3　大元方的機制

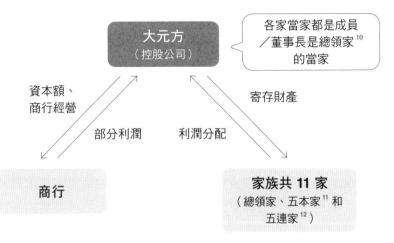

大元方（控股公司）

各家當家都是成員／董事長是總領家[10]的當家

資本額、商行經營

寄存財產

部分利潤

利潤分配

商行

家族共 11 家（總領家、五本家[11]和五連家[12]）

02｜匯集六大領域✕兩種層級的管理學

▶為什麼管理學的入門書這麼難懂？

在前一節中，我們藉由越後屋創業故事，了解事業與創新究竟為何。經營事業活動相當複雜，而經營管理的手法更是五花八門。

以往，前人已研究、開發過許多企業經營管理的手法（請參閱第 7 章第 319～362 頁），並於書籍或學校中教授。其中，在研究所碩士班學習的內容稱為 MBA 學位學程。

然而，在 MBA 課程中，並沒有「基礎管理學」科目。管理學主要彙整了六大專業領域，因此「基礎」也只不過是由這些專業領域的基礎內容所組成的集合體罷了。

考上 MBA 之後，第一學期要做的事，主要就是選修以下六科目：

①基礎經營策略、②基礎行銷學、③基礎會計學
④基礎財務、⑤基礎人力與組織理論、⑥基礎營運管理

若在大學沒有修過經濟學（請參閱第 320 頁）或統計學，就必須補修。此外，有些學校沒有開設營運管理，但另納入資訊科技（IT）、人工智慧（AI 等）方面的課程。不過大致就是上述這六大科目。

因為集結了各項專業領域，所以各科分別由各領域的專家所負責授課。明明要教初學者，卻不像小學裡有擅長全方位教授基本知識的老師。不僅如此，很多老師都不是教育工作者，而是學者（或業師）。

「管理學入門書」的真實面貌，就是複數學者的講義集錦（的集合

體），因此對初學者而言，根本不可能簡單易懂，縱然 MBA 課程已是萬中選一的最佳實務（Best Practice）[13] 精選，也無濟於事。

▶管理學的六大領域

「管理學的六大領域」一詞，後續也會經常出現，所以我在此先簡要說明。有興趣更進一步了解詳細內容或其歷史發展，或者想認識更多經濟學專有名詞的讀者，請務必參閱第 7 章〈經濟基礎知識〉。

①經營策略

意指界定企業想發展成什麼樣貌（願景），想在哪個戰場（場域）征戰，擬定企業在戰場上要以什麼為賣點（基本策略），計畫如何與敵人一較高下（競爭策略），甚至是規畫如何吸收敵人（併購，M&A）。若企業旗下有多種不同事業，則要分別為每個事業做好策略管理，再加以整合（總體策略），分配資源。

②行銷

在各項事業中分析市場、顧客與競爭者，並透過四種顧客互動（4P：商品、價格、促銷、通路）的搭配運用，規畫「在市場上向誰推銷何種價值」（STP，請參閱第 58 頁）、「如何成功向目標族群推銷」。[14]

③會計

在特定期間當中，掌握企業或個別事業是否獲利、資金周轉狀況（現金流量[15]）的財務會計，以及用來分析上述狀況、原因等的管理會計，此外還包括年度預算的編列、管理。

④財務

優化包括發行股票、債券、銀行借款和自有資金等在內的資金周轉方式，並將資金分配到企業旗下的各項事業。需運用各種事業與投資價值的評估方法，例如淨現值法（Net Present Value，簡稱為 NPV）[16] 或內部報酬率法（Internal Rate of Return，簡稱為 IRR）[17]。

⑤人力與組織

企業終究還是由人群所組成，所以企業必須明確訂定要把這些人分成什麼群體，讓他們扮演什麼角色，以及承擔哪些責任與權限，這就是組織理論。至於要任用哪些人加入群體，如何培訓、考核，並激發他們的工作動機，就是屬於人事（人際關係）理論的範疇，其中還包括領導統馭等理論。

⑥營運

規畫企業供應商品、服務所需的設備、流程、機制等。採購、生產、物流、銷售和服務等所有業務，都屬於營運範疇。

這些領域有多少學者，就有多少流派；有多少企業，就衍生多少變化。要學習基礎管理學，就應該從這些流派當中，找出長年來各界已運

圖表 0-4　管理學的六大領域

| 1 經營策略 | 2 行銷 | 3 會計 | 4 財務 | 5 人力與組織 | 6 營運 |

註：其他還有經濟學、資訊系統等

用到淋漓盡致、堪稱「標準」的內容來學習吧？

▶經營管理中的兩種層級：「公司」與「事業」

不過，仔細觀察就會發現：在六大領域教授的內容，其實可以分成兩大類：事業層級內容與公司層級內容。

例如，以牙膏和漱口水聞名的三司達（Sunstar），還有生產、銷售機車零件和建築接著劑。三司達在事業層級共分為四大事業，規畫生產什麼商品、如何生產與銷售，是各事業負責人的責任。

不過，今後公司要決定對四大事業中的何者投入較多資源時，應該由整個公司的角度來思考；若要發展新的事業領域，也是如此。一言以蔽之，**事業層級的事項，應由事業部經理或產品經理人來思考；公司層級的事項，則應由企業的經營團隊來思考。**

這些需要思考的事項，分散在前面介紹過的「六大基礎領域」當中。行銷領域的內容，絕大多數都屬於事業層級；反之，財務領域的項目，則大多是公司層級的事項。對學習者而言，不論這些內容和自己平時的業務是否相關，全都混在一起學，當然會覺得很錯亂。

若將這六大領域、兩種層級的業務分類，就會如第 34 頁的圖表 0-8 所示。

圖表 0-5　三司達的事業結構

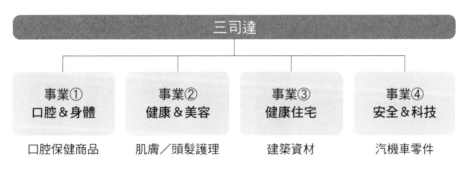

▶初學者先聚焦在事業層級

多項事業之間的資源分配論（產品組合管理[18] 等）、併購中的事業評估方法（NPV 等）、資金調度方法、資本政策理論、人事考核與薪酬管理，都是在龐大的企業組織當中，屬於公司層級的議題。

如果您目前還沒有機會參與這些業務，就不會對公司層級的議題懷抱問題意識。就算學了這些項目，也沒有舞台可以小試身手或實際推動。如此一來，學習恐怕很難深入，也不容易把學習內容轉化為自己的技能。**建議管理學的初學者，還是先聚焦在理解與執行事業層級上**。

不過，這樣區分還不夠實用。因為這六大領域的區分方式，是依功能別的學術觀點，而非奠基於經營管理的事業觀點。

▶基礎管理學的內容與分類

計算一般在 MBA 課程中學到的基礎領域，以及羅列這些領域下的主要項目，如圖表 0-7 所示，共計超過 63 個項目。不過，其中**將近半數都是公司層級的議題，不是事業部總經理以下人員、在職責範圍內會被要求做到的事**。即使是新創企業的創辦者，只要旗下沒有好幾項事業，許多列表上的內容多和他們無關。

圖表 0-6　管理學的兩種層級

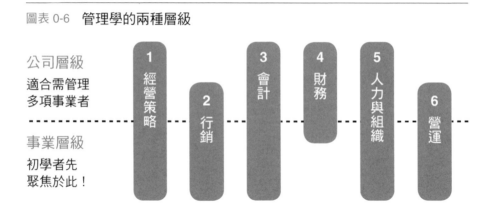

　　若將六大領域的業務項目，分為「公司層級」和初學者應聚焦的「事業層級」，就會如 34 頁圖表 0-8 所示。從圖中可看出，除了行銷和營運特別偏向單一層級之外，財務領域也有很多項目不在事業層級。

　　然而，只聚焦在事業層級的項目上，會讓我們看不出「學習目的」。我們希望學會如何經營、管理事業，而不是想成為個別領域的專家，或者藉由獲取各式各樣的冷知識而當上雜學家。

　　所謂的事業經營管理究竟為何？又該怎麼做呢？

圖表 0-7　MBA 基礎項目：六大領域

1 經營策略	2 行銷	3 會計	4 財務	5 人力與組織	6 營運
經營理念 **・願景**	**市場策略** -市場分析 （PLC） -市場區隔 -目標設定 -市場定位	**財務會計** -收入與費用 -會計科目 -損益表（P/L） -資產負債表（B/S） -現金流量表（CF）	**資金調度與資本政策** -借入 -創投（VC）、風險投資（IPO） -群眾募資	**組織管理** -組織形態 -組織開發	**產品特性** -需求分析 -產品架構
公司策略 **・資源分配** -PPM -中期經營計畫				**人事管理** -人事考核與薪酬管理 -任用與培訓、轉調 -人才開發	**營運管理** -採購 -生產 -物流 -銷售 -服務
事業策略 -事業分析 （SWOT 等） -事業特性 -競爭分析 -自我分析 -基本策略 -獲利模式	**行銷組合** -商品 -價格 -促銷 -通路 -服務	**管理會計** -財務分析[19] -成本、利潤計算[20] -損益平衡點分析 （BEP） -現金流量分析 -預實管理	**事業價值評估與決策** -自由現金流（FCF） -資本成本 -淨現值法 -內部報酬率法	**領導力** **企業、組織文化** **知識管理**	
併購等					

圖表 0-8　MBA 基礎項目：六大領域×兩種層級

		1 經營策略	2 行銷	3 會計	4 財務	5 人力與組織	6 營運
公司層級		經營理念・願景 公司策略・資源分配 -PPM -中期經營計畫 併購等		財務會計 -收入與費用 -會計科目 -損益表（P/L） -資產負債表（B/S） -現金流量表（CF） 管理會計 -財務分析[21] -成本、利潤計算[22] -預實管理 -現金流量分析	資金調度與資本政策 -借入 -創投（VC）、風險投資（IPO） -群眾募資 事業價值評估與決策 -自由現金流（FCF） -資本成本 -淨現值法 -內部報酬率法	組織管理 -組織形態 -組織開發 人事管理 -人事考核與薪酬管理 -任用、培訓與轉調 -人才開發 領導力 企業文化 知識管理	
事業層級		事業願景 事業策略 -事業分析（SWOT 等） -事業特性 -競爭分析 -自我分析 -基本策略 -獲利模式	市場策略 -市場分析（PLC） -市場區隔 -目標設定 -市場定位 行銷組合 -商品 -價格 -促銷 -通路 -服務	財務會計 -收入與費用 -會計科目 管理會計 -成本、利潤計算[23] -損益平衡點分析（BEP） -預實管理 -現金流量分析（事業）	資金調度 -群眾募資	組織管理 -組織形態 人事管理 -任用、培訓與轉調 領導力 組織文化 知識管理	產品特性 -需求分析 -產品架構 營運管理 -採購 -生產 -物流 -銷售 -服務

03 事業經營的核心，是理解和建構商業模式

▶所謂的商業模式是將「現實」「單純化」

社會現實是指所有人的人生，都像經營一個個小事業，其中牽扯很多人力、物力、財力，非常複雜紛雜。希望了解其中如何運作談何容易，因此分工變得愈來愈細膩。即使在同個事業體裡，跟錢有關的事物歸會計部管轄，商品企畫是行銷部的職責，銷售由業務部負責，製造是生產部處理，事業策略則要找事業企畫部等，這稱為「術業有專攻」。

不過，所謂的事業經營並非指公司整體多頭馬車、各自為政，而是整合性的營運。<u>因此，經營管理需要的，不是依功能劃分的觀點，而是能橫跨不同功能、共通的事業觀點</u>。而「商業模式」（Business Model）便是一種事業觀點。

「○○模式」意味著「將○○的結構單純化、簡化的模型」。儘管我們無法將人類存在都加以模式化，但如果只將人的「步行」模式化，倒是易如反掌，只要準備 13 根棒子和 12 個圖釘即可（圖表 0-9）。

所謂的商業模式是將商業單純化的產物。為了呈現最極致的單純化，<u>我在本書中以四要素來談商業：</u>[24]「目標族群」、「價值」、「能力」和「獲利模式」，分別在第 1～4 章詳述，在此先簡要說明。

▶商業模式的四要素

①目標族群（應該鎖定的對象）

商業就是透過相關活動賺取利潤。既然如此，在事業中一定會有商

品、服務的使用者，以及支付對價的付費者。他們都是該項事業的目標族群（target）。

・**目標族群＝使用者、付費者等**

不只是實際直接交易的顧客，對成交有貢獻的主要角色（利害關係人）也都是目標族群（第1章）。

②價值（提供給目標族群的價值）

一項商品為什麼有人願意使用，還甘願支付對價？當然是因為它有「價值」（value）。針對 B2B[25] 提供的商品，顧客尋求的價值較為明確，可以從商品的規格（性能）、品質、成本、交期、服務（Quality, Cost, Deliver, Service，簡稱為 QCDS）等方面來衡量。不過，B2C[26] 的生意往來，「歡樂」、「開心」、「帥氣」也都能創造價值，定義非常模糊，卻是很多元、有趣的世界（第2章）。

圖表 0-9　將步行模式化

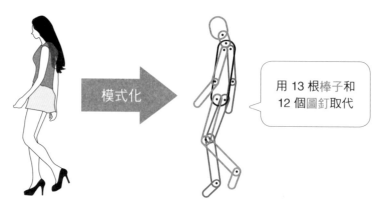

- 價值＝基本價值與 QCDS（針對企業），品牌與感受等各種因素（對準消費者）

③能力（如何將價值提供給目標？）

企業開發商品後，要進行業務推廣、銷售促進，才接得到訂單；接著再採購零件、生產和配送；最後還要收款及提供售後服務。這當中的營運相當龐雜，而這些營運的背後都有許多人和設備（經營資源）的支持。若沒有充足的訣竅和用心巧思，到頭來就會在競爭中落敗。

能力（capability）涵蓋的範圍，從研發（R&D）到客戶關係管理（CRM）、供應鏈管理（SCM）、財務流程管理（FPM）、人力資源管理（HRM）、經營與事業管理（C/BP）等，相當廣泛（第 3 章）。

- 能力＝ 經營資源（resource）＋ 營運（operation）

④獲利模式（對價與成本是否相符）

若無法獲得成本以上的對價，即使①、②、③都齊備，事業還是無法永續經營。這些精打細算的安排就是獲利模式。

願意付錢的，不見得只有使用者。向廣告主收費的是「廣告模式」、向捐款者募款的是「募資模式」；還有商品本體設定較低價格，再透過消耗品或服務來賺取利潤的「刮鬍刀模式」；以及先免費供應本體商品，吸引更多顧客上門後，再透過「付費道具」來賺取利潤，也就是所謂的「免費增值」（的一種）（第 4 章）。

- 獲利模式 ＝ 營業額－費用，其他還有刮鬍刀模式及廣告模式等

1990 年以後，網際網路出現，獲利模式的型態因而變得愈多元。

▶從商業模式的觀點，看事業層級的管理學

事業的經營管理，即是在該事業領域中打造出企業獨有的商業模式，並且不斷運作的一連串活動（第 6 章會再探討外加的三要素）。

因此，我們先學習這四要素究竟為何、如何串聯，以及怎麼讓它們變得更好。因為前一節談過的行銷、會計等六大領域都只是為了達成此目的所發展出來的詞彙、工具罷了。

我們用商業模式的觀點，重新編排、組合事業層級的管理學之後，結果就如下圖所示：

換言之，在事業經營上，我們會這樣做：

- 為設定目標族群和價值，要學習經營策略理論與行銷學理論
- 為規畫與實踐能力，要學習人力、組織理論與營運管理理論
- 為打造獲利模式，要更深入學習會計學理論

而這就是我們學習基礎管理學的目的。

圖表 0-10　商業模式的四要素

	商業	自家企業／競爭者
目標族群（顧客）	針對誰	使用者、付費者、廣告主等
價值（提供價值）	具有什麼價值	歡樂、開心 基本功能+QCDS
能力（營運／資源）	如何提供	流程（R&D、CRM、SCM 等）與 資源（人才等）
獲利模式（利潤）	怎麼獲利	營業額－費用 刮鬍刀、免費增值等

反過來說，這才是各專業領域在事業經營上所扮演的角色。

・經營策略理論與行銷學理論，是為了用來訂定目標族群和價值
・人力、組織理論與營運管理理論，還有部分行銷學理論的內容
（4P＋S當中的通路、促銷和服務），是為了建立事業發展的能力
・會計學理論、行銷學理論的一部分（目標設定和價格）和經營策
略理論的一部分（事業特性），是為了精算事業的獲利模式

圖表 0-11　管理學六大領域與商業模式的關係

	1 經營策略	2 行銷	3 會計	4 財務	5 人力與組織	6 營運
目標族群	**事業策略** -基本策略（整體／利基）	**市場策略** -市場分析（PLC） -市場區隔 -目標設定				
價值	**事業策略** -基本策略（成本／附加價值）	**市場策略** -市場定位 **行銷組合** -商品 -價格				
能力	**事業策略** -基本策略（垂直／水平）	**行銷組合** -通路 -促銷 -服務			**組織管理** -組織形態 **人事管理** -任用、培訓與轉調 **領導力** **組織文化** **知識管理**	**產品特性** -需求分析 -產品架構 **營運管理** -採購、生產、物流、銷售、服務
獲利模式	**事業策略** -事業特性 -獲利模式（免費增值等）	**市場策略** -目標設定 **行銷組合** -價格	**財務會計** -收入與費用 -會計科目 **管理會計** -成本、利潤計算 -損益平衡點分析（BEP） -預實管理／現金流分析（事業）	**資金調度** -群眾募資		

▶孫武總會徹底沙盤推演後才打仗

在戰爭理論的經典當中，評價最高的作品，莫過於孫武（BC535～？）所寫的《孫子兵法》[27]（BC515）了。

《孫子兵法》從〈始計篇〉（開戰前應思考的事）到〈用間篇〉（諜報工作）作結，總計 13 篇。當中孫武最重視的是〈始計篇〉裡的「廟算」，也就是在開戰前的軍事會議上，分析、比較敵我雙方的狀況，其分析項目是「五事七計」。

五事｜①道（為政者與民眾是否團結一心？）②天（氣候等自然條件）③地（地形）④將（戰爭領袖的力量）⑤法（軍隊的制度、軍規）

七計｜①敵我雙方的君主，何者較得人心？②哪一方的將軍是優秀人才？③天時地利對哪一方的軍隊有利？④哪一方的軍紀較為嚴明？⑤哪一方的軍隊威力比較強大？⑥哪一方的兵卒訓練更為精實？⑦哪一方比較能落實信賞必罰？[28]

從七計中可看出，開戰時，孫武最重視的並非策略上的定位（③），而是士兵人數與武器的多寡（⑤），也就是「人」的要素。因為他認為，君主或將軍的領導能力（①②）、士兵的作戰技術、統整與動機（④⑥⑦）才是勝敗的關鍵。用經營策略理論的語言來說，就是著重「能力」。

在策略定位上，孫武當然也是個天才。他懂得利用地形，決定敵我決戰地點，還能搶先抵達，並運用各種方法引導敵人前往該處。如此一來，就能在對我軍有利的地點，準備周全的狀態應戰，當然不可能輸（〈虛實篇〉、〈軍爭篇〉、〈行軍篇〉、〈地形篇〉）。

孫武曾以將軍身分，實際帶兵征戰，因此更明白戰爭對國家而言非同小可，疾呼切勿輕啟戰端。他重視廟算，所以絕不打沒有勝算的仗，

<u>也因為這樣才能百戰百勝</u>。

然而，孫武也直截了當地說「百戰百勝，非善之善者也」，因為他認為，能「<u>不戰而屈人之兵</u>」，才是「<u>善之善者</u>」（〈謀攻篇〉）。

就像孫武作戰會考慮周全，經營事業也要先充分關照所有面向後，再判斷，不能只看行銷、流程或財務等單一面向。

既然我們已閱讀完此處內容、做好準備，再回到越後屋的話題。三井高利等人究竟是推動了什麼「經營」方式，才創造出「一日千兩」的榮景呢？

04 | 試以商業模式觀點，剖析越後屋

▶越後屋提供了四大新價值

我們試著回顧：從商業模式的觀點，該如何詮釋越後屋的成功？首先，讓我們從價值看起。

三井高利在江戶打造的越後屋，與傳統和服商行相較，在提供顧客的價值上，提供了四大差異。

①簡易訂製與成衣｜立即可穿，不必等候好幾個月
②定價銷售｜不因顧客差異、不論是誰都是統一定價
③布料零賣｜可用來製作配件
④低價｜相同商品，價格比同業低上好幾成

不過，越後屋在付款上調降了價值，採取⑤只收現金的做法。

▶將目標族群從富裕階層擴大到中產階層

江戶最早是為了德川武士所打造、人口十五萬的小鎮。自從 1635 年參勤交代制度[29] 施行後，大名的江戶宅邸鱗次櫛比。而為了支撐這些宅邸的日常所需，商人和町人也愈來愈多，江戶人口一舉突破超過 50 萬，[30] 其中半數都是從事技術工作的師傅和以服務業為生的町人。

僅管「只收現金」的做法，引發了傳統和服商行主顧——大名、武士等富裕階層的排斥，但上述四項價值，在以町人為主的中產階層中，接受度相當高。況且即使是初次上門的生客而非熟客，商品售價也都一

樣；店裡還有便宜的成衣商品，買起來輕鬆、無負擔。久而久之，連富裕階層都被實惠價格所吸引，上門光顧。

相較傳統和服商行，越後屋的目標族群已大幅拓展至中產階層了。

▶越後屋的獲利模式是低成本的薄利多銷

擁有廣大顧客群，並大量銷售價格實惠的成衣產品。越後屋和服生意的獲利模式，就是典型的薄利多銷。

不過，越後屋並非只靠「薄利」來壓低價格。銷量夠多才能大量採購，才有辦法壓低向西陣（京都）採購布匹的單價；商品以成衣產品為主，所以裁切、縫製可整批處理，不僅效率佳，還能省下不少加工費。

結合目標族群（擴大到中產階層）和價值（成衣），才能壓低成本，進而打造出薄利多銷的商業模式。

此外，越後屋改為「只收現金」後，以往大量呆倒帳驟減。而這其實也是因為越後屋的目標族群，是以天天領日薪、收現金的町人為主所致。

▶「大型門市」與「各司其職」的能力，撐起越後屋生意

傳統和服商行的生意，是以拜訪顧客、銷售商品的「訪問交易」模式為大宗。但這樣做無法有效服務眾多顧客，況且也只有精通各種布料的資深員工才能勝任此項工作。

越後屋選用的銷售方法，並非訪問型交易，而是到店型的店頭銷售模式。因此，設置大型門市便成為必備的能力。不過，也拜此之賜，店員開始被分別培養出不同的專長。針對不同布料，人人各司其職，也就是採用所謂的「一人一項」制度，人才培訓反而變得簡單，也能配合商行擴大事業的腳步，迅速培養需要的人才。

此外，為了提供簡易訂製的服務，越後屋還聘用了縫製師傅，以儲備公司能力。

▶商業模式完全不同，競爭者難以模彷

越後屋在和服業的成功，不僅因為他們落實、推動了以「現金交易，價格實在」為首的各項價值改革，更是由於他們將目標族群拓展到了中產階級，並確立了薄利多銷且沒有呆倒帳的獲利模式，還具備「大型門市」與「各司其職」等能力，才造就了越後屋的興隆（圖表 0-12）。

而且，在越後屋的商業模式當中，四要素彼此緊密相連，無法只抄襲任何一項就成功。要是其他競爭對手突然標榜「現金交易，價格實在」（價值），原本喜歡掛帳的大名、武士顧客，恐怕就會變心求去了（目標族群）；希望吸引許多町人願意上門消費，光是擴大門市（能力）根本不夠，零賣（價值）和薄利多銷的銷售機制（獲利模式），更是不可或缺。況且改在店頭銷售商品，商行裡便不再需要嫻熟布料的資深員工，而裁員可是很棘手的麻煩事。

越後屋所打造的這一套新商業模式，毫無祕密或祕訣可言。不過，就因為一切都不同於以往，所以競爭對手要模仿的難度相當高。

圖表 0-12　越後屋在和服業界的商業模式

	傳統和服商行	越後屋
目標族群（顧客）	僅限富裕階層（武家、商家）	擴大到中產階層（町人）
價值（提供價值）	一物多價的掛帳式交易 訪問交易、量身打造 訂製品（高價）	現金交易且價格實在、零賣、店頭現場縫製（當日交件）低價
能力（營運／資源）	小型專賣店 長期培養全能員工 縫製工作委外	大型門市 各司其職制，快速培養 人才分工、縫製團隊
獲利模式（利潤）	高價格、高毛利 以發生呆倒帳為前提	以低價大量銷售 沒有呆倒帳

▶錢莊與和服商行，結合成一大商業模式

三井高利又以發展不同的事業「錢莊」為目標，成功爭取了大坂城當局的青睞。和在江戶成功經營的和服商行不同，發展這項事業是為了掌握由西往東送的金流。因此，對此兩大事業結合而成的獲利模式，堪稱是一大助力。

三井高利過世後，長子三井高平為了治理由這兩大事業結合而成的龐大商業活動，引進了一項新的能力，即稱為「大元方」的控股公司。

三井家在原有的事業基礎上，加入了這個新的獲利模式（大坂城的公款匯兌）和新能力，建立了一大商業模式，為三井家帶來了長期的繁榮興旺。

「現金交易，價格實在」並不只是一套單純的低價策略。三井家因為高利、高平父子完全顛覆了傳統「和服商行」的商業模式，越後屋才能持續以低價銷售，且遲遲未見其他同業仿傚、跟進。

圖表 0-13　越後屋的大商業模式

	和服商行	錢莊
目標族群 （顧客）	從富裕階層擴大到中產階級	幕府也成了客戶（大坂城御用銀）
價值 （提供價值）	現金交易且價格實在、低價、零賣、現場縫製	幕府：安全、低價的資金運送 三井：贏得信用和資金
能力 （營運／資源）	各司其職制且專業化、快速培養人才、特快縫製團隊、大型門市	業務範圍涵蓋東京、名古屋和大阪
	由控股公司（大元方）治理整個集團	
獲利模式 （利潤）	以低成本籌措資金、採購布料（京都 西陣） 在江戶以低價大量銷售	

05 | 本書學習管理學的方法

▶ 學習管理學的目的為何？

本書主要的「目標族群」是管理學的初學者。就年齡層而言，其實是「適合所有 19 歲以上讀者閱讀」。不過，<u>您為什麼想學管理學呢</u>？依學習目的不同，本書可以提供的「價值」因此有所差異，因為每個目的需要的項目有些許不同。

【改善】為了了解、改善與自己相關的事業（打工職場、任職公司或客戶等）｜請從實際與自己相關的領域，或者具問題意識的部分開始閱讀

【創業】為了開創新事業｜首先，從頭到尾全部讀完。因為，必須全盤了解和準備事業層級的內容

【興趣】純粹為了興趣而學習｜因為先產生興趣，才會有意願學習，所以請先瀏覽目次和索引，從有興趣的地方開始讀；或是先粗略閱讀正文中的圖表來挑選

不論如何，這本書談的終究是基礎，是入門用的內容。若您在閱讀時對某些項目特別感興趣，建議不妨透過各章介紹的專業書籍，更深入學習。

不過，在閱讀專業書籍之際，也請您不要忘記學習目的。<u>懷抱問題意識，學習自然就會更深入</u>。因為有了「要解決某個問題」的目標，您才會知道還缺少什麼，也才能常保學習動機。

▶先讀過一次後，再積極補強不擅長的領域

即使說是事業層級，經營者要懂的事項包山包海。等到出了問題才說「我不知道」，可是解決不了問題的。當然經營者要懂得把工作分配給擅長該項業務的部屬，但失敗的責任可是由經營者自己扛的。經營者必須明白自己究竟交付了什麼業務，當中可能發生什麼問題才行。

所謂的經營者觀點，不是把每項事業都依專業領域細分來看，而是要綜觀整體事業。經營者扮演的角色，就是從成長和獲利兩個角度，掌握各項事業是否確實朝事業目的前進，若有不足之處，就必須設法處理。

獲利｜從獲利模式中，觀察究竟是營收還是成本的問題。如果營收已相當充足，就要針對賺取營收所運用的能力加以效率化

成長｜營收若沒有起色，就要思考究竟是目標族群，還是價值的問題？若兩者都具備充分潛力，就要重新建立足以爭取目標族群青睞、獲取價值的能力

因此，建議您先看看這本書，了解自己在經營管理（學）上，有哪些不擅長之處。之後再針對不擅長的部分仔細閱讀，開始深入學習。

▶用商業模式圖，整理、說明實際案例或想法

「教學相長」是指透過教導別人，而真正學會。因為要教導不懂的人，自己必須先了解事情的本質，才能說明清楚。

你我身邊充滿各式題材，可供練習。運用自家公司的事業或商品，或者企業書籍、商業雜誌上介紹過的成功、失敗案例也無妨，試著把當中提到的龐雜資訊，仔細改寫成商業模式圖。用表格（思考架構）整理資訊，就能看出還有什麼不足，或哪些地方的連結有問題。

經過仔細整理的資訊，更方便向他人說明，但還是不能大意。別因為整理過資訊就放心，更別忘記要實際指導別人，到時候就會發現，整理得還不夠。

此外，查找、思考、整理，接著再傳達。反複操作這一連串的動作，便可練就管理學上的基本功，培養出經營觀點。

▶後續的章節安排與閱讀方式

在序章中，我用三井越後屋的故事揭開序幕，談了管理學的結構和重新整理的方法。管理學是由六大領域、兩種層級所組成的奇美拉（chimera，原意為人獸嵌合體）。事業層級和公司層級的事項夾雜，各有它們出現在不同領域的原因。至於管理學整體的一致性，重要性倒是其次。

在本書中，我們將以「學會某種特定事業的經營管理知識、技巧」為目標。因此，我會聚焦探討事業層級的主題，幾乎不談任何公司層級的議題。此外，我會用事業經營（商業模式）的觀點，依序說明事業層級的要素，也就是第 1 章談「目標族群」，第 2 章探討「價值」，第 3 章闡述「能力」，第 4 章分析「獲利模式」。

即使是同業界，也可能因為企業的立場不同，而導致事業呈現各種不同的面貌；就算是同一項事業，解決問題的答案（經營方針、商業模式）也可能五花八門。為了讓讀者對此事更有體會，在第 5 章中，以同一個題材（咖啡業界）為主題，來看看相關的案例研究。

接著在第 6 章，我要再探討事業經營所需的三大外加要素，也就是「事業目標」、「共通語言」及「資訊科技與人工智慧」。

此外，在第 7 章當中，我介紹了近百年來經營策略理論的變遷，以及經濟學（不以國家為單位，而是以市場為單位的個體經濟學）的概要。對經濟學比較陌生的讀者，不妨先快速瀏覽。

圖表 0-14　不依領域，而是依目的來學習管理學

MBA

	1 經營策略	2 行銷	3 會計	4 財務	5 人力與組織	6 營運
公司與事業	**經營理念** ・願景 **公司策略** ・資源分配 -PPM -中期經營計畫 **事業策略** -事業分析 （SWOT等） -事業特性 -競爭分析 -自我分析 -基本策略 -獲利模式 **併購等**	**市場策略** -市場分析 （PLC） -市場區隔 -目標設定 -市場定位 **行銷組合** -產品 -價格 -通路 -促銷 -服務	**財務會計** -收入與費用 -會計科目 -損益表（P/L） -資產負債表（B/S） -現金流量表（CF） **管理會計** -財務分析 -成本、利潤計算 -損益平衡點分析 （BEP） -現金流量分析 -預實管理	**資金調度與資本政策** -借入 -創投（VC）、風險投資 （IPO） -群眾募資 **事業價值評估與決策** -自由現金流 （FCF） -資本成本 -淨現值法 -內部報酬率法	**組織管理** -組織形態 -組織開發 **人事管理** -人事考核與薪酬管理 -任用、培訓與轉調 -人才開發 **領導力** **企業、組織文化** **知識管理**	**產品特性** -需求分析 -產品架構 **營運管理** -採購 -生產 -物流 -銷售 -服務

事業經營 × 商業模式

	1 經營策略	2 行銷	3 會計	4 財務	5 人力與組織	6 營運
目標族群	**事業策略** -基本策略（整體／利基）	**市場策略** -市場分析 （PLC） -市場區隔 -目標設定				
價值	**事業策略** -基本策略 （成本／附加價值）	**市場策略** -市場定位 **行銷組合** -產品 -價格				
能力	**事業策略** -基本策略 （垂直／水平）	**行銷組合** -通路 -促銷 -服務			**組織管理** -組織形態 **人事管理** -任用、培訓與轉調 **領導力** **組織文化** **知識管理**	**產品特性** -需求分析 -產品架構 **營運管理** -採購 -生產 -物流 -銷售 -服務
獲利模式	**事業策略** -事業特性 -獲利模式 （免費增值等）	**市場策略** -目標設定 **行銷組合** -價格	**財務會計** -收入與費用 -會計科目 **管理會計** -成本、利潤計算 -損益平衡點分析（BEP） -預實管理 -CF分析（事業）	**資金調度** -群眾募資		

本章註釋

1　www.bunka.pref.mie.lg.jp/MieMu/83010046697.htm。

2　在此之前，若顧客借貸到期無法還款，不僅典當品制度被沒收，借貸債務還會繼續留在帳上。三井殊法首創典當品流當後，就不再留下債務的做法。

3　購物時掛帳，每年分兩、三次收取帳款。

4　譯註：江戶時代初期的特殊族群，喜歡穿著不合常理、顏色鮮豔的奇裝異服，崇尚自由，經常做出反社會的脫序行為。

5　譯註：從現成版型中找出與顧客最接近者，再依顧客身形微調。

6　有金襴、羽二重、紗綾、紅、麻袴和毛織等。

7　「大阪」原名「大坂」，約自江戶時代起，「阪」、「坂」二字通用，直到明治維新，設置「大阪府」之後，「大阪」才成為固定用法。

8　不同貨幣的兌換業務，例如用日圓買美金等。這裡是指金幣和銀幣間的兌換。

9　譯註：封建時期統轄大領地的領主。

10　嫡傳的家族繼承人家庭，也就是三井高平一家。

11　譯註：由三井高平的弟弟所組成，包括三井高富、高治、高伴、高久、高春等 5 人的家庭。

12　譯註：包括三井高平的妹妹、姪女、女兒、孫女等人的配偶、子女在內的 5 個家庭。

13　既往實際案例中的最佳典範與其中的智慧祕訣。

14　「行銷」有個非常知名的定義，即「讓業務活動（sales）派不上用場的事」，但我們不需拘泥於此，畢竟銷售活動也是銷售管道之一。

15　現金（cash）實際上如何產出、運用、累積與投資等的流動（flow）狀況。

16　用事業可望創造的現金流量預估，推算事業價值的方法。

17　在投資的期望報酬率之下，讓淨現值為 0 的折現率。本書僅先說明至此。

18　英文為：Product Portfolio Management，簡稱為 PPM，是由波士頓顧問公司所打造的成長及市占率矩陣，能幫助企業為旗下的多項事業設定定位，以及各項事業的資金分配。

19　安全性、收益性、生產性和成長性。

20　產品別、部門別、客戶別、人員別等。

21　安全性、收益性、生產性和成長性。

22　產品別、部門別、客戶別、人員別等。

23　產品別、部門別、客戶別、人員別等。

24　商業模式也有不少流派，有分為 7、22 或 55 種類型的流派，也有以 5、9 或 11 個要素來呈現，論述非常多元。

25　企業之間的生意往來，也稱為 B to B。

26　企業和消費者之間的生意往來，也稱為 B to C。

27　孫武撰寫出作品原型，經後人孫臏整理成較接近現今的所見樣貌。又於西元 200 年前後，由曹操整理為今日版本。

28　譯註：原文為「主孰有道」、「將孰有能」、「天地孰得」、「法令孰行」、「兵眾孰強」、「士卒孰練」、「賞罰孰明」。

29　譯註：為了鞏固幕府政權，削弱大名實力和增加財政負擔，因此有大名必須住在自己領地一年，一年住在江戶為將軍奉獻，而大名的妻小更是要長期住在江戶的相關制度。

30　1721 年時，町人人口已突破 50 萬。推估武家和寺社的人口約與町人相同（町人：武家等＝1：1），故有「江戶是百萬人都市」的說法。

1章

目標族群：

該鎖定誰？

06 | 目標族群不明確，事業會迷航

▶目標族群無疑是顧客

做生意一定要有顧客。就像舞台劇和職業運動賽事，沒有觀眾欣賞便無法創造舞台，做生意有銷售商品或服務的對象，也就是顧客。

在商業模式中談的目標族群，無疑指的是上述的顧客。或許各位覺得「事業的目標族群就是顧客」理所當然，但歷史上可不是如此。

例如，在戰後復興期的日本，顧客就不怎麼受到重視，畢竟那個年代生產什麼都賣得掉。企業主眼裡看的不是顧客、店頭，而是商品，只在意工廠能生產多少。

古有三井殊法，如今則有亞馬遜（Amazon）的傑夫・貝佐斯推崇「顧客至上」，並在商場上成功。顯示<u>所謂的「事業」，最應該重視的是顧客的方便與價值，而不是其他任何人。這才是為企業指引經營方向的唯一方針</u>。

▶目標明確和模糊的事業

然而，光強調「目標族群是顧客」，事業會陷入迷航，畢竟這只不過就像在說「船應該在海上航行，然後靠港」而已。船隻會因前往哪個港口，船上準備的裝備、資材和人才會因此改變；要運送什麼物品、需要以何種速度行駛，也會影響選用的船隻形狀和結構。

當年英國的商船業者彼此競爭，看誰能最快把印度的新鮮茶葉運回國，最後發展出了「飛剪船」（clipper ship）的超高速帆船。飛剪船上

懸掛的帆很多，船身瘦，不易操控，但只要繞過好望角，以最快速度運回新鮮茶葉，就能賺得鉅額的運費。

只要目標族群（想買印度新鮮茶葉的英國民眾）夠明確，其他條件自然就會確定。反之，倘若目標族群模糊，不僅會讓整個事業在一切都不確定的情況下亂無章法，甚至還有觸礁之虞。

回到日本。2000 年前後，日本市場上有超過百本訴求銀髮族群的雜誌創刊，如今大概只剩下《春意》（halmek）和《Serai》這兩本，因為絕大多數切入這個市場的後發品牌，目標族群的設定都只有「60 歲以上」，非常模糊。在這種設定下，內容無法聚焦，於是整本雜誌都變得與其他競爭對手大同小異。

《春意》的目標族群是「喜歡郵購、網購的 60～70 歲女性」。正因為目標族群非常聚焦，所以他們才能打造出特殊的雜誌事業，靠獨家郵購、網購商品，賺進八成營收。

▶目標族群劃分太精細或粗略，都會失敗

事業（或商品、服務）要服務的目標族群，絕大多數都不是「世上的所有人」，而是聚焦在某一群人之上。在行銷學理論中，會把細分顧客族群稱為「市場區隔」（segmentation），至於篩選目標對象的動作，

圖表 1-1　市場區隔與目標市場選擇

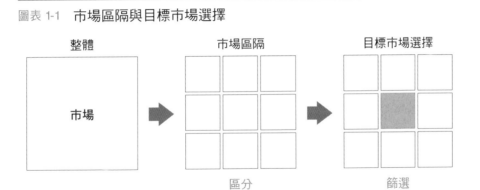

整體　　　　　　　市場區隔　　　　　目標市場選擇

市場

區分　　　　　　　　　　篩選

則稱為「目標市場選擇」。

用來細分顧客的基準區別，往往是在它們屬於「消費財」（B2C）或「生產財」（B2B）。

- 消費財｜人口統計方面的基準（當事人的性別、年齡、居住區域、所得、職業、學歷、家庭結構等）和購買行為（在哪裡買、買什麼等）
- 生產財｜企業業種、規模（營收或員工人數）、購買型態等

在進行市場區隔時，只要用上述基準來搭配組合，或把衡量的刻度單位變得更小更密，想把對象族群區隔得多精細都沒問題。把原本的 10 歲區間改為 5 歲區間，區隔的數量就變成兩倍；如果把原本的分類，從「都道府縣別」（47 個）改成「市町村區別」（1,741 個），那麼區隔的數量就會膨脹到 37 倍之多。然而，區隔出來的族群數量愈多，每個族群的規模（該族群的人數或企業數）就會愈小，這麼一來每個族群貢獻的營業額就會變少，要滿足每個族群所需的成本就會提高。除非商品價格夠高，否則很划不來。

圖表 1-2　策略性市場區隔

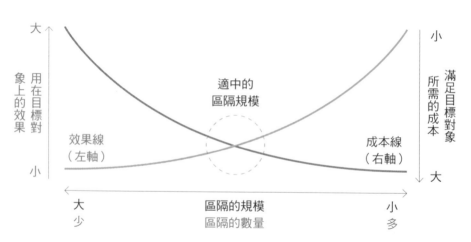

可是，如果把區隔劃得太大，一個族群裡會混雜五花八門的人或企業，導致最後企業供應出來的商品，滿足不了任何人的需求。「以 60 歲以上讀者為對象」的銀髮雜誌，就是這樣失敗的。<u>目標族群的市場區隔會有適中的區隔規模</u>。BCG 把這樣的平衡稱為「策略性市場區隔」。

▶除了顧客之外，目標族群還有很多種

事業主要的目標族群是「顧客」，實際上其實更複雜、多元。例如，顧客也可分為使用者、決策者（決定購買該項商品的人）、付費者等，每個角色都並非同一人。

　　·使用者與決策者、付費者不同｜紙尿布、寵物食品、處方用藥、辦公大樓、生產設備等
　　·決策者與付費者不同｜遊樂器、醫療、大學、家庭房車等

銷售給企業的商品或服務，幾乎可說全都屬於此類。既然是發展事業，企業就要把這些不同的角色都當成目標族群來看待。以藥廠為例，目標族群多達六種，可不是只有醫生而已（圖表 1-3）。

此外，我們平時不稱為顧客的對象，也有可能成為目標族群。例如，對（民間）電視台而言，廣告主比觀眾更重要。因為只有廣告主會付錢給電視台，還可自由決定是否出資贊助某檔節目或廣告。

至於像 CookPad 等所謂的「消費者生成媒體」（Consumer Generated Media，簡稱為 CGM）上，主要內容（例如食譜）是由一般使用者自行免費創作，發文者就是最重要的目標族群。不過，要有更多「瀏覽者」願意瀏覽貼文，並給予評價、留言鼓勵等，發文者也才會有幹勁。

換言之，對 CGM 的營運商而言，發文者、瀏覽者和廣告主都是「目標族群」。

CGM 的案例：

- 口碑網站｜價格.com、tabelog.com[1]、@cosme 等
- 知識分享網站｜CookPad、kurashiru 等
- 知識社群｜OKWAVE、Yahoo!知識+等
- 社群網站｜Facebook、Twitter、LINE 等
- 影片分享服務｜YouTube、Instagram、NicoNico 動畫等
- 塗鴉社群｜pixiv
- 部落格入口網站｜Ameba 部落格等

　　企業的組織營運已不再是閉門造車，而是朝更靈活運用外部資源的方向邁進。在這樣的趨勢下，對事業最重要的目標族群，可能是創作者，也或許是通路。它早已跨出顧客的範疇，更複雜擴散。

　　目標族群不明確，事業就會迷航。即使主管再怎麼怒吼「總之給我去賣就對了」，若不知該鎖定哪個目標攻擊的業務員，恐怕只會找個地

圖表 1-3　藥廠的目標族群結構

厚生勞動省		於「醫藥品醫療輔具綜合機構及藥事食品衛生審議會」審查、核准醫藥產品，並訂定藥價
健康保險組合		負責健保方面的收、付款
醫院	藥事委員會	有藥劑師參與的委員會，決定藥品是否應該加入院方的處方清單中
	醫師	針對各種病患，決定是否將藥品開給對方
藥局		決定是否採納該款藥，也建議病人改用學名藥
藥品批發商		決定是否以該藥品為優先選項

方打發時間，或者找幾個交情好、方便拜訪的客戶見面，再不然就是不知如何是好，最後只能辭職求去了。

　　<u>事業經營的第一步，就是要選定目標族群，並且讓整體組織朝它邁進</u>。

圖表 1-4　CGM 的目標族群案例：@cosme

發文者	瀏覽者	付費使用者	化妝品製造商
依個人屬性別，對各種化妝品評分[2]與心得留言	在網站上搜尋美妝保養品，瀏覽網友口碑	月付 360 日圓的收費使用者	是廣告主，也是分析數據的購買者，更是美妝保養品數據的供應者
〔1000 萬筆以上〕	〔單月 1600 萬人〕	〔收入的 10%以下〕	〔收入的九成〕

專欄
01

行銷重要的是 STP，而非 4P

▶行銷學理論的精髓在於 STP

行銷學理論當中最為人所熟知的基本概念，或許就是 4P，僅僅這樣說也當之無愧。

- 商品（Product）│商品開發
- 價格（Price）│價格設定
- 通路（Place）│銷售通路
- 促銷（Promotion）│廣告、促銷

這是傑羅姆・麥卡錫（E. Jerome McCarthy）在《基礎行銷》（*Basic Marketing*，1960）中的概念，是最能完整描述行銷活動的架構。由於起初麥卡錫談 4P 時，會說「別只在廣告上花錢」、「要好好均衡搭配、使用」，所以也稱為「行銷組合」（Marketing Mix，簡稱為 MM）。

不過，這一套行銷活動的 4P，究竟是為了什麼「目的」而做？這

圖表 1-5　行銷 4P

商品	價格	通路	促銷
品質、功能、設計、產品線、技術能力、保固等	價格、折扣條件、付款方式、付款條件等	配銷通路、庫存、門市區位條件、門市品項、配送等	廣告宣傳、公關、促銷活動、廣告媒體等

裡出現的只有各項行銷活動的範圍，既沒有顧客，也沒有價值。

而用來界定「顧客」、「價值」的，就是「STP」。

- Segmentation｜市場區隔
- Targeting｜目標設定
- Positioning｜定位設定

STP 是業者用來決定**應該為誰（市場區隔與目標設定），提供什麼價值（定位設定）的過程**。行銷組合 4P 只不過是用來實現它們的方法，所以其實是「STP 在前，4P 在後」。

行銷人扮演的角色，和事業經營者很相似，兩者都要負責訂定目標族群與價值（目標與價值合稱為「價值主張」），並運用各種能力與獲利模式的搭配組合，帶領事業、商品朝實現價值主張的方向發展。

不過，行銷人面對的對象，是商品（或品牌），要處理的能力也只有 4P。事業經營者要面對的對象則是整個事業，要處理的能力也更全面。然而，運用 STP 這類概念，篩選目標族群與價值也是相同的。換言之，**事業經營者在學習行銷學時，最該留意的不是 4P，而是 STP**。

圖表 1-6　經營者該學習的行銷 STP

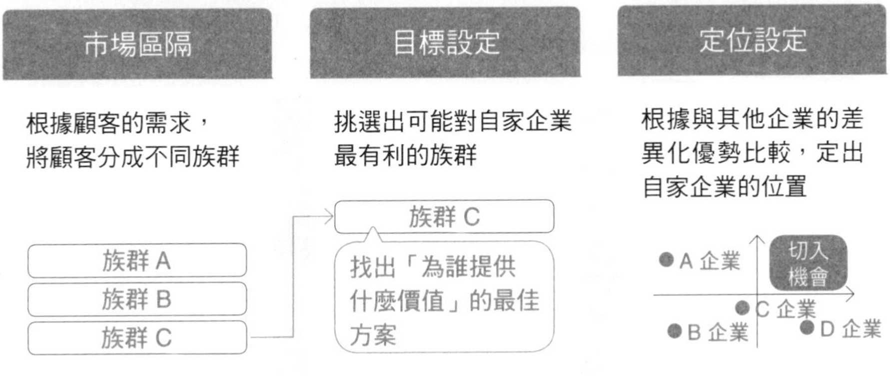

市場區隔	目標設定	定位設定
根據顧客的需求，將顧客分成不同族群	挑選出可能對自家企業最有利的族群	根據與其他企業的差異化優勢比較，定出自家企業的位置

族群 C

找出「為誰提供什麼價值」的最佳方案

族群 A
族群 B
族群 C

●A 企業
●C 企業
●B 企業　●D 企業

切入機會

07｜將目標細分化：　大眾、分眾、個體　（福特、通用汽車）

▶福特的成功：早期的目標族群很簡單

　　工業革命的發展進入 20 世紀以後，商業都還算單純，不是太複雜。業者該鎖定的顧客只有一種，而該提供的價值，基本上也只有物品而已。那是一個大量[3] 生產、大量消費的年代。

　　1890 年，劃時代的商品「燃油汽車」在歐洲誕生。不過當時汽車要價不菲，僅部分富裕階層擁有。然而，到了 <u>1910 年，美國的福特公司推出了「堅固又便宜」的福特 T 型車，從此改變世界</u>。亨利・福特（Henry Ford）導入徹底分工化與輸送帶流水作業（即能力），成功將汽車生產成本降到原來的好幾分之一。福特鎖定的目標族群，是當時正逐漸出現的「<u>富裕大眾</u>」。當時，美國人口成長到近 1 億人，是 50 年前的 3 倍。中產階級大量出現，他們在福特這樣的工廠工作，擁有自己的車，並開車從郊區的獨棟透天厝通勤上班。<u>這群人追求的價值正是「堅</u>

圖表 1-7　福特與福特 T 型車[4]

固又便宜」。福特看準了這一點，便致力於為此培養企業的實力（名為福特胭脂河工廠「Ford River Rouge complex」），且持續生產 T 型車。

福特在 19 年間，竟銷售多達 1,500 萬輛車。以目前一輛價值 300 萬日圓來計算，營收總計高達 45 兆日圓，堪稱空前熱賣的商品。

▶通用汽車的史隆將目標族群分為五大類，成功上演大逆轉

而為福特 T 型車時代宣告落幕的，是通用汽車（General Motors，簡稱為 GM）的汽車產品群。通用汽車的經營團隊認清「富裕大眾已不再只有一種定義」後，便不斷壯大品牌、收購其他企業。後來，他們提供了五種不同的品牌給顧客：為年輕族群打造的是價格實惠、外觀有型的雪佛蘭（Chevrolet）；提供給年長富裕階層的，則是沉穩尊貴的凱迪拉克（Cadillac）。

1920 年就任總裁的艾佛瑞・史隆（Alfred P. Sloan），提出「不論預算多寡，不論目的為何，都有適合的車款」的商品政策，推出多款新商品，並持續祭出各種促銷方案（如提供車貸服務等）。

不過，要精準將不同商品、服務，送到興趣、喜好各異的五種顧客手中，需具備特殊的能力。通用汽車依品牌，將組織分為五大事業部和

圖表 1-8　福特與通用的商業模式比較（目標族群與組織）

	福特	通用汽車				
目標族群（顧客）	所有人 ⬌	富豪	......	......	......	年輕人
品牌	福特 T 型車 ⬌	凱迪拉克	別克	奧克蘭	奧斯摩比	雪佛蘭
能力（營運／資源）	整體共同營運 ⬌	A 事業部	B 事業部	C 事業部	D 事業部	E 事業部
		總公司（透過「顧客滿意度」與「會計資訊」管理）				

總公司，共計六大部門。每個事業部都具備自行開發商品、生產到銷售的功能，只要能對收支表現負責，其他都可以自由發揮，照自己的步調前進。但光是這樣，公司無從得知各事業部遭逢哪些挫敗，所以總公司會掌管資金（會計）、市場和顧客資訊。組織理論當中所謂的「事業部制」，於焉完成。

因為具有這套特殊的組織營運能力，<u>通用汽車成功贏得了當時已開始細分成許多客群的美國民眾青睞</u>，安然渡過了「黑暗的 1930 年代」[5]。而這同時也意味著堅守大眾路線，持續生產 T 型車的福特，走向了衰敗。

▶市場區隔規模為「一」的一比一行銷

在報紙、廣播和電視等大眾媒體廣告興起的推波助瀾下，直到 1970 年代，許多企業都致力於經營大眾目標族群。後來在 70～80 年代，業者開始以特定市場區隔為目標。1985 年，博報堂廣告公司提出了「日本消費者已走向『分眾』，而不再是大眾」[6] 的評論。日本製造商也努力推動多元品項、少量生產，但實現並不簡單。

不過，進入 90 年代之後，<u>市場區隔細分化的終極概念問世</u>，亦即「一比一行銷」。在《一比一行銷》（*The One to One Future*）中，唐・派柏斯（Don Peppers）強調企業要<u>將每位顧客都當成不同的個體，分別應對</u>。他認為必須做到這種程度，同時也指出這麼做是可行的。

仔細想想，小村子裡的水果行和酒商一開始就採行這種操作方式。他們掌握了每一位顧客的喜好和消費習慣，並據此採購、推銷，既能將浪費降到最低，獲利表現也不差，至少在大型連鎖超市和折扣商店出現前，的確如此。

大型連鎖業者用壓倒性的低價大量銷售，酒商和水果行紛紛黯然熄燈退場。而派柏斯想表達的，是希望大企業自己去做鄉下水果行以往做的事。他認為只要建立機制，就可以做得到。

‧用會員卡等工具蒐集顧客資料

‧再搭配消費資料，儲存在資料庫裡，並加以分析

‧透過電子郵件等電子媒體進行個別推銷、對話

<u>以資訊科技為核心的新能力，帶領企業實現了市場區隔規模為「一」（one）的目標族群設定。</u>

自 1990 年代起，呈現爆炸性普及的網際網路，更助長了一比一行銷的發展。於是商業活動得以跨越地理的區隔，開始追蹤每一位顧客。

▶自造者的世界：真實把目標族群分成好幾萬種

就算銷售改以一比一執行，但要依據顧客需求調整（客製化〔Customization〕）商品，工作還是相當艱鉅。然而，後來也出現了轉機。

《長尾理論》（*The Long Tail*）和《免費》（*Free:The Future of a Radical Price*）呈現了網路時代的銷售、獲利方式。這兩本書的作者克里斯‧安德森（Chris Anderson，1961～），已把戰場從網路轉移到了製造業。他在 2012 年 11 月辭去了《連線》（*WIRED*）雜誌總編輯的職務，專心經營自己在 2009 年創辦的遙控飛機（無人機）製作公司「3D Robotics」。

安德森在《自造者時代》（*Makers: The New Industrial Revolution*）中，提出：「下一波變革的發生會出現在製造業」、「物質（atom）將是下個資訊（bit）」、「換言之，未來我們將可隨心所欲組合物理性的物品，打造出想要的東西，就像我們可以自由處理電腦和網路上的資訊」。

網際網路的出現，大幅降低了資訊分享的門檻，改變了資訊的世界。然而，在這個世界上，存在著遠比資訊世界大上好幾倍的物質世界，不會萎縮、變小。如今，卻因為「變革的四種神器」[7] 的出現，讓物質世界的變化蠢蠢欲動。

只要有這四套設備，大多數的物品研發都能在轉眼間推進到打樣階段。有了打樣品，應該就能順利改良，甚至還能舉行群眾募資，輕易募到錢。而目前在全球，上述設備一應俱全的「FAB」，已有數千家。

安德森說：「今後將出現無數個『生產數量1萬左右』的利基市場。」、「這才是第三次工業革命呀！」

他把這樣的趨勢，稱為自造者運動（Maker Movement）。以往，製造業要求的生產數量，動輒就是好幾萬，甚至好幾十萬。畢竟要設計1個新產品，還要手工來回打樣、開模、調整產線、採購資材、改善良率[8]，因此達不到這個規模數量就會不敷成本。然而，這種情況正在改變。因為 3D 印表機、FAB 等能力的創新，改變了實體製造業目標族群的樣貌。

事業的目標族群，在 20 世紀的百年間，從大眾（整體）轉往市場區隔，接著又發展為「一」。不過，目標族群並非胡亂分裂。它有適當的規模大小（策略性市場區隔），也會因事業內容、商品不同，而出現不同的答案。

然而，對 21 世紀的經營者而言，還有另一個更嚴重的問題，那就是目標族群的多數化和複雜化。

圖表 1-9　自造者運動[9]

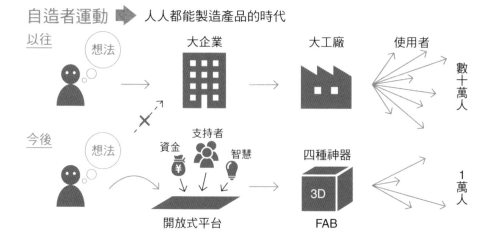

自造者運動 ➡ 人人都能製造產品的時代

以往　想法　大企業　大工廠　使用者　數十萬人

今後　想法　資金　支持者　智慧　四種神器　3D　1萬人

開放式平台　FAB

08 複數的目標族群：真正的決策者是誰？（消費品、大學等）

▶消費財「背後的決策者」是女性

我在前一節提過，目標族群不見得是單一的。以企業為銷售對象的 B2B 如此，以一般消費者為對象的 B2C 也是一樣。這是因為負責決定購買商品的人，我們稱之為「決策單位」（Decision Making Unit，簡稱為 DMU），而實際使用商品的人，不見得是購買時的 DMU。

以育兒家庭為例，和小孩有關的開銷，有近八、九成是由女性扮演決策單位的角色。[10] 不僅孩子的服裝由媽媽決定，就連要讀哪一家幼兒園等教育、才藝學習方面的問題，也不是當事者或爸爸說了算，而是由媽媽決定。至於購買洗衣機、冰箱和吸塵器等生活家電，也是有八、九成由媽媽決定；食品、飲料[11] 和日用品更是超過九成。而在家庭旅遊及週末休閒活動上，儘管和全家有關，但要去哪裡、花多少錢，仍有七成家庭是由女性來定奪。

同樣的情形也出現在主要由男性使用的品項上。老公的鞋子、包包有 29％，工作服有 29％，平時穿著有 41％，保養品類更有 48％ 都由太太決定。反之，太太購買這些物品時，由先生決定的比例趨近於零。

所以在日本，消費財背後真正的決策者，其實是女性。業者要時時留意此點，否則不管是車或房，都可能賣不掉。

▶升學、就業都由父母決定！？

報考大學的學生在選擇志願時，近年來，不少家長都會出意見、下指令。大學學費通常由家長負擔，因此家長對校系選擇難免有意見。然而，當考生本人與家長需求不同時，大學校方也不得不將家長列為目標族群，因應家長需求，例如舉辦家長說明會等。考生入學後，這些服務仍會持續辦理，服務不夠周到的學校，熱門程度就會受影響。

看在負責招募社會新鮮人的企業人資眼中，情況也是相同。為了吸引學生應徵，企業就連同學背後的家長也要顧慮，還要持續提供相關資訊。

然而，幾年後，這一定會成為棘手的問題。換個角度想，<u>既然父母是升學、求職時的 DMU，就代表當事人缺乏自主性和決策能力</u>。這些大學生求職時，或者社會新鮮人工作一段時日、要開始帶領新人時，就會有嚴重的挫敗感。到時候會讓大學的求職輔導單位、企業的人事部門措手不及，但也為時已晚。

恐怕大學、企業打從一開始，就不應該把讓家長當 DMU 的學生當成目標族群。

▶意見領袖的存在

在選項多、專業性強的商品、服務中，<u>部分意見領袖有時會大大影響民眾的消費決策</u>。網路業界把這些人稱為「網紅」，而他們也是重要的目標族群。在社群媒體上有數萬、甚至數十萬人追蹤的使用者，他們的口碑意見，足以左右商品或服務的銷量好壞。

在上下關係嚴明的醫界也是如此，每個領域都有幾位意見領袖。對藥廠或醫材廠商而言，這些意見領袖是推升產品銷量時，不可或缺的要角。廠商不僅要與當紅的意見領袖打好關係，也要和未來的意見領袖建立人脈，所以深耕有地位的教學醫院，和年輕醫師培養交情也很重要。

<u>究竟誰才是真正的決策者？我們要先認清才行。</u>

09 | 場域事業的目標族群更複雜：家用電視遊樂器（任天堂）

▶打造「場域」的數位平台時代

21 世紀被稱為「數位平台時代」。數位平台的定義，是「運用資訊科技，為第三者提供『場域』服務[12] 者」。而市場的數位平台，其實不只有 Google、Facebook、Apple、Netflix[13]（FAANG）或 Uber 等大企業，還有數百個市場參與者競比成長高下。

究竟什麼是「場域事業」？觀察名稱中有「場」字者，包括豐洲（築地）市場、金融市場、二手市場等，以「○○市場」居多，其他還有劇場、展場、競技場、賭場等。這些場域中除了一定有業者經營之外，還有表演單位與觀眾、賣家與買家、商家與訪客。

「場域」可說是聚集許多相關人，並提供某些交易基礎設施的地

圖表 1-10　場域事業的案例：AUCNET[14] 的花卉拍賣

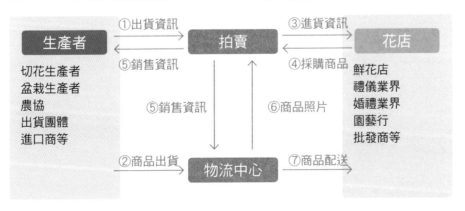

方。至於經營這種場域的平台營運商，賺的則是開店費、門票、上架或成交手續費等。

接下來，我們要看以消費者為對象的場域事業先驅——任天堂家庭電腦（紅白機）的案例。

▶任天堂打造出世界第一的家用遊樂器平台

雅達利（Atari）1977 年推出「VCS[15]」（Atari2600），由於允許第三方業者（一般遊戲軟體廠商）開發、銷售遊戲卡帶，所以自 1980 年代起便引爆熱銷。其中最熱賣的殺手級遊戲，便是從大型街機移植而來的作品——太東公司（Taito）的太空侵略者（Space Invaders，1980），以及南夢宮（Namco）的小精靈（Pac-Man，1981）。據說 VCS 版的太空侵略者在全球賣出了 100 萬套，小精靈則賣出了 700 萬套。不過，因為作品熱賣，造成粗製濫造[16]的卡帶大量流入市面，更於 1983 年引爆了史稱「雅達利大崩壞」（Atari Shock）的市場崩盤。

同年 7 月，任天堂推出了家用遊樂器「紅白機」。當時任天堂退出了大起大落的大型街機市場，將遊戲和手表事業的獲利，全都挹注在紅白機上，可說是一場豪賭。

當時的總經理山內溥從雅達利大崩壞中，學到「切莫放任不好玩的遊戲在市場上流竄」。他把「持續保持遊戲高品質」列為最優先考量，而不（只）看重遊樂器的硬體。

 ·為了推廣，以很便宜的價格銷售遊戲機本體。VCS 的接班機種售價是 24,800 日圓，而紅白機更是以貼近成本的 14,800 日圓販賣
 ·在遊樂器普及之前，仰賴自家公司開發好玩的遊戲來拉抬銷量。投入開發原為大型街機遊戲的「大金剛」、「瑪利歐兄弟」[17] 等
 ·拉高遊戲卡帶的售價為 5,800 日圓，再從中收取權利金等收入
 ·第三方供應商若想開發遊戲，則採取授權制，且需經任天堂事

前審核。初期通過核准的只有哈德森（Hudson soft）、南夢宮、卡普空（Capcom）和太東等大型廠商

・第三方供應商必須委請任天堂生產遊戲的 ROM 卡帶，每份兩千日圓，廠商必須預先付款，且最小訂購量為 1 萬份，以避免生產過剩

紅白機上市半年後，營收急遽成長，一年半之內就售出超過了 200 萬台，成為熱銷商品；遊戲軟體也接連推出轟動商品，包括 1985 年的「超級瑪利歐兄弟」（任天堂，681 萬套），1986 年的「職棒家庭棒球場」（南夢宮，205 萬套），以及「勇者鬥惡龍」（艾尼克斯[18]，150 萬套）。而任天堂的營收，則在 1989 年達到了 2,900 億日圓；營收、獲利都在 5 年內翻漲 4 倍。1985 年，任天堂更以 NES（Nintendo Entertainment System）的名義進軍北美市場，炒熱了家用遊樂器市場這口冷灶。

最後，紅白機在全球累計狂銷 6,300 萬台（海外占比七成），成了超級熱銷商品。而這一波成功氣勢，後來還延續到新一代的 16 位元機型[19] 超級任天堂（1990）。

圖表 1-11　任天堂的家庭電腦[20]

▶任天堂的目標族群是玩家和大型遊戲軟體製造商

任天堂在家用遊樂器市場，以紅白機打造出劃時代的商業模式。

當年雅達利只將外部遊戲軟體廠商，定位為「擅自開發遊戲的外人」，但任天堂在紅白機的操作上，則是與遊戲軟體業者建立了更密切的關係。因為<u>使用者購買的並非遊樂器，而是（要安裝在主機上玩的）遊戲卡帶</u>，而且還是有名的熱門遊戲，不是隨便濫竽充數的低劣產品。

既然如此，那麼<u>在紅白機的場域事業上，使用者和大型遊戲軟體業者，都是目標族群。</u>

過去 IBM 的個人電腦事業，總是專注於打造能成為標準的商品規格，結果自己卻老是無利可圖。而任天堂可就不同了，他們打造了讓公司及關係人都能放心投資、共享獲利的「共生系統」平台。

此為任天堂創造了極大的優勢，包括後來的超任時期在內，一路領先世雅（SEGA）和萬代（BANDAI）等競爭對手長達 11 年，一直到 1994 年索尼（SONY）的 PlayStation（PS）問世為止。

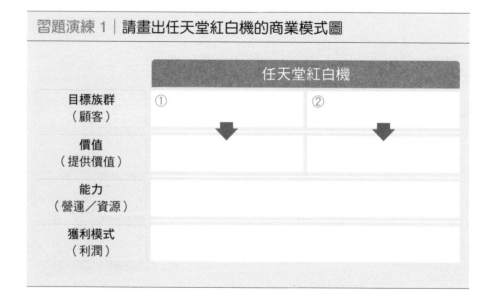

習題演練 1 ｜ 請畫出任天堂紅白機的商業模式圖

10 勇於改變目標族群的企業（eBay、StoreKing）

▶eBay：打造匯集小蝦米、一起做生意的空間

1995 年 9 月，美國西海岸誕生了連結「小蝦米」，也就是串聯個人與個人的服務。個人拍賣網站 eBay（當年名叫 Auction Web），最早是設在創辦人皮耶‧歐米德爾（Pierre Omidyar）的個人網站上。他出於好奇，而在長假期間玩的消遣。他想知道：「<u>如果我打造能讓賣家直接和消費者聯繫的機制，會發生什麼事？</u>」

在沒有任何宣傳的情況下，顧客迅速聚集。光是第一個月，就進帳1,000美元的收入。歐米德爾決定辭去當時「通用魔術」（General Magic，蘋果子公司，研發手寫電腦用軟體）的工作，自立門戶。為了吸引更多個人造訪網站，他設置了回饋論壇和留言板，努力想打造社群文化。結果，當年亞馬遜使用者在網站停留的月平均時間才僅僅 13 分鐘，但 eBay 卻能做到 105 分鐘。

圖表 1-12　供個人交易的拍賣網站 eBay[21]

供個人在網路上彼此交易的 C2C 拍賣交易市場。創辦人皮耶‧歐米德爾在 28 歲時，利用一次長假寫出的程式，成了 eBay 的開端。eBay 平台上第一筆成交的商品，是一支壞掉的雷射筆。

　　對於使用者而言，當年在 eBay 平台上交易的費用低，也是一大誘因。早期 eBay 的上架費是 10 美分，成交再收 1%，手續費堪稱超低價。[22]

　　綜合各項因素，加上費用低，eBay 的上架、成交數量呈等比級數成長，公司很快產生盈餘。不過，由於真正在 eBay 工作的只有歐米德爾一人，辦公室就是他家，所以 eBay 能有盈餘，可說是理所當然。

　　和貝佐斯所領軍的亞馬遜不同（請參閱第 162 頁），歐米德爾當年的做法，不對 eBay 做任何基礎設施上的投資，物流和支付也都交由使用者自行處理。

　　eBay 提供的，是「只有拍賣機制」的簡易商業模式，卻創造了網路特有的奇蹟──「急遽成長」和「剛起步就有高獲利」。到了 1997 年中期，eBay 竟發展為單日 80 萬筆交易的規模。

　　不過，歐米德爾並不戀棧 eBay 的經營大位。他接受投資 eBay 的創投公司建議，把經營權交給了住在美國東岸的女士。她擁有哈佛

習題演練 2 | 請畫出 eBay 早期的商業模式圖

	一般網拍平台	早期 eBay
目標族群（顧客）	賣方是企業，買方是個人	
價值（提供價值）	銷售全新商品（二手商品）串聯B2C 成本比在門市銷售低	
能力（營運／資源）	強化物流、支付功能	
獲利模式（利潤）	高毛利率	

大學 MBA 學歷，曾任職於寶僑（P&G）、企管顧問公司貝恩（Bain & Company）、華德·迪士尼（Walt Disney），以及玩具龍頭孩之寶（Hasbro）等，還曾於網路花店擔任執行長的梅格·惠特曼（Meg Whitman）。

▶eBay 成長快速、收購支付基礎設施 PayPal，還發展物流基礎設施

1998 年 3 月，惠特曼才終於從美國東岸搬到西岸，加入當時員工 30 人、年營收不到 470 萬美元的 eBay，擔任執行長一職，壯大了此串聯個人與個人的拍賣服務平台。

她上任後的第一項大任務，就是 9 月的股票上市。掛牌價 18 美元的 eBay，上市第一天就大漲 2.6 倍，以 47 美元作收。eBay 公司的總市值一舉突破 19 億美元，和競爭對手差距高達 5 倍之多。

惠特曼運用股票上市後帶來的鉅額資金，接連收編相關事業的新創公司。起初收購類似的網路平台，到 2002 年為止，eBay 總共收購了 7 家企業，總金額突破 8 億美元。

接著，她致力推動的主要業務，是強化「線上支付系統」的基礎設施。所以她在 2002 年時，以 15 億美元收購 PayPal。

PayPal 被納入擁有 4,600 萬使用者（當時）的 eBay 麾下之後，交易金額強彈八成，發揮了相當可觀的綜效。

▶PayPal 解決了個人支付「信任」與「小額」的阻礙

當時，在串聯個人與個人的事業支付上，有很大的阻礙。買方不願把信用卡卡號等資訊，透露給素未謀面的對象（個人），又覺得透過銀行匯款被扣手續費不划算，加上還要先付款，實在令人提心吊膽；況且賣方也都是小到不行的微型企業（或個人），幾乎不可能通過信用卡公司的特約商店審核。即便如此，當年也沒有貨運公司配送後貨到付款的機制。

PayPal 一舉解決了上述問題。

①買方只要透過電子郵件或網站就可付款，不必告知信用卡等資訊

②賣方可輕鬆開設 PayPal 帳戶，每筆交易只要付 2％至不到 4％的低手續費，不必負擔月費

③導入「買方購物安全保障制度」，萬一交易過程發生問題，可退還貨款

④以網路為主體的資訊系統，建立低成本的基礎設施

透過這些方式，<u>PayPal 為素昧平生的雙方交易，提供了「信任」與「小額支付」的自由</u>。

在惠特曼後、接下執行長大位的約翰·唐納荷（John Donahoe），則大刀闊斧推動了包括以 Skype 為首的事業整頓、效率化，並補強行

	早期 eBay	中期 eBay
習題演練 3｜請畫出 eBay 中期的商業模式圖		
目標族群（顧客）		
價值（提供價值）		
能力（營運／資源）		
獲利模式（利潤）		

動交易系統。eBay 的獲利表現因此得以改善，並於 2013 年達到年營收 138 億美元，稅後淨利 36 億美元的里程碑。而其中將近一半的獲利，都是 PayPal 等支付部門的貢獻。

不過，為了以最先進的技術水準，維持足以支撐每天新上架商品交易逾 1,000 萬筆的平台運作量能，唐納荷上任後，已收購約 60 家企業，投入逾 140 億美元的資金。

2011 年，eBay 更斥資 24 億，收購了美國大型電子商務服務業者「GSI 商業」（GSI Commerce）公司，擔負下單、接單、倉儲、配送、收款，著手強化物流能力，以期能與亞馬遜抗衡。

▶StoreKing：把網購送到網路難民手上的印度農村電商平台

印度的電商新創企業 StoreKing，則是將目標族群設定為「<u>無法上網的消費者</u>」。

印度的電商市場規模，在 2014 年為 80 億美元，到了 2018 年已達

圖表 1-13　StoreKing 的物流與金流

透過約 400 家商店發展合作事業

亞馬遜　- - - - - -　StoreKing

爭取鄉鎮和農村的消費者

配送、銷售

在網路上代替消費者下單購買需要的商品，並代付貨款

攬客、提升營業額

在店頭告知要購買的品項並付款

在家附近就能用現金買到想要的商品

鄉間雜貨店（與約 4 萬家店簽約）

在店頭交付商品

消費者

340 億美元，成長超過 4 倍。其中市占率龍頭是沃爾瑪（WalMart）旗下的 Flipkart（市占率 38.5%），第二名則是亞馬遜（市占率 31.5%）。這些業者設定的目標族群，當然是 4 億 6,500 萬的網路使用者，未來市場仍可望大幅成長。

　　不過，創立於 2012 年的 StoreKing，則從無法上網的民眾身上看到了商機。印度有 13 億人口，其中有六成，也就是約 8 億人口，居住在地方鄉鎮。這些民眾的所得水準偏低，絕大多數不持有銀行帳戶，也沒有裝置可上網。而<u>這些住在地方鄉鎮、不上網的 6 億 4,500 萬人口，就是 StoreKing 的目標族群</u>。

　　地方鄉鎮的零售商店品項少，也沒有流行商品。即使透過網購或郵購，請業者配送商品到個人住處，貨運業者也必須跋山涉水、克服惡劣路況。況且網購或郵購還是需要有銀行帳戶或信用卡，否則就無法付款。

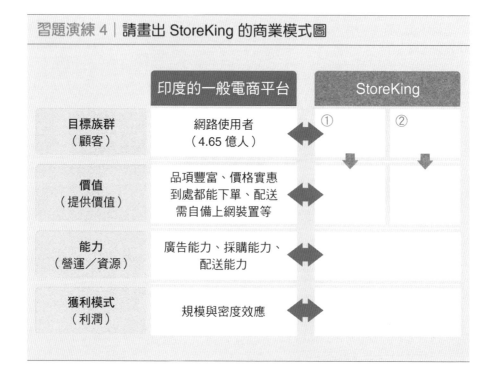

習題演練 4｜請畫出 StoreKing 的商業模式圖

	印度的一般電商平台	StoreKing
目標族群 （顧客）	網路使用者 （4.65 億人）	① ②
價值 （提供價值）	品項豐富、價格實惠 到處都能下單、配送 需自備上網裝置等	
能力 （營運／資源）	廣告能力、採購能力、 配送能力	
獲利模式 （利潤）	規模與密度效應	

▶StoreKing 運用了 4 萬家微型雜貨店

StoreKing 與地方鄉鎮的 4 萬家微型雜貨店簽約，每家店都配發裝有專屬應用程式的電腦或平板。

顧客會到住家附近的雜貨店挑選商品、下單訂購，再將貨款付給店家。店家先從貨款中扣除幾百分比的手續費之後，再將餘額繳給 StoreKing。幾天後，顧客只要再來店裡一趟，就可以順利拿到商品。

因為是貨款預付，StoreKing 因此不必承擔收款或信用上的風險；商品配送地點設定在雜貨店而非個人住家，效率更好。<u>對這些微型雜貨店而言，StoreKing 的大量訂單，比店家自行採購、銷售的成本更低，又能當成店家招攬客人的工具</u>，堪稱「三全齊美」[23] 的機制。

目前 StoreKing 在印度西南部 10 個州，[24] 顧客人數已多達 2 億 1,500 萬人，2018 年度的年營收預估上看 380 億日圓。亞馬遜在 2016 年注意到 StoreKing 的做法，便透過它旗下的 400 家商店展開銷售服飾，店裡還設有試衣間。StoreKing 的目標，是特約商店在 3 年後要達到 600 萬家，據點遍及印度全國。

第
1
章

小
結

(06) 目標族群不明確，
事業會迷航

關鍵字
顧客至上主義
市場區隔、目標設定
策略性市場區隔
決策者、B2B、CGM

企業、事業、商品
日本熟齡女性雜誌《春意》（Halmek）
藥廠
Cookpad、@cosme

(專欄01) 行銷重要的
是 STP，
而非 4P

關鍵字
4P（商品、價格、通路、促銷）
行銷組合
定位設定
「STP 在前，4P 在後」

企業、事業、商品
NA

(07) 將目標細分化：
大眾、分眾、個體
（福特、通用汽
車）

關鍵字
富裕大眾
「不論預算多寡，不論目的為何」
事業部制
分眾、一比一行銷
自造者運動、四種神器、FAB

企業、事業、商品
福特、福特 T 型車
通用汽車

主要參考
書籍

1.《實用 以顧客為出發點的行銷（暫譯）》（たった一人の分析か
ら事業は成長する 実践 顧客起点マーケティング），西口一希，翔
詠社，2019 年。

2.《行銷管裡（第 15 版）（暫譯）》（*Marketing Management*），
Philip Kotler、Kevin Keller，Pearson Learning Solutions，2015 年。

08 複數的目標族群：
真正的決策者是
誰？
（消費品、大學等）

關鍵字
DMU
意見領袖
網紅

企業、事業、商品
育兒家庭開銷
大學升學志願學校

09 場域事業的目標族
群更複雜：
家用電視遊樂器
（任天堂）

關鍵字
平台營運商、場域事業
雅達利大崩壞
玩家和大型遊戲軟體製造商

企業、事業、商品
FAANG
AUCNET
任天堂紅白機
雅達利、哈德森、南夢宮、卡普空、太
東

10 勇於改變目標族群
的企業
（eBay、
StoreKing）

關鍵字
小蝦米（個人）
個人的拍賣網站、買方購物安全保障制
度、小額支付、信用風險

企業、事業、商品
eBay、PayPal、Skype
StoreKing

3.《一比一行銷（暫譯）》（*The One to One Future: Building Relationships One Customer at a Time*），Don Peppers、Martha Rogers，Piatkus Books，1994年。

4.《自造者時代：啟動人人製造的第三次工業革命》（*Makers: The New Industrial Revolution*），Chris Anderson，Currency，2012 年（繁體中文版由天下文化於 2013 年 3 月 4 日出版）。

本章註釋

1　譯註：價格.com是日本知名比價網站。食べログ（Tabelog）則是美食餐館評論網站，基本上是由一般民眾到餐廳消費後，分享個人消費體驗或照片，供其他網友參考。
2　依星星數量分為七等級。
3　mass：當形容詞使用時，意指「大規模」，例如大眾媒體（mass media）等；當名詞使用時，則指「大型物體」、「龐大團體」。
4　gettyimages。
5　1929 年 10 月，美國股市崩盤，引爆後續的經濟大蕭條，最後襲捲全世界，釀成全球經濟恐慌。美國花了 10 年以上的時間，才從這場蕭條中復甦。
6　出自《分眾的誕生：大眾社會解體後的分眾現象》（分衆の誕生: ニューピープルをつかむ市場戦略とは）。
7　四種設備分別是「3D 印表機」、「雷射切割機」、「CNC 機台」和「3D 掃描器」。
8　符合出貨標準的產品數量，在生產總量當中的占比。
9　資料來源：清水淳子「WIRED CONFERENCE 2012」，部分內容經過調整。
10　出自女人心行銷研究所（2008 年，N=969）。
11　只有在酒精飲料的購買方面，「女性擔任 DMU」的比例較低，為 55%。
12　包括線上商城、網路拍賣、線上跳蚤市場、App 商城、搜尋服務、線上內容服務（照片、影片、音樂、電子書等）、預約服務、共享經濟平台、社群網站（SNS）、影音分享平台、電子支付服務等。此資料引用自「數位平台營運商交易環境整頓評估會議」，2018/12/12。
13　美國的影音串流平台龍頭，創立於 1997 年，以網路 DVD 租借服務起家。
14　譯者註：日本的線上拍賣業者，成立於 1985 年，最早是在電視上拍賣中古車起家。
15　Video Computer System。
16　雅達利並未在 VCS 上加裝防盜版功能，任由不肖業者盜拷重製。
17　製作人橫井軍平、設計師宮本茂。後來宮本又催生多款作品，支持任天堂。
18　編按：日本遊戲大廠，現公司名為史克威爾艾尼克斯（SQUARE ENIX）。
19　CPU 一次可處理的資訊量。在二進位法當中，1個位數就是 1 位元（bit）。紅白機是 8 位元機型。
20　commons.wikimedia.org/wiki/File:Nintendo-Famicom-Console-Set-FL.png www.amazon.co.jp/dp/B01M246EOM/。
21　gettyimages 076 www.amazon.co.jp/dp/4621066161/。
22　目前每月上架 50 個品項以下者，可免收上架費；超過部分則收取每個品項 30 美元上架費，並以成交金額的 10%當成成交手續費。
23　日本近江商人的經營哲學之一，意指「做生意當然要讓買、賣雙方都滿意，但還能對社會有貢獻，才是一門好生意」的思維。
24　印度全國共有 29 個州，7 個聯邦直轄區。

2章

價值：

價值主張為何？

11 沒有價值，顧客就不會上門。要積極自我創新！

▶價值和需求是一體兩面：馬斯洛的需求層次理論

擬訂該鎖定的對象（目標族群），只不過是起點。要為對方提供某些價值，對方才會願意製作、決定、購買或使用商品。而且，對對方來說，價值必須足夠充分，還要比競爭者所提供的價值更高，否則這項商品或組織，就沒有存在意義。

這裡我們把業者應該提供給目標族群的價值，稱為「價值主張」，而它與對方的需求（needs）正好是一體兩面。人有大大小小的各種需求，於是亞伯拉罕・馬斯洛（Abraham Maslow）以「需求層次理論」，

圖表 2-1　馬斯洛的需求層次理論

自我實現需求
想為社會貢獻、想發揮個人創造力等的需求

自尊需求
對成功、聲譽、地位等的需求

社會需求
對友情、親情、親密關係等的需求

安全需求
確保家人及個人健康上的安全、安心、資產、工作機會等的需求

生理需求
對食物、水、睡眠、排泄、性行為等的需求

精神需求

物理需求

分析需求的結構。在這個理論當中，呈現了人除了有被優先滿足的食衣住、安全等（動物也有的）基本需求之外，還有更高層次的需求。這就是以往心理學向來避而不談的「人性」需求，馬斯洛透過這個理論，首度分類、定義。[1]

從這一套論述中，也可以看見出身猶太裔、從俄羅斯移民而來、在貧窮家庭長大的馬斯洛人生。對於生在紐約布魯克林貧民窟的馬斯洛來說，最重要的就是確保食物、飲水，以及健康和安全；接著再經過享受與朋友暢談、相信自己的過程，才終於到達能尊敬他人的階段。

滿足上述根本的需求，就會創造出非常強大的價值。

▶真正的需求不是買電鑽，也不是打洞，而是「展現帥氣」？

不過，一般的事業或商品，很少觸及這麼深入的價值。通常業者提出的價值主張，都是比較個別且具體的內容。

舉例來說，如果業者想賣一把電鑽工具，就會思考對使用者、買方而言，好電鑽的定義究竟為何，也就是考慮他們的需求。接著，業者就會追求更簡單鑽出漂亮孔洞的性能，包括：堅固銳利的鑽頭、高扭力（torque）又安靜的馬達，以及方便無線使用的高容量充電池等。

可是，購買電鑽的顧客，心中真正想要的究竟是什麼？常有人說

圖表 2-2　對電鑽的需求和欲望

需求
可鑽出漂亮孔洞、
性能強大的電鑽

欲望
漂亮的孔洞

「他們要的是鑽洞，<u>而不是買電鑽</u>」。他們想要鑽洞，而電鑽只不過是打洞的一種方法，可以用電鑽，用雷射光或由其他人提供的鑽洞服務也都無妨。這種比<u>個別需求更高一層的念頭，我們稱之為「欲望」</u>（want），也可以說是人在購物時的「目的」。

不過，事情可沒有這麼簡單。

美國的 DIY 風氣非常興盛（20 兆日圓產業），撐起此產業發展要角的是各個家庭裡的父親。他們希望找到「能和孩子一起做，又能向孩子炫耀的事」，而這就是居家修繕、修理或改裝汽車。為此，這些爸爸備齊工具，準備大顯身手，而孩子們當然在一旁當小幫手。

這些父親真的是：「只要有洞就好，不想要買電鑽嗎？」其實不然。找廠商來幫忙鑽個洞，根本無法獲得孩子的讚美。俐落拿起帥氣的工具，並熟練操作，藉以贏得孩子的尊敬，這才是他們 DIY 的目的。找廠商來服務不僅沒有價值，說不定還造成反效果。相形之下，爸爸用的工具有沒有設計感、夠不夠帥，都比前面談的那些事重要太多了。

2015 年，農機大廠洋馬（YANMAR）捧紅了 YT 系列的曳引機。這個系列的特色，竟是他們的設計。[2] 這是由設計師奧山清行[3] 操刀，機身採用讓人聯想到法拉利的鮮紅色澤，打造出震撼力十足的外觀。

日本國內從農人口的平均年齡為 67 歲。這個農機系列，除了自動

圖表 2-3　對 DIY 用電鑽的需求和欲望

化營運等節省人力的根本做法之外，最讓他們高興的就是造型設計。能讓孫兒輩或接班人看到自己操作農機的模樣，並且心生「真帥」的想法，遠比低價或升級功能來得更關鍵。

▶價值模糊的 PS3，明確的 PS4

一項事業、商品或服務，若無法提供符合需求的價值（value），就算目標族群設定得再怎麼明確，最終還是會消失。

<u>其中最典型的，就是「有了它，能解決很多問題」的多功能商品</u>。這些商品的目標族群，是缺乏收納空間的單身人士，以及忙得一刻不得閒的家庭主婦、主夫。然而，它們其實很少提供符合期待的價值。

多功能食物調理機就是很好的例子。它既具備「磨泥」功能，可製作蘿蔔泥，又能切末切絲、打果汁和攪打食物，的確樣樣行。不過，儘管顧客往往是為了省時、省空間而購買，但機器的每項功能卻都有專用的零件，包括使用後的保養、維護在內，使用起來麻煩又占空間。

<u>日本企業常犯的另個毛病，就是追求強大的高功能商品</u>。像索尼在 PlayStation（PS）、PS2 接連造成轟動後，卻在 PS3 慘遭滑鐵盧，原因就出在這裡。PS 在全球賣出了 1 億台，PS2 也賣出了 1.5 億台。而當年 PS2 已經可以播放 DVD 和連線遊戲，功能非常強大。可是，到了 PS3 時期，索尼竟以「夢幻中的家庭電腦」為目標，希望整備所有電子設備和連線上網的功能，希望打造其為社會基礎設施。玩家並不買單如此高階的功能，結果只售出了 8,000 萬台，事業整體也因為追求高階功能的鉅額投資，而慘賠收場。

不過，後來索尼又藉 PS4（2013 年底上市）上演了大復活戲碼。這次的目標族群，鎖定的是「歐美的連線遊戲玩家」，<u>價值主張則聚焦在「用便宜的價格，就能流暢享受很容易跑不動[4] 的戰爭遊戲」</u>。PS4 上市 5 年間，售出了超過 9,000 萬台，遊戲片銷量更直逼 9 億大關，成了索尼的一大獲利來源。

12｜三種價值：使用、交換、感知

▶使用價值就是商品的效用

商品價值可分為兩種：一種是「用了之後有多滿意」（效用），也就是使用價值；另一種則是「要花多少錢買」（價格），也就是交換價值。「使用價值＞交換價值」必須成立，否則商品當然賣不出去；若使用價值比其他競爭者差，此商品也不及格。

使用價值的基本結構分為三層。若依重要程度由高到低排列，這三層分別稱為核心價值、實體價值和附加價值。

・核心價值（少了這個就不買）｜基本功能
・實體價值（想買具備這個條件的商品）｜品質、品牌、設計、特殊功能
・附加價值（要是具備這個條件，就會有點開心）｜保固、售後服務、有信用

圖表 2-4　使用價值的結構與膠台

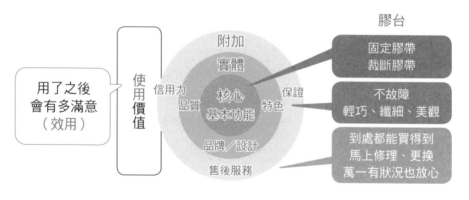

以膠台為例，它的核心價值當然是「固定膠帶並裁斷」。

▶日絆以「好神切直線美」挑戰價值改革

為了超越競品，提高使用價值的主要戰場在實體價值上。改革核心價值需要根本性的改變商品，並非易事；若不具備相當可觀的附加價值，很難撼動買方。業者無不卯足全力，期望能提供更好的品質，擦亮品牌、優化設計，並加入特殊功能等，力圖差異化，推升營收和獲利。

以「透明膠帶」商品聞名的日絆（NICHIBAN），於 2010 年推出了膠台商品「好神切直線美」，1 年售出 3 萬台，5 年半累積銷售逾 60 萬台。儘管價位稍高，但以直線為主軸的設計，外觀顯得相當時尚有型。不過更重要的是這項商品以「膠帶切口平整，不會高低不平」為賣點。

從使用者調查得知，約四成受訪者表示「討厭膠帶切口高低不平」，原因包括造型不美觀、容易藏汙納垢；撕膠帶時，容易縱向撕破等不滿。日絆試做了 30 種打樣品，最後打造出可筆直裁切的刀刃。新設計不僅讓膠帶切口平整，手指誤觸也不會受傷。而它特殊的刀刃造型，當然已申請了專利保護。

圖表 2-5　好神切直線美的設計與刀刃造型[5]

「好神切直線美 TM for Business」

傳統膠台切口

好神切直線
美的切口

傳統膠台刀刃
（放大）

好神切直線美的
刀刃（放大）

▶交換價值就是商品的價格

對購買者或使用者而言，使用價值代表的是效用，所以每個人的認定都不一樣。

對於不在意膠帶切口的人而言，「好神切直線美」恐怕不具任何附加價值；不過，對於那些在公司業務上必須大量使用膠帶，對膠帶的髒汙、厚度和外觀很講究的人來說，其使用價值就很明確了。既然使用價值比其他膠台高，那麼即使售價稍高（＝交換價值較高），認同者還是會願意買單。

不過，「交換價值」（要付多少錢）會因時機、狀況而大幅變動。主因是視供需平衡狀況而定，當需求（有意購買的總量）＞供給（有意出售的總量）時，就會墊高價格，反之就會跌價。所以縱然使用價值維持固定，交換價值仍會變動。

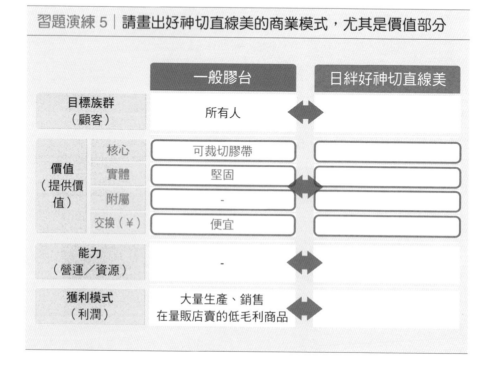

習題演練 5│請畫出好神切直線美的商業模式，尤其是價值部分

		一般膠台	日絆好神切直線美
目標族群（顧客）		所有人	
價值（提供價值）	核心	可裁切膠帶	
	實體	堅固	
	附屬	－	
	交換（¥）	便宜	
能力（營運／資源）		－	
獲利模式（利潤）		大量生產、銷售在量販店賣的低毛利商品	

當企業有意提高商品價格時，除了提高商品使用價值之外，最好還能壓低供給，就像卡西歐的手表「G-Shock」系列。

好神切直線美並沒有改變膠台的核心價值，卻在實體價值上做了很大的創新。不過，要實現這樣的創新絕非易事，須具備卓越的技術開發能力才行。此外，這項創新商品的目標族群並非所有人，而是在業務上需要使用膠台的重度使用者，而且還是對切口形狀特別講究的人。

▶別用廣告等方法，把感知價格推升得太高

在價值中還有「感知價格」（perceived value），意指顧客透過感受體識到的價值，也就是倘若無法先讓顧客體認該項商品或服務具備多高的使用價值，顧客都不會買單。因此，有些要讓顧客實際使用過才能明白好壞的商品，業者也會透過廣告等手法，設法讓顧客了解。

例如空氣和水，使用價值超高（少了它們就活不下去！），但平時大家卻很難察覺它們的存在。尤其在先進國家，空氣和水的感知價格更低，民眾甚至無法理解為什麼需要付費購買，覺得稍微浪費也無妨。日本水道局對此感到困擾，便拚命透過廣告和公關活動向大眾宣導水資源的重要，大聲疾呼：「珍惜水資源！」

在商業上，我們追求的是「使用價值（效用）＞交換價值（價格）」（否則商品就會賣不出去）。但如果感知價格比使用價值高出太多，顧客實際使用商品時，就會大失所望。人的滿意與否，取決於實際價值是否超越事前期待，所以業者不能恣意將感知價格推升太高。

・使用價值＞感知價格＞交換價值

業者若要與目標族群長期互動往來，關鍵就在於要懂得以此為目標，推出適度的廣告與促銷。

13 | 多樣的價值： QCDS、食品

▶「QCDS」是 B2B 的關鍵

商務上採購某項商品時，絕非憑直覺。不論是挑功能或比價格，選定某項商品或服務，總有明確的原因。

首先，確定是否符合買方開出的條件（規格）。以輪胎為例，不僅要考慮尺寸（外徑、內徑、全寬）、最高速度、荷重等，還有制動性、安靜程度、耐磨耗、操控性等各種項目與期望水準。只要有一項不符規格，就不會選用。除了以上這些條件之外，還要看 QCDS。

Quality｜品質，意指不符規格的不良品能少於多少
Cost｜成本，表示該項商品能有多便宜
Delivery｜交期與取得方便性，就是何時可交貨，以及是否隨處都可取得
Service｜服務，客服諮詢等對應與協助

其中需求最強勁的是成本。畢竟高品質與服務，還有交貨迅速等條件，都已經被視為理所當然，因此很難在這些項目上展現差異。

▶B2B 講求「單一商品的價值＜系統的價值」

在以企業為服務對象的 B2B 事業中，業者所供應的商品或服務，幾乎都不是單獨，而是當成某個系統的一部分使用。例如，製程中的某項零件，或是顧客管理系統中的臉部辨識 App 等。

客戶當然會思考：「<u>用了這個零件或 App，公司系統整體的 QCDS 會出現什麼變化？</u>」

例如，不良率減半，從 2PPM（每 100 萬個產品出現 2 個不良品）降到 1PPM（每 100 萬個產品中出現 1 個不良品），對客戶而言或許還不夠震撼。不過，若是能讓不良率降到零呢？

如此一來，顧客就能不用驗收或品管該項零件。儘管採購零件所付的成本相同，但就系統整體來看，可望大幅降低成本。

再者，如果交期能壓縮到極限，客戶就可不必管理該項零件。例如，銷售辦公用品的愛速客樂（Askul），早期顧客都是中小企業，以往也沒有其他廠商願意迅速配送少量的辦公用品。原子筆、影印紙等辦公用品，儘管不是工作必需品，但用完還是讓人傷腦筋，所以從前企業都必須做好庫存管理。不過，下單隔天愛速客樂就會送上門（主要都會區是當天送達），客戶就能因此不必再對這些商品做庫存管理了吧。

更能撼動人心的是「服務」——<u>代辦原本由客戶自行處理的業務，可望帶來極高的價值</u>。在 B2B 常有人提到「顧問式銷售」，這是附帶「為客戶釐清真正問題何在」「提供問題的解決方案建議」等的業務。

例如，基恩斯（KEYENCE）以研發、銷售工廠用感測器為主要業務，向來以員工高薪和獲利豐厚著稱。它之所以能創造高附加價值，關鍵在於落實顧問式銷售。儘管基恩斯有多款「全球首創」、「獨步全世界」和「世界最小」等商品（FA 感測器）為後盾，但他們並不只是拚命推銷而已。

圖表 2-6　QCDS 與價值體系

　　他們會為客戶進行（免費的）<u>顧問諮詢服務，在過程中說明有哪些問題必須使用自家、「全球唯一」產品才能解決</u>，僅此而已。只要客戶能明白這些優點，商品自然會暢銷。

　　根據推估，在基恩斯任職的 40 歲員工年薪約為 1,523 萬日圓，居日本所有上市公司之冠；營業利益率近 50％ 的亮眼表現，也在全日本製造業獨占鰲頭。[6]

▶在 B2C 領域放大價值：從營養、安全，到美味、健康

　　誠如馬斯洛的需求層次理論所述，當較低階的、基本的人類需求（生理需求、安全需求）獲得滿足後，對高層次需求的占比也會隨之提升。食品就是很好的例子。

核心價值｜卡路里與營養（維他命等）、無毒
實體價值｜美味、美觀、促進健康（特保、機能性表示食品[7] 等）、減重效果（低卡路里等）
附加價值｜保存方便、標示正確且易懂、外觀（適合曬在社群網站等）、品牌

　　在食品核心價值已獲得滿足的現代社會，食品的價值正不斷擴大。例如，2013 年 9 月上市的第一代「Ça va？罐頭[8]」，是用橄欖油漬的鯖魚罐頭。要價 360 日圓（未稅）的罐頭，價錢是一般鯖魚罐頭的三倍之多，起初根本沒有任何超市願意上架銷售。

　　不過，後來由於選物店、日用雜貨舖和麵包店開始銷售，女性雜誌和生活風格雜誌也紛紛報導，這款罐頭因此累計銷售 500 萬罐、年銷售量 200 萬罐（2018 年），成為轟動熱賣商品。<u>許多女性消費者反應：「設計很時尚，沒收納進櫃子裡，直接放在外面，也不顯突兀。」</u>

　　接續黃色罐（橄欖油），兩年半後推出綠色（羅勒和檸檬），隔年

又推出紅色（彩椒辣醬），共三種口味，三盒一組的禮品需求也大增。

▶鼓起勇氣，跨進十人十色、一人十色的世界

前面我提到Ça va 罐頭「轟動熱賣」，但從日本全年鯖魚罐頭的總消費量看來，它的占比（銷售量）也不過 1% 多一點。

然而，當初誰也沒料到，比平均價格貴上三倍的鯖魚罐頭，竟然這麼多人願意買。後來大型罐頭業者也紛紛跟進，開創出了「西式時尚鯖魚罐頭」的新品項。

我在目標族群的章節也提及，目標族群其實是分散的，而他們追求的價值也五花八門。況且就算是同一個人，需求也會因為心情或場合改變，轉變為尋求高功能或更簡易的商品。這個社會，豈止是十人十色[9]，簡直就是一人十色的世界。

但也因為如此，中小企業才有望從中取勝。大企業必定會卯足全力發展，從一開始就知道會狂銷熱賣的商品（價值）。而中小企業只要掌握大企業沒耕耘到的「小熱賣」商機，便綽綽有餘。除此之外，需要的就只有鼓起勇氣而已。

生產、銷售Ça va 罐頭的岩手縣產股份有限公司也是如此。面對如此創新的企畫提案，起初公司內部也反對聲浪不斷，但為了擴大在地水產鯖魚的需求，只好鼓起勇氣，跨出未知的一步。而就是這一小步，便催生出Ça va 罐頭。

圖表 2-7　Ça va 罐頭[10]

專欄
02

集行銷理論之大成——PLC 策略

▶何謂產品生命週期（PLC）？

　　菲利浦・科特勒（Philip Kotler）在《行銷管理》（*Marketing Management*）中介紹的產品生命週期（Product Life Cycle，簡稱 PLC）[11] 策略，其實源自喬爾・迪恩（Joel Dean）在 1950 年出版的《新產品定價策略》（*Pricing Policies for New Products*）。

　　迪恩是企業財務理論專家，他主張「切莫憑直覺和膽識，決定新產品價格！要觀察瞬息萬變的生產、銷售成本，盡可能壓低售價。反之，那些即使拉高價格，顧客仍願意買單的商品，千萬不要賤賣」。

　　受到這些先行研究的刺激，許多學者也紛紛開始探討商品群是否真有所謂的榮枯盛衰（PLC），產品生命週期有哪些發展型態，以及在每個階段應該做什麼。實際上，學者也在很多市場上觀察到四階段（導入

圖表 2-8　PLC 案例：音樂媒體市場

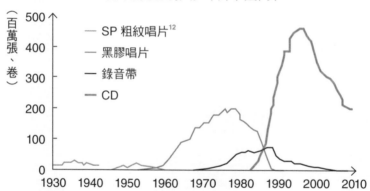

期、成長期、成熟期與衰退期）的 PLC。例如，在音樂媒體市場上的黑膠唱片、錄音帶和 CD，就是如此。

▶ 創新擴散理論佐證了 PLC

為什麼會發生這樣的現象？成功說明這個現象的，是行銷學者埃弗雷特・羅吉斯（Everett Rogers）。在 1962 年出版的《創新的擴散》（*Diffusion of Innovations*）中，羅吉斯從顧客的觀點，完整說明了劃時代商品普及的流程。

他用顧客面對創新的態度，將顧客分為「創新者」（整體的 2.5％）、「早期採用者」（13.5％）、「早期大眾」（34％）、「晚期大眾」（34％）和「落後者」（16％）五種類型，並且清楚呈現各類型的特色。

最先採用劃時代新商品的是創新者（innovator）。在 PLC 的導入期階段，顧客就是這些人。他們喜歡新鮮貨，即使價格偏高也無妨。但這群人畢竟只占 2.5％，所以導入期的市場只會停留在很局限的水準。

進入成長期，顧客就是早期採用者（early adopters）和早期大眾（early majority）了。儘管他們同樣喜歡嘗鮮，但還不到狂熱的地步，所以價格要稍微便宜，才能讓他們買單。不過由於此族群的人數龐大，

圖表 2-9　羅吉斯的五大使用者分類

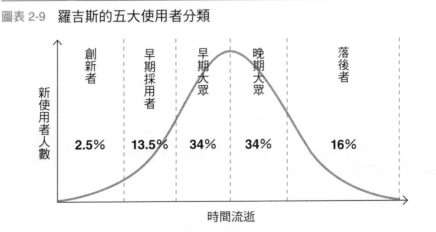

因此市場會急遽成長。

　　然而，此後顧客就不會再突然增多，市場會進入持平的成熟期。最後等到落後者也成為顧客時，創新者和早期採用者就會離去，市場便進入衰退期。

▶只要確定產品的生命週期階段，該做的事就全都確定！？

　　產品生命週期（四階段）理論加上創新擴散理論（五種使用者型態），再搭配行銷組合，就形成了完美無缺的行銷策略，亦即「PLC 策略」。

　　1976 年時，科特勒將彼得・多伊爾（Peter Doyle）整理的內容，放進了《行銷管理》中。如該段論述所示，只要確定產品的生命週期階段，到時該以誰為目標族群、該做些什麼（STP+MM），就會完全底定。

　　據說當年這個論述完成時，學會開始傳出「行銷已死」的耳語。

　　他們認為：「PLC 策略很完美，該有的都有了。接下來我們還有什麼好研究？」

圖表 2-10　多伊爾的 PLC 策略

		導入期	成長期	成熟期	衰退期
營收規模		些許	急遽成長	緩慢上升	下降
獲利金額		虧損	高水準	下降	低水準或掛零
現金流量		負值	打平	高水準	低水準
顧客類型		創新者	早期採用者	大眾	落後者
競爭者		幾乎沒有	增加	大量	減少
策略		擴大市場	提高市占率	固守市占率	提高生產力
行銷目標		認知	品牌確立	品牌強化	選擇性
4P	產品	基本功能	改良	差異化	合理化
	價格	高水準	偏低	最低	上升
	通路	專賣店	量販店	量販店	選擇性
	促銷	專業雜誌	大眾	大眾選擇性	極少

▶ PLC 策略的極限與突破

然而，PLC 策略顯然還是有不足之處，它缺乏競爭的概念。

例如，PLC 策略與競爭性策略行銷策略相互矛盾。競爭性策略行銷策略（市場領導者策略等）主張「只要地位確定，就能決定該做的事（策略）」，但 PLC 策略則認為「只要階段確定，該做的事（策略）也就確定」，不過兩者不可能同時成立。

（所幸）當年的行銷學者多慮了，這個社會並沒有那麼單純。行銷理論繼續存活，而且還持續蓬勃發展、一日千里。

舉例來說，羅吉斯自己就曾指陳「能否在突破創新者階段後，再擴散到早期採用者（合計 16％）階段，是一大關鍵」。他認為只要能到達這個水準，後續產品就會自動普及到其他顧客族群。

不過，行銷顧問傑佛瑞・墨爾（Geoffrey Moore）從高科技產業分析中，呈現出早期採用者和早期大眾之間，其實有一條很難跨越的鴻溝（Chasm）。他提出了「鴻溝理論」，認為「要跨越這條鴻溝，培養出廣大的市場，需要針對早期大眾積極行銷」。

圖表 2-11　墨爾的鴻溝理論

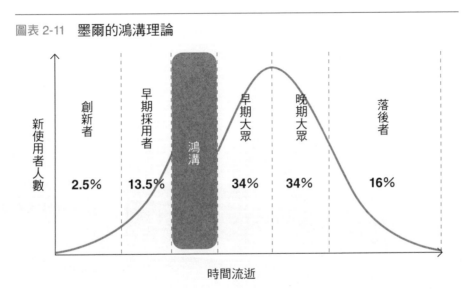

時間流逝

14 挑戰改革核心價值的企業（蘋果）

▶賈伯斯的「新產品」，某種層面上來說都是「追隨」

　　2011 年 10 月 5 日，巨星殞落了。正如字面所示，創造全球最大規模事業的史蒂夫・賈伯斯（Steve Jobs），在蘋果公司董事長任內與世長辭。據傳他臨終時，因為長年的胰臟癌宿疾，導致心跳停止，在自家寓所如睡著般安詳離世。

　　那天，賈伯斯一手打造、驅逐他，後來又請他回鍋重振並帶領眾人開創爆發性成長的蘋果公司，總市值是 3,500 億美元。儘管傳出他辭世的消息，蘋果股價幾乎紋風不動，延續前一天收盤 378 美元的價位。

　　蘋果龐大的營收和獲利主要來自幾個產品線。其中絕大多數都是在 21 世紀期間，由賈伯斯所催生。觀察蘋果 2011 年 10～12 月期的財報，可從總營收 463 億美元中，看出 82％都是源於 2001 年以後問世的產品。短短三個月，iPhone 就賣出 3,704 萬台，iPad 則銷售 1,543 萬台，而 iPod 更出售了 1,540 萬台。至於營收占比 4％的 iTunes，供應的

圖表 2-12　蘋果的營收結構（2011 年底）

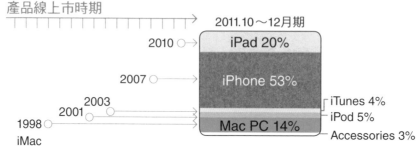

不只是音樂，還上架各種內容，串聯了全球各地的使用者和創作者。

想必不少人因此認為賈伯斯很有「獨創性」，開創了全新的世界。然而，這些產品並沒有高度的「新穎性」，<u>全都是以往就有的東西</u>。

平板電腦的先驅是 1991 年的 PenPoint（GO 公司）；智慧型手機的開山始祖則是 1996 年問世的 Nokia 9000 Communicator（諾基亞），再由 1999 年的黑莓機（Blackberry，RIM 公司）引爆流行。

至於數位音訊播放器（digital audio player），更是在以索尼為首的日本國內外大廠都已開打市場大戰後，蘋果才在最後加入戰局。iTunes 也是如此，早在它推出的好幾年前，就有許多企業一直在嘗試錯誤，期能透過網路播放音樂。

<u>從事業策略的角度來看，賈伯斯所做的，並非創造獨創的新想法，而是對過去的破壞與再造（reinvention）。</u>究竟他破壞了哪些既有產品、事業？又為什麼能成功再造？

▶蘋果鎖定龐大的既有市場，以具絕對優勢的「感性品質」取勝

就某一層面上來說，蘋果在 iPod 之後的成功布局非常單純，<u>就是鎖定龐大的既有成熟市場，以極佳的設計感和感性品質（value），扳倒了競爭對手</u>。

- iPod｜可攜式音訊播放器市場
- iPhone｜行動電話裝置市場
- iPad｜個人電腦市場

2001 年底問世的 iPod 才是蘋果的轉捩點。它不僅讓蘋果從過去的專業個人電腦製造商，跨入音樂事業的領域，更成為日後蘋果事業壯大的基礎。不只 iPhone，就連 iPad 的成功，其實都是 iPod 的延伸。因為 iPad 就是大型的 iPod touch，而 iPhone 就是附電話功能的 iPod touch。

　　然而，為什麼最晚切入可攜式音訊播放器業界的 iPod 會成功？光是討論這個議題，就足以寫出另本書。不過，至少我們可以確定，原因並非「因為蘋果有 iTunes Store[13]」（2003 年 4 月～）。因為在音樂串流業界，索尼早就推出了 bitmusic（現為 mora，1999 年 12 月～）。

　　iPod 是最具蘋果風格的商品。賈伯斯本人曾斬釘截鐵地表達，所以絕對錯不了。當年他親自指揮 iPod 這個姿身未明、前途未卜的專案，不斷大聲疾呼：「我們要開發出截至目前為止，最具蘋果風格的商品！」

　　觸控轉盤（touch wheel）是第一代 iPod 的象徵，nano、classic 都還保有此設計。這個想法來自於當時親自參與專案的副執行長。這可說是蘋果全公司齊心合力推動的專案。

　　如此打造出來的第一代 iPod，不論是設計感或操控性上，都和既往的數位音訊播放器截然不同，令人耳目一新。

　　賈伯斯對於任何冠上「蘋果」名號的事物，都要求必須具備絕佳的設計感和感性品質，絕不妥協，不論軟、硬體皆然。當初要推出 Apple 直營店時，他從櫃子材質到門把設計都非常講究。據說光是門把，就請人做了好幾十個打樣品，就算部屬受盡折騰，他也不以為意。

　　對於合作廠商，賈伯斯更是毫不客氣地要求，就連「肉眼看不出的歪斜」，都理所當然似地要求廠商修改。他認為「只要稍微偷工減料，絕對會被顧客發現」。

圖表 2-13　第一代 iPod[14]

賈伯斯說這是「最具蘋果風格的商品」。它在可攜式音訊播放器市場上，算是最晚推出的商品，但憑著概念（把整個音樂庫帶著走）和絕佳的感性品質，在市場上大受歡迎。當時蘋果內部並沒有開發所需的專業知識，對外部合作廠商的仰賴甚深。

但想必賈伯斯並非因顧客不允許瑕疵，而是他本人無法接受「把還有些許改善空間的商品，或是不符自己品味的商品送到市面上」吧？

換言之，他所否定的是既有商品的「粗製濫造」。而且，他也因為打破了這樣的既有水準，在市場上大獲成功。

iPod 問世前，可攜式音訊播放器的實體價值就是音質和可攜性。這是隨身聽時代流傳下來的傳統。像索尼一直在此領域鑽研，希望追求更輕薄短小、音質更好的產品。然而，蘋果卻反其道而行，選擇「能將整個個人音樂庫帶著走[15]」的方便性，體積稍大也無妨，並決定以「極占優勢的設計性和感性品質」與同業競爭，價錢稍貴也沒關係。最後他們實現了，並得以在市場上生存下來。

不過，此舉直到 2003 年，賈伯斯將以往只服務 Mac 用戶的iTunes，開放給 Windows 電腦用戶使用後，才獲得真正的成功。因為目標客群大幅擴張，推升了 iPod 的銷量，還回頭帶動了 Mac 的銷售。

習題演練 6｜請畫出 iPod 的商業模式圖，特別是目標族群和價值部分

		索尼 Walkman	iPod
目標族群（顧客）		所有人	
價值（提供價值）	核心	可在外聽音樂	
	實體	音質佳與可攜性（輕薄短小）	
	附屬	音樂串流服務	
	交換（¥）	中價位	
能力（營運／資源）		音樂技術、獨家零組件、獨家內容（SME[16]）	
獲利模式（利潤）		大量生產、銷售在量販店販賣的低毛利商品	

15 以目標族群和價值來定位

▶ 搭配目標族群與價值，決定企業的基本策略

麥可・波特（Michael E. Porter）的成就之一，是他在《競爭策略》（*Competitive Strategy*）中提出的「三種競爭策略」。

波特主張企業需要「定位」（positioning），才能在競爭中克敵制勝、賺取利潤，而市場定位其實只有三種（嚴格來說是四類），也就是下圖所呈現的「三種競爭策略」。然而，依照本書的說法，這只不過是「目標族群與價值的搭配組合」罷了。

首先，企業要考慮的是要不要在該市場中「和所有人競爭」，也就是目標族群的選定。波特把「只在看似對己有利的一部分市場（小眾[17]）中，開疆拓土」的做法，稱為「專注策略」（focus）。

而全面爭取市場時的定位，波特認為其實只有兩大類，不是「低成本策略」（Cost Leadership），就是「差異化策略」（Differentiation），而

圖表 2-14　波特的三大競爭策略

競爭優勢的來源		
	成本	差異化
對象市場 廣大	低成本 Cost Leadership	差異化 Differentiation
對象市場 局限	專注Focus	
	成本、集中	差異化、集中

這就是價值的選擇。

在低成本策略當中，是以「傾全公司之力創造的低成本」搶市。通常企業會把成本比其他競爭者低的部分，反映在更實惠的價格（低交換價值）上，福特的 T 型車就是典型例子。

而差異化策略則是以「為顧客提供更高的附加價值」（高使用價值）攬客。例如，蘋果當年最晚切入可攜式音訊播放器市場，卻以高品質（不是高音質）、高價格的 iPod 席捲整個市場。

波特又再進一步追問：「一家企業終究需要釐清到底要拿什麼和同業對決？要以什麼定位為目標？」亦即企業必須選擇是捨棄搶攻市場大餅，開拓、固守小眾市場（低成本策略或差異化策略），還是在爭奪市場大餅中，以低成本或著重高附加價值取勝。

▶ 「用兩條軸線呈現世界」的定位圖：以家電量販店為例

波特提出的三種競爭策略是非常概略的劃分架構，而更能具體呈現的則是定位圖（positioning map）。

通常我們會在平面上先畫出縱、橫兩軸，再將自家企業和競爭對手放進圖中（定位）。例如，我們可以比照三種競爭策略，將「對象市場」和「競爭優勢的來源」設定為縱、橫兩軸，就會如下圖所示：

圖表 2-15　定位圖

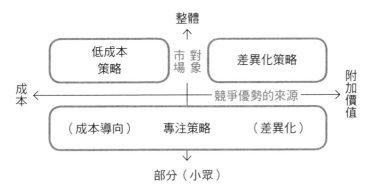

不過，只看對象市場（目標族群）是整體或小眾，以及從競爭優勢來源（價值）來觀察是附加價值或成本，未免太過粗略，所以我再具體說明。

以日本的家電量販業界為例，山田電機（YAMADA DENKI）的目標族群是日本全國消費者，愛電王（EDION）則是以西日本為主，而友都八喜（Yodobashi Camera）則是鎖定都會區。

消費者對家電量販店的需求，以品項豐富和價格實惠為主，再來追求售後服務及配送迅速與否。大型連鎖通路的品項豐富程度大同小異，因此山田電機主打的價值是低價，愛電王著重售後服務（參照129～131頁），友都八喜則以配送迅速為主要價值，與同業一較高下。

就實際結果來看，在服務滿意度[18]上，友都八喜和愛電王的確與山田電機拉開了一大段差距（以五分法計算出平均值）。

・友都八喜　4.0（第3名）
・愛電王　　3.9（第4名）
・山田電機　3.2（敬陪末座）

若整合這些資訊畫成圖表。縱軸是目標族群，橫軸則為價值。

像這樣**畫出二維的定位圖**，而不只列出文字或數字，就能讓我們更**直覺了解各項元素間的位置關係**。要是自家定位和其他競爭同業一樣的話，後續就會很棘手。

定位圖還能提供的好處是能看出哪裡還有市場空間。就圖表2-16而言，空間就在左下的空白處。

究竟什麼企業會來搶占這個空間？如果現在無人插旗這個市場，那麼究竟有沒有發展事業的機會？又或者這片空白代表的是沒人能生存的不毛之地？

圖表 2-16　家電量販店的定位圖（部分）

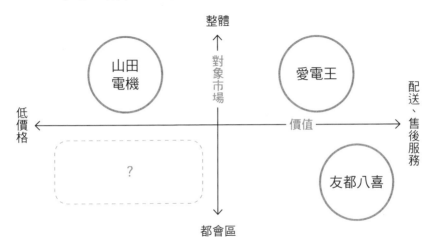

第
2
章

小
結

(11)

沒有價值，
顧客就不會上門。
要積極自我創新！

關鍵字
馬斯洛的需求層次理論（①生理需
求、②安全需求、③社會需求、④
自尊需求、⑤自我實現需求）
需求和欲望
電鑽、DIY

企業、事業、商品
洋馬的 YT 系列
多功能食物調理機
PS3、PS4

(12)

三種價值：
使用、交換、感知

關鍵字
使用價值、交換價值
核心、實體、附加價值
供需平衡
使用價值＞感知價格＞交換價值

企業、事業、商品
日絆「好神切直線美」
G-Shock

(13)

多樣的價值：
QCDS、食品

關鍵字
B2B：基本功能與 QCDS
單一商品的價值＜系統的價值
顧問式銷售
B2C：放大價值
十人十色、一人十色

企業、事業、商品
Ça va？罐頭
岩手縣產股份有限公司
愛速客樂、基恩斯

主要參考
書籍

1.《行銷管理（第 16 版）》（*Marketing Management*），Philip
Kotler 等人，Pearson Education Limited，2021 年（繁體中文版由
華泰於 2016 年 9 月 30 日出版）。

2.《創新的擴散（第 5 版）》（*Diffusion of Innovations*），Everett
M. Rogers，Free Press，2003 年（繁體中文版由遠流於 2006 年 10
月 25 日出版）。

專欄
02

集行銷理論之大成——PLC 策略

關鍵字
PLC、使用者的五種類型（創新者、早期採用者、早期大眾、晚期大眾、落後者）、PLC 策略、「行銷已死」、競爭性策略行銷策略、鴻溝理論

企業、事業、商品
音樂媒體市場

14

挑戰改革核心價值的企業（蘋果）

關鍵字
再造
設計感和感性品質
將音樂庫全帶著走的方便性

企業、事業、商品
蘋果
iPod
Apple 直營店

15

以目標族群和價值來定位

關鍵字
三種競爭策略（專注、成本、差異化）
定位圖
售後服務滿意度

企業、事業、商品
家電量販店
（友都八喜、愛電王、山田電機）

3. 《跨越鴻溝》（*Crossing the Chasm: Marketing and Selling Disruptive Products to Mainstream Customers*），Geoffrey Moore，1991 年（繁體中文版由臉譜於 2000 年 3 月 1 日出版）。

4. 《競爭策略》（*Competitive Strategy — Techniques for Analyzing and Competitors*），Michael E. Porter，1998 年（繁體中文版由天下文化於 2019 年 8 月 28 日出版）。

本章註釋

1 馬斯洛在《動機與人格》（1943）一書中提到，人會以①生理需求、②安全需求為優先，還會追求③社會需求、④自尊需求，以及⑤自我實現需求。個人平常對上述各項的滿足程度，大概處於①85%②70%③50%④40%⑤10%的水準。

2 2016 年度勇奪「Good Design 金獎」，是首度獲得此殊榮的農用曳引機。

3 生於 1959 年，曾於通用汽車、保時捷、賓尼法利納（Pininfarina）等企業擔任設計師，2007 年創辦 KEN OKUYAMA DESIGN，並於 2013 年接下洋馬公司董事一職。

4 除非主機性能夠強大，否則玩這種遊戲的反應速度會變慢，造成反應遲鈍。

5 www.nichiban.co.jp/news/14-02/01.html。

6 日本製造業的營業利益率平均為 5%前後（引用自 2017 年度法人企業統計）。

7 特保（特定保健用食品）是以最終商品形式進行人體實驗，就其有效性、安全性提出科學根據，並經日本政府個別審核通過的商品。至於機能性表示食品則是針對商品內含成分提出科學根據即可，屬於申報制。

8 此概念最早由為支援東日本大地震災區食品產業重建而成立的一般社團法人「東食會」所提出，後來由第三部門（The Third Sector）岩手縣產股份有限公司商品化並銷售。「Çava？」是法文當中的問候語，意指：「心情如何？」

9 譯註：「十人十色」是日本成語，指每個人都有自己的喜好、想法和個性，一人一個樣。

10 www.iwatekensan.co.jp/cava。

11 雷蒙德・弗農（Raymond Vernon）也曾為了說明產地轉移（從先進國家轉移到開發中國家），而構思了產品生命週期理論。

12 編按：比黑膠更早流行的唱片種類，英文為 Standard Play，直徑是 30 公分，收錄時間為 3 分鐘，每分鐘轉速為 78 轉，需使用留聲機播放。因為使用東南亞的膠蟲分泌物為原料，又稱為「蟲膠唱片」，因唱片質地硬且容易破碎，逐漸被以聚氯乙烯（Polyvinyl Chloride）為材料的黑膠唱片取代。

13 當時名為 iTune Music Store，現為 iTunes Store。

14 av.watch.impress.co.jp/docs/20011024/apple2.htm。

15 iPod 使用的儲存媒介不是快閃記憶體，而是小型 HDD 硬碟。當年最早使用這項技術的先驅，是韓國公司雷默特電子（Remote Solution）的 The Personal Jukebox（1999 年，容量 4.8GB）。

16 譯註：Sony Music Entertainment。

17 英文為：niche，表示在鳥會築巢的草地上出現的坑。這個詞的語源是來自建築專有名詞當中的「壁龕」，指為了放置聖母瑪利亞像等神像，而在柱子上挖的一個小凹槽。

18 《Nikki Business》雜誌在 2013 年度所做的調查。

3章

能力：
如何提供價值？

16｜培養誰都模仿不來的能力

▶能力就是為目標族群提供價值的能力

前面我們探討了事業在思考該為何種目標族群，提供什麼特別的價值，這都可以稱為「事業目的」。

例如，我的老家「三谷酒類食品商行」，它的存在意義是為附近幾百家住戶提供（＝目標族群）「距離近、可掛帳、開車方便、可配送到府、售酒水、非營業時間也願意服務」的極致便利性（＝價值），而它也因此得以經營長達數十年之久。為求能永續經營，究竟要具備什麼企業能力（Capability）呢？首先，要具備多樣的資源。

- 店面區位：取得幹道十字路口的位置（大小可停下好幾輛車）
- 店面興建：起初是改裝自家住宅，之後大規模改裝拓寬
- 中型廂型車：購買進貨、送貨用的商用車
- 自動販賣機：購入要價數 10 萬、共 4 座
- 酒類販賣許可：由祖父取得

圖表 3-1　三谷酒類食品商行的經營資源

向日葵連鎖（自願型連鎖[1] 加盟）

| 區位 | 店面 | 車輛 | 自動販賣機 | 酒類販賣許可 | 員工 |

・員工：3 人（父、母、祖母）＋計時人員＋子女

再加上我父母很肯拚，願意超長工時「每月只休 1 天（第 3 個星期天），每天從早上 5 點半營業到晚上 9 點」的工作，三谷酒類食品商行提供的這份價值（極致的便利性）才得以實現。

▶培養真正的能力，難上加難

能力是將價值送到目標族群手上的一套機制，要價相當可觀。光是在鄉下開蔬果店，就需要準備好幾千萬日圓，若再考慮持續營運下去的進貨成本、人事費用和水電等開銷，每年大概要花費 1 億日圓左右。

而事業的成敗多半取決於此能力的巧拙，因為**能力的內容相當博大精深**。例如，興建一棟大樓包括基礎、主體建築、機電、室內裝潢、景觀外構等工程領域，每一項都要動用到很多人力、物力、工具。就事業經營而言，活動領域則是以研究開發（R&D）、「行銷、業務、服務」（CRM）、「採購及生產、物流」（SCM）為核心，每個領域再分別動用人力、組織、資訊、資金，而專門居中協調運作的，則有會計與財務（FPM）、人力與組織（HRM）、資訊系統（IT）、經營與事業管理（C/BP）等負責橫向串

圖表 3-2　**價值鏈範例**

研究開發　R&D						
資訊系統　IT						
人力與組織　HRM						
會計與財務　FPM						
	SCM			CRM		
研究開發 R&D	採購 Purchasing	生產 Production	物流 Logistics	行銷 Marketing	業務 Sales	服務 Service

聯的團隊。波特稱之為「價值鏈」（value chain）[2]。<u>而所謂的事業，其實就是企業為將價值送到顧客手中所從事的一連串活動。</u>

▶能力創新，催生新的目標族群和價值

其實許多社會創新案例是源於「種子」（seeds）[3]，而並非來自需求。

在蒸汽機新動力裝置問世後，人類才發明了蒸汽火車，鐵道事業也才應運而生。網際網路的普及，業者幾乎可以零成本接觸到顧客，不計其數的網路事業也才得以誕生，更促成亞馬遜、谷歌和臉書的成長。

然而，這些市場、需求都非無中生有。早期社會原本就有城際交通和大量物資運輸的需求，而市場則提供了馬車、運河等交通方式。可是，<u>由蒸汽火車帶動的鐵路運輸，以前所未有的能力，實現大量、快速的運送</u>，更促使需求擴大了數十倍之多。

既然城際移動變得快速又便宜，於是以往不旅行的人，便開始搭上火車出遊。後來，不僅講求快速的郵件與小型貨物，靠火車運送，特別在美國就連原油也透過火車運輸。[4] 鐵路業者因此大發利市，甚至還有

圖表 3-3　蒸汽火車催生鐵路事業

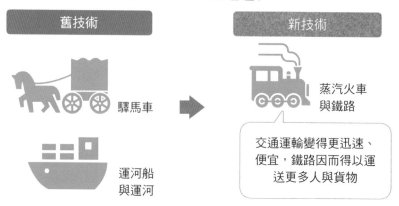

鐵路大王[5] 的稱號。

> ・既有需求×新技術→新目標或新價值

創新或事業的蓬勃發展，固然不是只憑這幾個因素就能推動。前面也談過，包括獲利模式在內，商業模式裡的四大元素都要明確訂定、彼此串聯才行。

▶若能力不強大、獨特，很快就會被模仿

出色的定位（目標族群和價值）是事業成功的必備條件，但光是只有這項優勢，很容易就會被其他競爭者模仿。其中最典型的例子就是網路事業。

受惠於網際網路新能力的發展而誕生的新事業，一旦成功，就會出現跳級式的迅速成長，但這也意味著競爭對手要迎頭趕上，其實相當容易。他們同樣會運用網際網路具備半公共色彩的基礎設施，模仿成功者的商業模式，投入更新的技術來挑戰前人成就。[6]

培養能力本身談何容易。若企業外部有可供使用的機制或服務，不妨多加運用。不過，能力的關鍵還是需要特殊性，而特殊性的建立就難上加難。

倫敦商學院的蓋瑞・哈默爾（Gary Hamel）和他的恩師密西根大學普哈拉（C. K. Prahalad）教授，將這種關鍵能力稱為「核心競爭力」（core competence）[7]，並主張企業可以此為主軸，擘畫成長策略。1990年代的多位企業家紛紛對此鼓掌叫好。

本田（HONDA）以「小型引擎技術」能力為核心，發展出汽機車、割草機、鏟雪機等，成功壯大事業版圖。而夏普（sharp）則是以液晶技術為核心，開展出液晶螢幕、家用攝影機（品牌名為 View Cam）、PDA（品牌名是 Zaurus）和薄型電視（品牌名 AQUOS）產品。

後來卻爆發經營危機，於 2016 年被台灣的鴻海精密工業所收購。

　　真正讓敵營難以模仿，又能對獲利有貢獻的能力究竟為何？要找到答案困難重重。

　　亞馬遜在美國根據地，是靠強大的物流配送能力，撐起無可比擬的競爭力（請參閱第 162 頁）。

　　然而，當初亞馬遜在著手興建自家專屬物流中心時，各界並不看好。證券分析師批評亞馬遜做網路事業卻投資硬體，是策略判斷錯誤；股東則抱怨根本不該投資物流業，股價低迷不振。

　　不過，亞馬遜創辦人貝佐斯完全不以為意，因為他認為**沒人做的事才更有價值**。日本的批發制度行之有年，因而建立起方便的物流網絡，但美國並無。儘管自行打造專用的物流網極端困難，但只要能做出來，企業就可擁有持續性的競爭優勢。亞馬遜後來憑著物流實力，更快速、便宜地將產品配送到顧客手中，成功超車所有同業。

　　如今，亞馬遜在全美各地已有 140 處物流據點，超過 10 萬名員工

圖表 3-4　亞馬遜的物流中心所在地（美國）

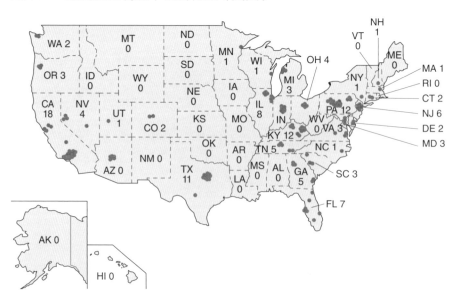

在這些據點服務。

　　培養卓越能力與不斷改善，才是維持競爭優勢、事業永續的不二法門。

▶優秀的年輕律師，拯救了剛萌芽的鐵路事業

　　當業者有意憑著獨家能力發展新事業時，必定會招來既有市場參與者的強烈反彈。

　　以鐵路事業為例，當年就遭到驛馬車業者和運河業者的抵制，後者的打壓力道尤其猛烈。畢竟要是在同一段運輸區間打造火車，馬車尚能把業務轉往他處發展，但運河就無計可施了。早期美國東北部的運河，交通往來蓬勃發展。後來，負責管理運河的公司眼看運河上接二連三架起鐵橋，覺得很不是滋味，心想：「這些來搶生意的傢伙！」

　　有天，運河船隻猛烈撞上某座鐵橋，運河管理公司提告鐵路公司，[8]主張「鐵橋太危險」、「運河更有效率」、「鐵橋不准架在運河上」等。

　　鐵路公司聘請了一位優秀的年輕律師，提出「為促進我國西部沒有運河的地區發展，鐵路有存在的必要」、「鐵橋很安全，這次事故是船家的過失」等論述，為鐵路公司打贏了漂亮的一仗，成功勝訴。

　　這位訴求國家整體發展的律師，名叫亞伯拉罕・林肯（Abraham Lincoln），日後成了美國的第十六任總統。

圖表 3-5　青年時期的林肯[9]

17 | 能力是資源與營運的搭配組合

▶肌肉多寡與跳躍方法，決定跳躍力的高低

　　如果經營事業是為了某目標族群提供特別的價值，那麼「能力」（Capablity）就是指為達到此目的所需具備的能力。就像跳高選手的跳躍力取決於肌肉多寡和跳躍方法，<u>能力的高低則取決於各項</u>經營資源（resource）<u>與</u>營運（operation，運用方法或機制）。

　　如果跳高選手的肌肉量太少，導致肌力不足，那麼再怎麼努力，也無法提升跳躍力；但即使一味增加肌肉，體重就會變重，跳躍力也會隨之降低。同樣的道理，若套用在事業會影響發展優劣的元素，包括<u>員工或設備、優質的原物料和資金等</u>。這些元素就是所謂的「資源」。

　　此外，跳躍方法也很重要。跳高項目的跳躍法從早期的剪式、腹滾式，進化到目前的背向式。而當年一手打造出背向式奇妙跳法的，是田徑選手迪克・佛斯貝利（Dick Fosbury）。他很不擅長使用當時的主流

圖表 3-6　能力＝經營資源×營運

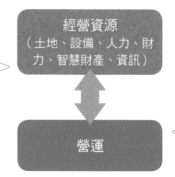

腹滾式跳法，於是便獨自改良剪式跳法，還投入了好幾年鑽研。

他被大學教練放棄，遭周遭人嘲笑。最後，佛斯貝利終於成功開發了新跳法，並在墨西哥奧運上成為唯一使用背向式跳法的選手，更一舉打破世界紀錄，跳出了 2.24 公尺的佳績，勇奪金牌。

如果把這個例子套用在事業能力上，那麼這裡談的跳躍方法，就相當於「如何打造、運送和銷售商品或服務」的流程、專業知識和組織團隊，也就是「營運」。

▶ 經營資源，包括人力、物力、財力、資訊、智慧財產等

營運可分為呈現業務處理順序的「流程」，以及表示管理單位與階層的「組織」。而前述的價值鏈，就是依不同功能來呈現「流程」的結果。

另一方面，能力的另一個構成要素——經營資源，則包括了人力、物力、財力、資訊和智慧財產等，結構相當複雜。不過，其中的核心元素當然是「人力」，對象不只包括正職員工、約聘人員、計時人員，也包含經營團隊及管理職等經理人，甚至還會廣及委外合作廠商的人員。企業或事業的發展，會因這些人員的工作能力與動機，而瞬間大好大壞（請參閱第 137 頁）。

此外，近年來專利或商標等智慧財產、顧客的聯絡方式或消費紀錄等資訊，都被視為值得重視的企業資源，並給予高度評價。

圖表 3-7　經營資源和營運的構成要素

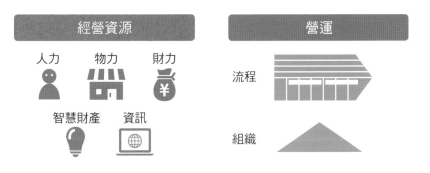

18 | 能力的基本策略：垂直還是水平？

▶ 福特：終極的垂直整合模式

假設我們要觀察某項商品從原料生產到產品生產、加工組裝、行銷銷售、售後服務等一連串的過程。通常我們會以河水來比喻，稱起源階段為「上游」，最後階段則是「下游」。綜觀上游到下游，可看出當中牽涉到數以百計、千計的各項能力。

由自家企業一手包辦上、下游所有功能的策略，就是所謂的「垂直整合模式」。早期福特的做法就是最典型的垂直整合。以 T 型車成功橫掃車市的福特，在自家工廠內落實推動分工的同時，整體追求極致的垂直整合取向。此目的是為了<u>讓所有產品、服務都能提升到福特要求的品質水準，並確保供應充足無虞</u>。就連銷售和服務網，福特也沒有交給外部的獨立經銷商，而是以加盟形式，在全美各地廣設福特專賣店。有人說這種不只負責賣車或保修，對福特品牌極其忠誠的經銷布局，堪稱美國汽車普及化（motorization）的一大象徵。對當時的美國人而言，「附近開了一家福特經銷商」等同為在地民眾以車代步的生活揭開序幕。

福特在全美各地設置儲放保修零件用的倉庫（小型物流據點），提

圖表 3-8　福特的胭脂河工廠（1930～）[10]

該廠區沿著胭脂河（River Rouge）興建，還有運河與鐵路。區內有煉鋼廠、玻璃廠和發電廠，甚至還有人說過：「這裡只要花兩天時間，就能把鐵礦砂變成汽車！」是終極的垂直整合模式。

升了維修效率，再加上福特汽車原本就很堅固耐用，成功贏得了消費者深厚的信任。

由於 T 型車的產量一再增加，後來就連原物料、零組件製造商都跟不上福特的腳步。於是福特汽車的創辦人亨利·福特便決定「既然如此，那我們就連生產都自己來」，著手興建巨大的胭脂河工廠（圖表 3-8）。廠區內為了生產鋼板、玻璃等資材，建置了最先進的煉鋼廠、玻璃廠和橡膠工廠，從鐵礦砂入廠到新車完成出廠，只要 28 小時，實現了終極的同步生產和流水作業。

福特不僅整合生產營運，還更進一步統整了上下游。1916 年動工興建的胭脂河工廠內，竟鑿了一條運河，引胭脂河水到廠區內，讓福特汽車旗下自有的汽車運輸船能直接開進廠區。此外，福特也積極收購煤田、鐵礦、玻璃原料的矽砂礦場和森林，甚至還開設了木材廠。[11] 廠區裡更設有三座發電廠，[12] 工廠裡的工具機都是靠這些電廠所供應的充足電力運作。[13]

福特竭盡所能地將更多功能內製化，追求垂直整合，後來也成功實現了這個模式（圖表 3-9）。

不過，這樣的垂直整合是一套「過度」偏重持續生產 T 型車的模式。福特也很不擅於操作車型改款，據說當年從 T 型轉換到下一代的 A 型，就花了一整年。

圖表 3-9　福特的垂直整合模式

上游	原物料、燃料………	經營森林與木材廠、收購煤田和礦山
	運輸……………	興建運河與港灣、擁有運輸船、興建鐵路與車站
	材料製造………	煉鋼廠、玻璃及橡膠工廠、發電廠
	零件加工………	自家工廠
	零件組裝………	自家工廠
	產品組裝………	自家工廠
	產品檢查………	自家工廠
	運輸……………	自家汽車運輸船等
下游	銷售……………	建置專屬經銷網

28 小時（材料製造～產品檢查）

▶ IBM：無心插柳所誕生的水平分工模式

相形之下，通用汽車（GM）則選了「活用外部資源，輕鬆改款」的路線。各車款用的不是「專用設備」、「專用零件」，而是各車款共用的「泛用機器」和「通用零件」。如此一來，通用汽車就可大量選用外部零件、設備製造商，也<u>有能力生產多種不同車型車款，甚至頻繁改款</u>。

之後，<u>IBM 便把這樣的分工方式，推廣到整個業界</u>。

由賈伯斯率領的蘋果公司，在 1977 年推出了「Apple II」[14]，是全球首部能正常運作，功能完整的個人電腦成品；1978 年，蘋果又以低價（595 美元）搶先推出軟碟機（disk II）；1979 年更有號稱殺手級應用程式的試算表「VisiCalc」[15] 軟體開賣。結果這一套軟、硬體組合，不僅受到部分重度使用者的喜愛，還贏得了許多為處理會計、財務資料而傷透腦筋的中小企業主和會計師事務所支持。銷售量連年倍增，到了 1982 年時，年銷量已達 30 萬台，為蘋果公司賺進了可觀的利潤。

IBM 當然不願坐視蘋果公司獨吞市場大餅，便向研發團隊下達「一年內就要開賣個人電腦」的軍令狀。然而，那時的研發團隊只有 12 人，他們發現<u>光靠自行研發的獨家零件根本來不及</u>，遂決定選用英特爾（Intel）8088 處理器，作業系統則相中微軟的 MS-DOS。IBM 還為了向外部採購其他零件而公開規格需求，鼓勵廠商研發周邊設備或相容軟體。後來，研發團隊[16] 成功於一年後，也就是 1981 年 8 月時，發表了「IBM 5150」個人電腦。

圖表 3-10　Apple 和 IBM 的電腦[17]

Apple II
（1977）

營運系統是獨家的 Apple DOS，
軟碟機和 VisiCalc 大受歡迎

IBM
5150
（1981）

中央處理器來自英特爾，
營運系統來自微軟

不過，在這個個案當中，真正賺飽荷包的並不是 IBM，而是英特爾（處理器）和微軟（作業系統），以及稱霸 IBM PC 相容機市場的康柏（Compaq）。

尤其是在 1984 年推出的 16 位元[18] 電腦「IBM PC/AT」，催生了蓮花（Lotus）的「Lotus 1-2-3」殺手級軟體，相容機（AT 相容機）[19] 市場因而蓬勃發展。由於 IBM 訂出了「PC/AT」標準，再加上它沒有（無法）獨占微軟的作業系統，使得業界逐漸朝水平分化（階層化）的方向發展。而在各階層當中，則走向個別業者寡占、贏者全拿（winners take all）的趨勢。

不只零件，連整合這些零件的主要模組——主機板，都是 IBM 向外採購而來，等於個人電腦製造商只要負責企畫、銷售促進和行銷即可。於是，許多企業紛紛投入戰局，這導致原本在 80 年代前半還是寡占市場，由三大業者坐擁七成市占的個人電腦業界，到 1990 年時已風雲變色，群雄割據，三大業者總計只搶下 32%的市場。

相對地，零件製造商由於只剩下少數精兵，議價能力很強，更受惠於全球個人電腦市場壯大到 609 億美元規模，這些（存活下來的）業者因此享受到了高成長、高營收的果實。

後來個人電腦業界朝小型化、網路化、高畫質的方向突飛猛進，只

圖表 3-11　個人電腦業界裡的水平分工模式與寡占業者[20]

	IBM/AT 相容機
營運系統	微軟 DOS
CPU	英特爾 8080 系列
GPU	自製→超微（AMD）／輝達（NVIDIA）
主機板	台灣廠商
記憶體	三星等
硬碟	威騰電子（Western Digital）等

要一有新功能問世，幾乎都會發展出水平分工的階層，眾多新興企業參與其中，競逐霸主地位。

然而，對於用這些零組件生產個人電腦的 IBM 來說，個人電腦的銷售，可說是對獲利毫無貢獻。最後，IBM 選擇在風光投入個人電腦市場的 23 年後，也就是 2004 年年底時，將個人電腦事業賣給了中國的聯想（Lenovo）。

▶ 蘋果在個人電腦事業也以垂直整合求勝

當在電子設備業界，「從垂直整合邁向水平分工」成為新常識之際，賈伯斯卻獨排眾議，反其道而行。他曾一度被逐出蘋果，回鍋後推出的首部力作，就是 iMac（1998）。儘管當時資金短絀，但賈伯斯仍堅持自製，持續自行研發處理器和營運系統。明明當時市面已是「英特爾處理器、搭配微軟營運系統」（合稱 Wintel）的天下。

有人問賈伯斯為什麼堅持自製，他給了這樣的答覆：「為了讓消費者情有獨鍾，創造出既有特色、又具迷人魅力，足以讓他們為之瘋狂的設計，當然就必須親自掌控所有元素。」[21]

開設 Apple 專賣店時也一樣。當年蘋果決定開設具展示功能的直營店時，效率至上的分析師就批評此舉「浪費」。對此，賈伯斯毫不動搖，只說：「這是用來推廣蘋果品牌的武器，怎能交給外人打理？」

蘋果曾一度放棄自行研發處理器，但在 2010 年推出的 iPad 上，則搭載了「A4」。這是蘋果用獨家技術將各家晶片層疊封裝（Package on Package，簡稱為 PoP）而成。至於 2012 年推出的 iPhone5，搭載的則是「A6」處理器，當時蘋果連核心單元的設計，都選擇由自家操刀。

在軟體方面，蘋果為了掌控所有關鍵，避免讓其他合作廠商掌控主導權，便將由單一企業獨占的工具（Adobe 的 Flash、甲骨文的 Java）等，都設定為無法在蘋果產品上運作的規格，改用開源（人人都可使用的軟體）或蘋果自製的軟體。

　　<u>垂直整合強調掌控，水平分工重視效率</u>。討論企業該採用哪一種模式才正確，永遠沒有標準答案。畢竟究竟該怎麼做才對，取決於企業想為哪一種目標族群，提供什麼價值。

▶ 先營運，後資源

　　賈伯斯懷有對未來的願景，在商品和服務上也有堅確的概念。換言之，就是有確切的目標族群和價值，還搭配實現願景、概念的能力（自行研發作業系統的能力、專賣店等）。不過，在<u>能力當中的「經營資源」和「營運」，究竟應以何者為優先呢</u>？

　　以商辦大樓的興建、運用專案為例，若預估進駐的企業是目標族群，而建築物的功能、外觀和租金就是價值。為了完成上述價值，因此興建大樓便是能力，而資源和營運分別如下：

- ・資源｜各類資材與營造機具、建築工人
- ・營運｜為了興建大樓，將上述各項資源搭配組合、連動的各種設計圖、施工進度表（排程）

　　沒有設計圖和施工進度表，就不知道該在何時，投入什麼規格、多少數量的資材、機具與人力。因此，就資源和營運而言，應該先考量營運。

　　尤其在創新的專案當中，更是如此。若先考慮經營資源，那麼能力就只會局限在「現有人力可應付的範圍」內發揮，不會彈跳、躍升。因此，企業要<u>先思考「該有的營運」，再導出執行營運需要的經營資源</u>。若資源短缺，再培養鍛鍊或採購調度即可。不，應該說是只能這樣做。

　　在哈佛大學商學院（HBS）設立「創業家學程」的霍華・史蒂文森（Howard Stevenson）曾說：「<u>所謂的創業家精神（entrepreneurship），就是超越自己現有的資源，去尋求更多機會</u>。」

19│營運①：核心流程是 SCM 和 CRM

▶ 供應鏈管理串聯起從製造到顧客的各個環節

最早用各種不同功能（企業活動）來為企業分工的，是二十世紀初期的亨利・費堯（Henri Fayol，請參閱第 336 頁）。用成本階段來掌握這些功能的是麥肯錫的「商業系統」（1980）；而最早用「鎖鏈」來為此「命名」的，則是波特的「價值鏈」（1985）（請參閱第 111 頁）。

波特將企業活動視為價值的鎖鏈，並命名為價值鏈。但他並沒有徹底深究「鎖鏈」一詞所代表的含義，單純只是形容湊在一起的一堆「環」罷了。

最早發現問題的癥結不在企業的功能本身，<u>而是出於功能與功能之間連結的是豐田汽車</u>。豐田為了將所有生產功能視為一體、統一管理，將視為「巧妙」串聯功能間的「罪惡」庫存去化，催生出「看板管理」（Kanban）等管理手法。

到了 1983 年，博斯艾倫顧問公司（Booz Allen Hamilton）才首度使用「供應鏈管理」（Supply Chain Management，簡稱為 SCM）一詞，主

圖表 3-12　**供應鏈管理（SCM）**

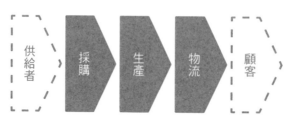

例：只針對零件庫存的接單式生產（Build To Order，簡稱為 BTO）
　　應下游工序要求，進行生產的看板管理方式

張在分散的狀態下改善生產、採購、物流有其極限，而這三項目之間的縫隙才是問題所在，因此建議企業將它們視為一體，統一管理。這一套論述推出後，廣受各界好評。

▶ 日本企業師法戴明的統計手法

自 1970 年代起，橫掃全球市場的，竟是毫無資源的遠東島國——日本眾家企業。如果要說哪一個外國人對日本戰後急遽成長的經濟最有貢獻，那絕對是愛德華·戴明（W. Edwards Deming）[22]。

戴明在二次大戰後的 1947 年時，為協助日本進行人口普查而來日。擁有數學和物理學博士學位，又是統計專家的戴明，知道自己的品質管理手法不僅可運用在生產現場，更能全面應用在經營管理上。後來，日本科學技術聯盟（簡稱日科技聯）也注意到此點。

此後，戴明多次應日科技聯等團體的邀請，向許多日本的企業家、技師與學者介紹自己的思維概念。

「不見得要靠規模，只要能提高品質，成本就會下降，顧客滿意度也會隨之提升」「為此，我們運用統計，提高製程的品質，而非產品。」

日本企業在深入了解戴明的統計製程控制與品質管理技術之後，進一步發展出在生產現場運用的品管活動（Quality Control，簡稱為 QC）與在企業內部推動的全面品質管理（Total Quality Control，簡稱為 TQC）活動。對日本企業而言，恐怕戴明才堪稱為「科學式管理法」之父吧？而最竭盡所能將所學運用於實務上的，就是汽車製造業。

▶豐田式生產體系：日本獨家開發，以人為本的生產體系

1980 年代，本田在美國汽車市場能占得一席之地，是因為它儘管在規模上遠不如通用和福特，卻擁有卓越的生產技術（請參閱第 345 頁）。

而同一時期，在日本市場遙遙領先本田的豐田，原本也追求「不仰

賴擴大規模」的方式來提高生產力的目標。當年負責推動相關業務的靈魂人物大野耐一，後來出版了《追求超脫規模的經營：大野耐一談豐田生產方式》（1978）。

所謂的豐田式生產系統，是由「看板管理」、「及時化」（Just In Time，簡稱為 JIT）、「平準化」、「七種浪費」、「自働化」、「改善」、「防呆防錯」、「目視化」等各種概念所組成的集合體，這裡無法完整介紹。不過，當中打破以往歐美製造業常識的，則是<u>「庫存是罪惡」的思維，</u><u>以及「以人員能力為本的生產、改善活動」的概念</u>。兩者都直接否定了既往西式的生產管理與分工概念。

▶ 庫存是罪惡，大家一起改善（KAIZEN）

以往，製造業認為庫存「應視需要酌量保有」，更是「確保產銷順暢流動的緩衝材、潤滑劑」。

銷售現場每天都有商品售出，但特定商品說不定每個月只會生產一次。既然如此，不備妥 1 個月的庫存量，就讓人提心吊膽。或許工廠裡某個製程的可靠度出問題，就會停工一整天，所以進入下個製程前，要預留 1 天份的庫存（即所謂的「在製品庫存」（work in process））。這樣從生產到銷售的流程，才能一路暢通——這是過往的觀念。

圖表 3-13　豐田的看板管理

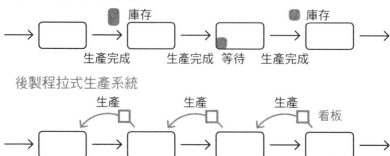

　　然而，大野等人卻覺得「要讓那些庫存歸零」。如此一來，產銷流程就會延宕、停滯，生產和銷售量都會下降，但<u>各項製程裡原本隱藏在緩衝材之下的浪費、勉強與不平準，應該就會無所遁形。</u>[23] 所以將<u>庫存水位降到最低，產品品質自然會提升，成本也會隨之下降！</u>

　　<u>庫存是掩飾所有「糟糕問題」的一大罪惡</u>。將每個製程間的庫存降到最低，並為每個庫存掛上看板，當下一個製程用掉庫存時，就將看板放回前一製程，而下一製程也只能依看板數量生產。這樣的機制，就是所謂的「看板管理」（圖表 3-13），可說是強制串聯所有製程的終極SCM，而且在推動的過程中，還能將人員能力發揮到極致。

　　豐田式生產追求的，是一人能處理多項作業的「多能工」，而不是將業務分工得過細。如此一來，人員就能彼此互助合作，有助於促進營運的平準化與穩定。

　　而「改善」活動也是以生產現場的作業員為核心，全體人員共同參與推動。套用歐美式的說法，就是由工人來做工程師的工作。以往此種做法，因被認為「侵犯工程師的職權」、「加重工人的勞動強度」而不可行。[24]

　　然而，時至今日，「改善」活動已發展成「KAIZEN」，是<u>全球生產現場共通的語言</u>。日本企業的生產系統，已超越了戴明的指導（統計方

圖表 3-14　改善（KAIZEN）是誰的工作？

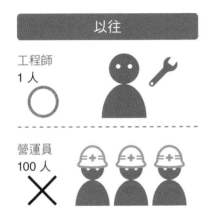

以往

工程師
1 人

營運員
100 人

✗

KAIZEN

用 101 人的力量來
推動 QC 和 TQC！

法），達到更高的境界（以人為本的生產系統），堪稱是泰勒主義與梅奧主義的巧妙結合。

　　早期戴明在美國可說是沒沒無聞，在日本企業竄起替他打響名號。後來在 1981 年、戴明 81 歲時，連福特都請他協助推行品質改善活動。

▶ 用來整合顧客接觸活動的顧客關係管理

　　把在生產端已成功奏效的「功能串聯」思維，套用到顧客端，就是「顧客關係管理」（Customer Relationship Management，簡稱為 CRM）。而最早開發這個概念，並且使之普及、成為主流的是埃森哲綜合管理顧問公司（Accenture）。

　　顧客關係管理的起源，最早始於企業要將顧客資料建檔製成資料庫，並運用在銷售推廣（sales promotion）上。1983 年，李納·貝瑞（Leonard Berry）等人打造出「關係行銷」（relationship marketing），是以「長期往來」為目標的銷售推廣手法。這種手法結合了銷售和行銷，先妥善照顧現有顧客，留住他們，再藉由口碑吸引新顧客上門。

　　1990 年代末期，埃森哲的專家用更策略性的角度，重新將「關係行銷」定義為「以顧客策略為前提，將過去各自發展的行銷（marketing）、推廣銷售（sales）、服務（service）等各項功能，進行

圖表 3-15　顧客關係管理（CRM）

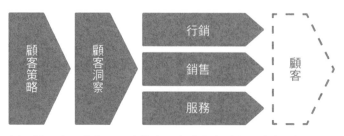

例：從服務活動中，開發慕名而來的顧客（新顧客）／
　　整合顧客資料庫，以便即時因應

<u>整合性的強化與管理</u>」。埃森哲作為服務範圍包括策略、人事、組織和資訊等大小疑難雜症的綜合管理顧問公司，此舉等於幫自己搭建出能發揮綜合諮詢顧問能力的舞台。

CRM 並非單純是重視資訊系統的能力改革（資料庫〔DB〕行銷等），更是要從重新選定目標族群及價值做起，釐清其中有何獲利成長機會的整體企業改革。不這樣做，企業就無法推動大規模的能力革新，例如行銷、銷售、服務的整合運用等。

- 目標族群｜掌握目標市場區隔的顧客終身價值（LTV[25]），並進一步聚焦、擴大
- 價值｜從「個別顧客代理人」[26] 的觀點，思考價值主張。例如，適時、媒合、一站式服務、後設產品、客製化、關係等
- 能力｜培養足以達成上述內容的企業能力
- 獲利模式｜考量顧客流失率及投資、成本後，試算 LTV

將這些元素搭配組合之後，就成了 CRM 的顧客策略；而分析、萃取每日的顧客資訊，就是顧客洞察。顧客策略和顧客洞察都要做到跨部門的整合，CRM 才能成立。

▶ 推動顧客關係管理創新而飛躍成長的愛電王（DEODEO）

在日本家電量販店業界的第三大品牌「愛電王」，是以廣島的總公司 DEODEO 為核心，整併了 Eiden、上新電機、綠電化、100 滿伏特、石丸電氣等公司後，所誕生的企業。其中 DEODEO（前身為 DAIICHI）是以廣島為主要展店區域，在西日本地區擁有相當高的市占率。而支撐起如此高市占率的核心機制是①Z 服務和②傳單廣告（DM）。

DEODEO 自 1960 年代起，就以迅速的到府服務為賣點。為此，他們派出了全日本第一輛裝有無線電的服務車，在廣島市區巡迴，

還整理了詳盡的顧客資料簿，甚至還被稱為「比警車還快到現場的
DAIICHI」。

「我們賣的不是家電」「我們是在提供功能（例如煮飯）給顧客」「一
旦家電故障，功能就歸零了」「所以即使快一秒也要盡快修理」

當年的經營團隊有上述的觀念，所以才打造出極致服務「Z 服
務」。顧客只要打電話告知姓名和電話號碼，公司就會立刻打開經過資
訊統整的顧客資料簿（整合資料庫）。接著，顧客只要說明家電品項和
故障情形，對方就知道顧客的家電機種和購買日期，進而研判故障可能
原因，且能立即派出服務車到場。

由於這項服務實在太過方便，因此在自家總部所在地廣島市，
DEODEO 的市占率竟高達 60％以上。

而客服團隊也不是修理完就立刻打道回府。既然能進到顧客家拜
訪，就能從中得到很多資訊——不只能看到顧客向其他競爭同業買了哪
些家電（包括機種和購買時間），還能掌握顧客家中的家庭成員、隔間
狀況等。由客服團隊掌握到的顧客資訊，會輸入整合資料庫裡，和顧客
的消費資訊一樣，成為公司龐大的資訊資產。

1980 年代以後，這些資料更被高效率應用在資料庫行銷上。

圖表 3-16 　愛電王的顧客關係管理[27]

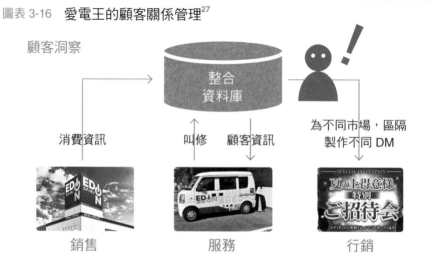

顧客洞察

整合
資料庫

消費資訊　　　叫修　顧客資訊　　　為不同市場，區隔
　　　　　　　　　　　　　　　　　製作不同 DM

銷售　　　　　　　服務　　　　　　行銷

首先是傳單廣告的派送。由於 DEODEO 知道每個世代層的累計消費金額，所以會派發特賣會的邀請函給忠實顧客。大型新品上市時，也會提早寄送 DM，但在上市那天，行銷人員還會連夜分析當天有哪些族群購買，據此重新設定目標族群，思考能打動這群人的價值，並於隔天重新寄送新版 DM。因為 DEODEO 日復一日的驗證假設、嘗試錯誤，讓他們的 DM 活動非常精準，回應率（response rate，成功讓消費者購買的比率）相當高。

聚焦在貢獻八成營收的兩成忠實顧客，操作促銷活動；下功夫配合民眾換新家具的旺季，或者在同住家人變動的時期發送 DM 等，讓1991 年時才僅 4％的 DM 回應率，到 1995 年時已提升至 14～17％以上，平均每封 DM 所創造的營收，也成長了兩倍以上。

DEODEO 在 1980 年代，就已建立將銷售（店頭）、服務（到府維修）、行銷（DM），以及顧客洞察（整合資料庫與負責人員）合而為一的 CRM 能力，持續將顧客滿意度維持在高點。即使如今併入愛電王旗下，仍延續著這樣的傳統。

習題演練 7｜請畫出愛電王（DEODEO）的商業模式圖（1995 年時）

	一般家電量販店	愛電王（當時的 DAIICHI）
目標族群 （顧客）	上門的消費者	
價值 （提供價值）	品項齊全與低價 門市的區位	
能力 （營運／資源）	LCO （低價操作）	
獲利模式 （利潤）	挾規模經濟的優勢 而能低價採購，薄利多銷	

20 | 營運②：依功能和結構，決定企業組織

▶ 組織究竟是什麼？

在企業當中，所謂的組織，只不過是用來劃分功能或人力的集合體，當中從事業部和部、課等比較固定的組織，到專案小組或工作小組等較具彈性的組織都有，五花八門。

固定指的是該組織的任務、隸屬、上下關係和指揮命令系統都很明確；而彈性則是指組織在此方面的界定比較模糊。這兩者並沒有對錯之分，不過，固定組織比較擅於處理一再重複的相同業務，彈性組織則以因應變化見長。

組織有各種不同的面向。就社會學的角度而言，可用以下的方式定義：

・功能｜該組織在流程的哪個環節上，發揮什麼功用？
・結構（成員認同、層級結構、定位）｜哪些人隸屬此組織？此組織與其他組織的上下左右定位關係為何？
・決策與溝通｜組織決策是由哪些人討論後決定？如何決定？
・行動規範｜組織裡的每個成員平時會遵循哪些規範來行動？

仔細思考這些項目並妥善調整，「組織」就能處理超越「個人」能力所及的問題。

儘管實務上的順序往往相反，但以「流程→組織→人或物」的順序來思考，應該就能培養出具策略性、整合性的企業能力。

▶ 組織功能：流程切分方法

首先，我們要釐清組織所扮演的角色。以商品開發部為例，舉凡該具備何種程度的研究功能（上下），負責的商品是否包括公司陌生的新領域（左右）等，可能有很多不同的狀況。即使在同一家企業，負責推動同一項事業，情況也會隨時間而改變。

如果讓商品開發部具備研究功能，研究方向就會以實用性內容為主，研究成果也更有機會能商品化；相對地，還不知道能與商品有什麼關聯、但極具突破性的研究主題就會減少，難以催生出一些由種子主導的原創商品。

當發覺企業的研究部門缺乏獨創性時，可讓它獨立為研究部，以強化目的；若發現研究與開發的聯結欠佳，則可結合兩者，成立研究開發部，就能打造出有力團隊。

▶組織結構與決策：金字塔型或扁平式？由上而下，還是由下而上？

就企業整體的組織結構而言，最簡單易懂的是金字塔型。從上位組織到下位組織依序分層負責，定位也很明確。這種組織結構的規範明確，指揮行動上意下達，培訓人才也很有效率，因此很多企業的生產、

圖表 3-17　金字塔型組織

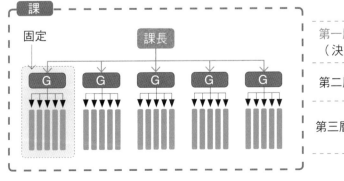

業務等部門，迄今都還在使用這套組織結構。

不過，隨著組織愈來愈龐大，層級也增加，資訊傳遞和決策都會變得很花時間，因應變化的速度也會變慢。舉例來說，倘若 1 位主管帶領 5 個人，那麼 31 個人的組織就會分成三層級。

問題癥結在於金字塔型組織會壓抑成員的自主行動，這在瞬息萬變的現代社會中，可說是很大的缺點。

另一方面，日本企業在 1990 年代紛紛大砍組織層級，號稱是「組織扁平化」。說穿了其實就是縮減中間管理職，算是在經濟發展和業績成長停滯時的因應方法之一，但由於沒有授權和人才培育機制的配套，引發了相當嚴重的問題。以剛才舉的例子而言，必須改成 1 位主管帶領 30 個人，才能縮減層級。而這早已超越管理的極限，導致決策和透過工作中指導（OJT）[28] 進行的人才培訓都停滯不前。

那麼，究竟該怎麼做才好？

▶從「由上而下的理想組織」轉為「由下而上的分散型組織」？

2003 年，美軍在波灣戰爭大勝後，竟在當地的治安維持上遭逢挫敗。而當時負責這項任務的軍隊，就是極端由上而下型的組織。

· 一條心的團隊｜由志同道合的團隊輔佐主管
· 一致的大局觀｜迅速蒐集所有資訊，由中央擬訂策略
· 嚴格的指揮命令系統｜上意下達，並要求部屬遵循指示

然而，這個世界（以及伊拉克的統治問題）並沒有單純到可以用這樣的組織運作。中央所構思的戰略和大局觀，拿到第一線竟完全不管用。美軍占領、統治當地 8 年半，以美軍為主的多國聯軍有 5,000 人因戰爭而喪生，民間約聘雇人士有 1,000 人死亡，伊拉克維安部隊則有多達 8,000 到 1 萬人戰死沙場。

美軍後來明白在現代戰爭中，金字塔型組織無力對付游擊戰，便讓第一線的數個團隊彼此分享資訊，再自行判斷、採取行動，也就是轉為由下而上型的分散型組織（圖表3-18）。

當地駐軍的整體策略也不再由華府決定，而是由當地的指揮官裴卓斯上將（David Petraeus）負責。而指揮官自己也蒐集、整理他在第一線嘗試錯誤的案例，並將內容化為維安活動的標準作業手冊，派發給相關人員，而不是發布命令。這樣的做法激發了前線指揮官的自主性。

▶組織結構可分為阿米巴、矩陣和功能別

還有很多種組織結構、決策的形式。

· 阿米巴型│京瓷創辦人稻盛和夫所打造的小團體式組織。將整個企業分成多個以5～7人為單位的小團體（阿米巴），讓每個小團體都自負盈虧和經營管理，是一種全員參與式的經營手法。[29]

· 功能別│企業依研發、業務、生產、人事、會計等業務內容劃分編組，構成組織。此做法始於德國，後來由法國的亨利·費堯（Henri Fayol）集大成。在只經營單一事業的中小企業當中很常見。[30]

圖表 3-18　分散型自治組織

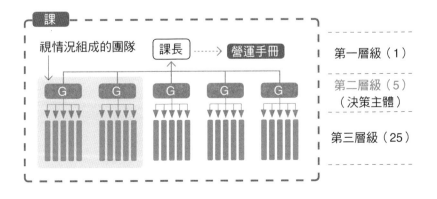

・矩陣型｜結合事業別組織和功能別組織的產物，組織裡的每位成員都有兩位主管（事業面和功能面）。這種組織類型有助於打破不同組織團隊之間的隔閡，常受到跨國企業的青睞。[31]

每種組織類型都各有優缺點。即使某種形式是現階段的最佳選項，也要花上好幾年才能在企業裡扎根；況且過程中還可能因為缺點浮上檯面，而不再是最佳選項。組織就像大鐘擺，不必過度局限於某種型式，但也不要想突然改變。

不過，新上任的執行長或主管，總會想更動組織。請各位長官務必謹慎為之，避免輕易調整。

21│資源①：人的工作動機與技能才是根基

▶ 人的動機凌駕一切

　　人是企業的資源之一，也是能力的核心所在。不管營運再怎麼出色，產銷流程再如何全自動化，只要人力不夠強大，營運、流程很快就會陳腐衰敗，在競爭中輸給同業。

　　為了提高人的生產性，腓德烈・溫斯羅・泰勒（1856～1915）追求營運效率化的同時，也很重視薪酬，導入「營運量超過標準時，薪酬費率就調升」的差別計件工資制。假如，標準營運量是 100，超過部分的薪酬以 1.5 倍計算，那麼行有餘力的人員，應該就會以營運量 200 為目標，因為這樣薪酬會變成原來的 3 倍。而沒有餘力的人員，說不定還是會努力達到 120，這樣薪酬就會增加 3 成（請參閱第 333 頁）。

　　而喬治・艾爾特・梅奧（George Elton Mayo，1880～1949）則是找出除了薪酬之外，與人員動機息息相關的其他要素。在一項接力組裝營

圖表 3-19　霍桑工廠裡的接力組裝營運實驗[32]

運的實驗當中，研究團隊調整了所有勞動條件，6 位受測者的生產力也持續提升。

　　這 6 位員工懷抱著榮譽感，覺得「自己是從百位員工中選出來的代表」，以及彼此一條心的團隊精神，才得以戰勝所有的惡劣條件。而在另一個以兩萬人為對象的面訪調查中，研究團隊也發現「只要主管、部屬之間舉行面談，不管內容談什麼，該部門的業績就會上揚」。可見員工對彼此的了解與親近感，推升了生產力。

　　・生產力←人員工作意願（motivation）←人際關係與薪資

　　以梅奧為開山始祖的「人際關係理論」，後來又發展出探討領導者應有樣貌的「領導力理論」（請參閱第 144 頁），以及在背後默默掌控整個組織的「企業文化理論」（請參閱第 151 頁）。

▶ 技能要靠研習和 OJT 來提升

　　在人力這項資源當中，其實不只是動機，技能當然也至關重要。執行業務所需的專業能力是「技術技能」（technical skill），高階經理人須具備「概念技能」（conceptual skills，亦即掌握問題核心，並化為明確概念的能力）之外，還有一項廣為人知的「人際技能」（human skill），是不分職種都需要的七大通用能力[33]。

　　1. 溝通能力
　　2. 傾聽能力
　　3. 談判能力
　　4. 簡報能力
　　5. 引發動機的能力
　　6. 在技能上積極精益求精的能力（進取心）

7. 帶領組織團隊的能力（領導力）

這些人際技能很難量化，因此很難用於人事考核；然而，它們卻是各業種、業務都會用到的技能，所以在企業講習中是很常探討的主題。而這七大技能的基礎，其實可彙整成以下三種能力：「傾聽」（聽他人說話及提問）、「訴說」（向他人傳達）和「觀察」（觀察行為舉止和組織團隊）。

企業須依其事業特性，透過各種研習活動和 OJT，不斷提升人員的各種技能。新進人員和基層員工以加強技術技能和人際技能為主；管理職人員及部門主管則以進階的人際技能為主，也要兼顧技術技能與概念技能；至於經營團隊不只要在業務中學習，還要透過講習等方式，提升人際技能與概念技能。

不過，員工能否學會技能的關鍵，同樣在於動機。近年來，企業的講習和 OJT，也不再只著重知識與技能的填鴨，還有人開發出「示範」（modeling）訓練法——就是先讓員工看到目標，再學著模仿目標狀態。而這樣的手法，也能套用在「工匠師傅」的世界。

圖表 3-20　不同層級的技能分布：卡茲模式

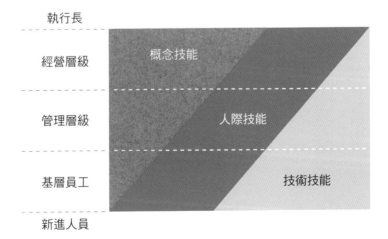

▶ 用「模仿」和「趣味」帶動年輕人的示範訓練法

「技術不是等人教，而是要從前輩身上偷學」、「沒有研習，一切OJT」、「要獨當一面至少要 10 年」等。這種「培訓工匠師傅人才」的世界，現正面臨巨變。這恐怕是因為「業界有人才需求，卻培養不出新血，而現役師傅已高齡化，再不設法，將後繼無人」的危機感，促使這些行業做出改變。

原田左官工業所的第三任執行長原田宗亮，將泥水師傅的培訓方式與他獨創的事業策略結合，並加以系統化、深入化。他和鄰近 8 家企業合作，讓新進員工到專用的培訓地點東京左官培訓所，接受為期 1 個月的訓練，馬上讓他們從拿鏝刀抹牆開始做起。[34]

「泥作工程要做的事五花八門，要學材料調配比例、養護等，不過抹平還是箇中精髓」、「先教有趣的，才能留得住人才」、「況且現在的年輕人習慣有人教，教過他們就會認真做」。

研習時，新人先觀賞頂尖師傅抹牆的影片，記下動作後，再試著同樣操作。這樣抹出來的牆，成果當然不可能好，但接著請他們觀察自己操作時、被攝影的姿態，並和頂尖師傅比較，再更確實模仿。這樣做能讓原本需要半年才會學會的技術，縮短到 1 個月就能上手。

圖表 3-21　原田左官的示範訓練法[35]

這種訓練不是實際在工地 OJT，而是在練習場訓練，可以盡情失敗。哪裡做得不好，可以和範本（model）相較，直接感受兩者差異。這種「示範訓練法」的效果，和只把標準作業手冊或專業知識硬塞進腦袋裡的做法截然不同，同時也是「提升模仿能力」的訓練，所以可應用的範圍很廣。

而這也可以說是培養新進人員主動精進技術技能的上進心（人際技術的一種）吧。

▶ 原田左官的事業策略

原田左官會發展此套新生代工匠的短期培育做法是必然的。

・學徒期（4～5 年）要打雜，卻連鏝刀都摸不到，這樣只會讓新人離職
・工地資材逐漸走向預拌化[36]、輕量化，不需要打雜人手了
・再這樣下去，年事已高的資深師傅[37]也無法傳承技術給新生代

這種培訓手法，其實也很符合原田左官獨家的事業策略。在泥水工程的領域當中，大型和簡易業務的發展，開始走向運用機器人的自動化、低價化。於是，原田左官便決定聚焦投入店面裝潢領域，因為除了連鎖品牌之外，幾乎所有店家都在裝潢上競相展現自己的原創特色，用的都是量身打造的產品，一個蘿蔔一個坑。這樣的業務講求設計感和提案能力，不論年輕世代或女性員工，品味都可派上用場。

看在嚮往成為泥作師傅的年輕族群眼中，原田左官是能滿足他們需求的職場。例如，「可早日獨當一面，趕快到工地去做泥作工程」、「可學會不被 AI 或機器人取代的技術和工作」。

如今原田左官工業所裡，年輕世代的離職率已降到原先的 1/10。全公司 50 位員工中，有 40 多人是泥作師傅，有近 10 位女師傅。

▶Netz 豐田南國：以「員工至上主義」戰勝逆境

Netz 豐田南國（Netz Nangoku）是專賣豐田車款的汽車經銷商，1980 年創立於日本高知縣。高知縣的老年人口比例偏高，至 1990 年時，人口已是不增反減，縣民所得是全國倒數第二名。然而，立足在這塊土地上的 Netz 豐田南國，自 2002 年起，竟罕見地持續成長。

然而，這一路並非順風坦途。儘管 Netz 豐田南國從以往就一直強調「顧客至上主義」，顧客滿意度（在豐田的所有經銷商當中）更連年榮獲日本第一，但營業額卻遲遲不見起色，而且年輕員工還大量流失。

於是，經營團隊捨棄以往單純關注的顧客滿意度，拋開重視價格的客群。或許汽車只要便宜賣，顧客就會滿意，卻根本無利可圖，也無助於取得下次的服務或換車商機。他們研判：要在有限的市場中持續成長、賺取利潤，全都仰賴建立長久、持續且穩固的人際關係。

為此，Netz 豐田南國打造了不放展示車、看來宛如咖啡館的門市，將經銷商改造為聚集客戶的場所。而且，募集最在意建立關係能力的人才。為了獲得最棒的人才，他們在人才策略上祭出了「花 100 小時錄取 1 人」和「放任型人才培育法」。

Netz 豐田南國的新進員工上過最基本的講習課程之後，就會讓他們負責應對客戶，萬一出了紕漏、惹了麻煩，會受到顧客責難。不過，新人能在這樣的過程中，學會找同伴幫忙，還能培養與顧客溝通的能力，以及察覺潛在問題的能力。而主管這時該做的工作，既不是下達指令，也並非支援，而是向顧客賠罪。所以，新進員工能學到講習課程或主管負責的培訓指導中，絕對學不會的技能。

習題演練 8｜請畫出原田左官的商業模式圖

	一般泥作工程行	原田左官
目標族群 （顧客）	各式各樣	
價值 （提供價值）	營運效率與 實惠價格	
能力 （營運／資源）	老師傅親手打造（高齡化） 長期人才培育 （年輕人離職）	
獲利模式 （利潤）	人工單價×工數	

22 | 領導統御：從卡里斯瑪型，發展到僕人式、協作式領導

▶ 現代領導統御的三種類型

　　領導者是站上某個組織頂點的人物，他的立身行事便是所謂的領導統御。自 1940 年起，有很多針對領導統御的研究，包括探討領導統御該發揮什麼功能，以及領導者該具備的資質與特質等。不過，這都要視情況而定。<u>世上沒有一種能套用在各種狀況，放諸四海皆準的唯一最佳解答；領導者需具備的特質和行動，想必也會隨部屬的成熟度和組織的僵化程度而改變</u>——這就是所謂的權變理論（Contingency Theory）（引用自金井壽宏，2018 年[38]）。

　　1990 年代，陷入停滯的蘋果公司，亟需破壞式再造。曾一度遭開除，又再回鍋接掌蘋果的賈伯斯，上任後先將延攬他回鍋的執行長和經營團隊趕出公司，接著再將原有產品線大砍九成以上。而他傾全公司之力開發、投入的商品，則是 iMac。它獨特的功能與設計大受歡迎，

圖表 3-22　賈伯斯睿智的判斷，催生出第一代 iMac[39]

因而成為機身「半透明設計」（translucent style）的始祖（請參閱第 122頁）。

　　賈伯斯顯然是一位卡里斯瑪（權威）型的領導者。他用「恐懼和狂熱」鼓舞經營主管和員工，為蘋果帶來了史上規模最大的成功。

　　不過，**卡里斯瑪型人物的絕對權威，對企業組織帶來了很強的副作用**。

- 經營層走向自以為是（沒人能對主管提出意見或修正）
- 員工缺乏自動自發精神（大家都看主管的臉色做事）
- 難以培養接班人選（沒人能取代卡里斯瑪型領導者，也培養不出這種人才）

　　1990 年代起，很多大企業都和蘋果公司一樣，陷入停滯與危機之中。不過，像蘋果這般「極端篩選商品」和「卡里斯瑪型領導」，並非唯一解答。多數情況下，支持部屬、引導部屬的「僕人式領導」（servant leadership）[40]，或與部屬一同思考、一起做事的「協作式領導」（collaborative leadership），效果更佳。

圖表 3-23　僕人式領導

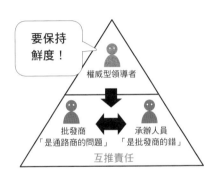

只對結論下達命令

要保持鮮度！

權威型領導者

批發商「是通路商的問題」　承辦人員「是批發商的錯」

互推責任

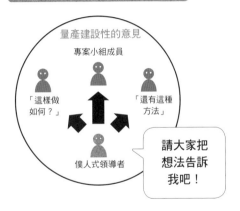

打造易於表達意見的環境

量產建設性的意見

專案小組成員

「這樣做如何？」　「還有這種方法」

僕人式領導者

請大家把想法告訴我吧！

▶ 葛斯納將大象 IBM 改造成服務企業

　　1992 年，當時全球規模最大的電腦製造商 IBM，稅前虧損已達 90 億美元，面臨鉅額赤字。即使受到網路蓬勃發展的衝擊，但在個人電腦事業發展上並沒有出紕漏。IBM 是輸給自己龐大、臃腫的組織。結果 IBM 在這前後 3 年間，累計虧損金額高達 150 億美元，被稱為「瀕死的大象」。唯有動手肢解，變得輕盈、靈活才有救。

　　1993 年 4 月，一路從基層做起的菁英執行長約翰・艾克斯（John Akers）被罷免，路・葛斯納（Louis Gerstner）[41] 獲延攬接任，成為史上首位非 IBM 出身的執行長。然而，葛斯納竟辜負了各界的「期待」，選擇不分拆 IBM，讓這頭大象就地轉型為服務企業。

　　「IBM 不需要願景，我們要的是適合這個市場的策略。」「走入市場，每天都要在市場裡採取行動！」

　　葛斯納將這套策略，定義為「轉型為『替顧客解決問題』的解決方案（solution business）事業」，並傾力耕耘如下：

　　・大幅調降核心商品──大型主機的價格，希望恢復市占率
　　・捨棄單純的垂直整合模式，提供結合其他企業產品，並採開放式與團隊制的綜合解決方案

　　在資訊業界大舉向水平分工（硬體和套裝軟體的組合）倒戈之際，IBM 自詡為「資訊技術領域最強大的系統整合商」，並期待滿足大型企業客戶的期待。

　　然而，當年在改革之初，IBM 組織遲遲不見改變。這倒不是為了反抗外來的葛斯納，相反地，經營高層對葛斯納相當順從，甚至還馬上在襯衫顏色向葛斯納看齊；[42] 而在業務第一線，高層也都能親自出馬推銷；唯獨在程序上，還是凡事照規矩，這就是所謂「優秀」人才。可是，壞就壞在這一點──因為這種上情下達的官僚式領導，無法讓 IBM

轉型為「服務業」。

葛斯納在 IBM 內部查訪，了解能適應解決方案、拿出績效的團隊主管如何領導。

- 作風│重視如何發揮團隊實力，而非身先士卒；不搶出風頭
- 決策│講究當機立斷的扁平型，並非重視程序的層級型
- 動機│並非因業績達標，而是看著他人變好本身就能感到喜悅

要達成事業服務化（BaaS），就需要有分散型的自治領導體制（很多主管主動出擊）。**葛斯納從全球選拔出 300 位最佳領導者，大力推動新版僕人式領導的教育、普及**。後來，IBM 營收在 9 年內，成長了 250 億美元，其中絕大多數都來自於服務事業的貢獻。

葛斯納在卸下 IBM 董事長職務之前，出了一本書，書名叫《誰說大象不會跳舞？》（*Who says elephants can't dance?*）[43]。在他的指揮下，大象還真的跳起了舞。

圖表 3-24　拯救了三麗鷗彩虹樂園[44] 的僕人式領導者

彩虹樂園的
經營危機
（2014）

考察：儘管還有諸多
課題待解，但園內還
有許多高品質的內容
被埋沒

傾聽：與全體員工直
接對話。創造可自由
對話的場域

心態：我想成為大家
的媽媽

小卷亞矢　館長

▶ 雷富禮穩建將寶僑改造為「由小單位構成的網絡型組織」

就在 IBM 復活的 2000 年，這次換成全球最大的家用品製造商──寶僑面臨經營危機。

德克・賈格（Durk Jager）從基層做起，並於 1998 年接下執行長一職，當年以「用機動性的組織，打造快步調的創新」為目標，著重研究開發，[45] 推動多項改革：強化與加速研發能力，打破官僚式組織，申請專利等。

然而，由於改革過於激進，在一片要求撙節成本（不含研發）的風暴中，只有業績目標定得很高，新產品成績卻樣樣慘淡。

繼賈格之後，雷富禮（A.G. Lafley）緊接在 2000 年上任為新執行長，在將經營資源集中投入主要品牌的同時，也推動了漸進式的改革。不過，兩人的觀點正好相反。雷富禮和前任執行長一樣都是從基層做，在寶僑服務了 23 年，但他**不偏重自家企業，反倒重視外部觀點**和資源。

・消費者是老闆｜強化收集、分析消費者資訊，並調查消費者的生活實態，以及經常瀏覽的網站等

・開放式創新｜開放產品研發，並積極執行內部技術半強迫對外授權，與引進外部技術（連結與開發，即 connect + develop）

雷富禮剛就任執行長的 2001 年，在寶僑的新產品當中，採用外部創意想法、技術或商品的品項，僅占兩成以下；但到了 2006 年，這個數字已來到 1/3 以上，如今更有一半來自外部。

雷富禮解散了採行福特「胭脂河式垂直整合」的寶僑中央研究所機構，並將各有明確目的的「小單位」重新編組。這個機制是希望能聯結全球各地的企業、外部研究人員，以便催生新商品。

這一套**開放式網絡型的組織、流程**，相當複雜且**不確定**。儘管它的確催生了許多熱銷商品，但企業**無法預測**下一年會有哪些新合作，更無

從得知它們能對營收帶來多少貢獻。

像傳統的權威型領導者賈格，就受不了這種不確定。雷夫・艾卡德（Ralph Eckardt）等人在《看不見的刀》（*The Invisible Edge*）書中提到，福特的成本殺手[46] 賈克・納瑟（Jacques Nasser，2001 年遭解職）、安隆（Enron，2001 年破產）的傑佛瑞・史基林（Jeffrey Skilling，因會計弊案等罪名而被判處 24 年徒刑）、世界通訊（WorldCom）的伯納德・埃伯斯（Bernard Ebbers，因作假帳等罪名而被判處 25 年徒刑）等人，都是這類型人。

在分散型網絡型組織的時代裡，需要的不是權威型領導者來當執行長，而是著重專業性和與外界的合作，並能耐得住複雜、曖昧的協作型（collaboration）執行長。

雷富禮成功孕育好幾個大型品牌，更在 2005 年時，收購了吉列（Gillette），讓寶僑的營收翻倍成長。財經雜誌《財星》（*Fortune*）起初將雷富禮評為「像有點傻氣的菜鳥教授」，但很快改口，盛讚他是「一流企業家」。

企業要推動開放式創新，就要有能駕馭「複雜」和「曖昧」的協作型執行長，才能有效勝任。

2010 年時，雷富禮曾一度卸任，2013 年——也就是他 65 歲時，卻又回鍋重掌兵符。期間他主導出售旗下多項事業，讓寶僑變得輕盈、靈活之後，又重新在全球市場上跳起舞來。

▶ 高曼提出六種領導風格

成功推廣情緒商數（EQ[47]）的丹尼爾・高曼（Daniel Goleman），用部屬和主管的能力、關係，提出「六種領導力類型」的論述。

這套論述非常簡單易懂，從這裡開始學習領導理論，應該是不錯的辦法。

圖表 3-25　高曼提出的六種領導風格

領導	適用組織的特色	具體執行方法
【遠見型】 Vision	成員的工作動機很高 和能力很強大	只提供給團隊成員難度偏高的願景（目標）， 過程交給成員自行安排。領導者負責設定目 的地，團隊成員（部屬）會負責掌舵
【教練型】 Coaching	成員的關係良好／想 讓有幹勁的成員不斷 成長	先掌握每位成員的個性、特質，並與他們溝 通，激發出他們自動自發的精神，並敦促他 們達成目標。適合用在中長期的目標達成
【關係型】 Democratic	領導者能力不足／成 員的個性、關係良好	承認領導者自己的缺點或力有未逮，不足之 處由團隊成員填補。在領導者無法一人照顧 好整個團隊等情況下，尤其有用
【民主型】 Affiliative	成員的動機強烈／想 改善組織的關係	尊重團隊成員的自主性與能力，並與他們共 同決策。這種領導可提升團隊成員責任感， 凝聚團隊向心力，故在想提升團隊整體實力 時，尤其有效
【示範型】 Pacesetting	領導者的實務能力強 ／成員的動機尚高、 能力尚強大	領導者要成為團隊的楷模，主動挑起重任， 為部屬示範「工作就要這樣做」的具體作 為。過於強硬恐將引發成員反感
【命令型】 Commanding	成員不主動／需在短 期之內拿出成績	領導者要敦促成員，在聽到自己的命令時必 須立刻動作。若做法太激進會被成員嫌惡， 故領導者必須提升自己的影響力

23 企業、組織文化：阻礙、支撐革新

▶ 企業固有的價值觀和行為模式，由企業經營者創造

在日文中沒有「文化」一詞，這是坪內逍遙[48] 將「culture」譯為日文時，所創造出來的新詞。而「cultivate」[49] 是指人類耕耘土地，播種、培育。換言之，文化並非自然出現，而是人類一步一腳印，勞心勞力打造出來的產物。

文化與社會是一體的。沒有社會就沒有文化。文化是社會組織裡，所有成員共同懷抱「包括知識、信仰、藝術、道德、法律、風俗、能力、習慣在內的整體」（牛津大學人類學講座的第一任教授愛德華·泰

圖表 3-26　何謂企業、組織文化？[50]

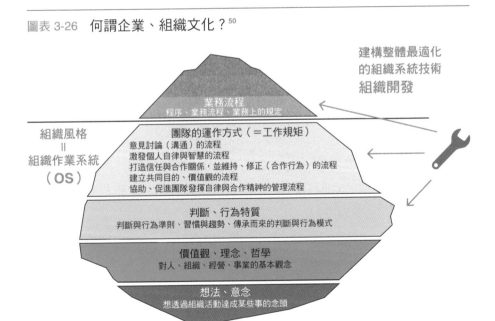

勒〔Edward Burnett Tylor〕所下的定義）。這當中的元素太多，很不容易理解。不過，這可說就是除了「人的個性」以外的全部。

一般而言，所謂的「企業、組織文化」，指的是「企業或組織團隊的員工，在有意識或無意識間，形成的共同價值觀和行為模式」。有時過於強力主導企業文化，會成為一切成功或失敗的原因，例如，「因染上大企業病，所以催生不出新事業」。

然而，企業文化並非自然形成。要負責投入人力和時間，精心打造出企業文化的，應該是歷任的經營者才對。經營者不能把企業文化當成自己失敗的藉口。

▶ 企業文化是日本企業異軍突起（與停滯不前）的原因

1970～80年代，日本企業躍進式發展（請參閱第344～354頁）。

以往都是由採行科學化、合理化經營管理的歐美企業，取得令人望塵莫及的絕對優勢。日本企業的崛起，讓他們大感不解。而麥肯錫[51] 的「7S」，找出了逆轉優劣的原因。

・硬體 S：策略（strategy）、組織（structure）、系統（system）
・軟體 S：共同價值觀（shared value）、經營風格（style）、人才（staff）、技能（skill）

異軍突起的日本企業，在硬體 S 上表現都相當曖昧，但在以人為核心的軟體 S 上，卻是表現優異。尤其當中的重中之重是「共同的價值觀」，也就是企業文化。

當年本田先是以二輪車打進了美國市場，後來又在汽車事業砸重金投資，並於美國成立了負責在地生產的公司 HAM（Honda of America），發展相當成功。當時，年輕主管入交昭一郎等人，為了讓美國員工了解本田公司的思維與做事方法（企業文化），便將自己還覺

得模稜兩可的想法化為文字，再設法讓美國人了解。

然而，就連「團隊合作」（team work）同個詞，日本和美國都有截然不同的解讀。為了編出《HONDA WAY》，幹部們每週五晚上都啃著披薩討論，花了一整年才完成。

就因為軟體 S 是以人為核心，所以改變非常耗時。而且，競爭對手很難模仿，所以日本企業才能取得優勢。可是，企業文化就像雙面刃。十多年後，日本企業就因為重視凝聚共識的企業文化，造成跟不上資訊等領域的創新速度，而被迫發展停滯。

▶ 西南航空：改變美國航空業界的低成本航空先驅

「LCC」是「Low Cost Carrier」的簡稱，直譯為低成本航空，聽起來服務好像「便宜沒好貨」。然而，<u>低成本航空大大扭轉了航空業界既往的商業模式</u>。它的始祖，就是西南航空（Southwest Airlines）。1971年，西南航空用 3 架波音 737（112 人座）客機，開始提供聯結德州境內三座城市——達拉斯（Dallas）、休士頓（Houston）和聖安東尼奧（San Antonio）之間的航運服務。

從 40 歲起就參與西南航空籌設的赫伯・凱勒赫（Herb Kelleher）

圖表 3-27　當年報請董事會審核的《HONDA WAY》

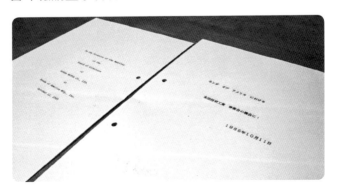

律師，提出了跳脫傳統框架的經營方針，將西南航空推上全球卓越航空公司之列。

　　凱勒赫提出「顧客不見得永遠都是對的」、「顧客第二、員工至上」、「工作就是要開心」、「空中旅程也要夠好玩！」等信條，將人事費用維持在全美頂尖水準的同時，並成功提供低於競爭同業的低價、高品質（班機準點率等）的服務。

　　①10 分鐘過站｜將機材在地面停駐的時間，縮短到同業的 1/4 以下，增加每架飛機單日可執飛的航班數量
　　②機材選用｜統一使用波音 737 客機，節省維修、訓練成本
　　③起降機場｜透過在大都市使用於小機場起降，來省下場站使用費，縮減機材等待時間

　　這些都是既有大型航空公司辦不到的措施，包括聯合航空、美國航空和達美航空等。傳統航空公司以大型場站為核心，建立「軸輻式航線網」（Hub-and-Spoke Network），提供既方便又便宜的服務。在大型機場起降和轉機都要花時間，也需要依航線規模準備多樣機種。

　　西南航空從此夾縫突圍，在主要城市之間拓展既方便又便宜的「點

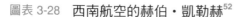

圖表 3-28　西南航空的赫伯・凱勒赫[52]

對點直航航線網」（Point to Point，簡稱為 P2P）。九一一恐怖攻擊事件（2011）發生後，航空業一片蕭條，而西南航空是在這段期間唯一一家有盈餘的航空公司，甚至還持續成長。

西南航空被譽為美國「永遠的傑出企業」之一，不論是定位學派的龍頭波特，還是能力學派的泰斗傑恩‧巴尼（Jay B. Barney），各種策略管理理論都稱西南航空為經典案例。它被選為《藍海策略》（*Blue Ocean Strategy*）和《策略就像一本故事書：為什麼策略會議都沒有人在報告策略？》（ストーリーとしての競争戦略）書中的案例；而在《十倍勝，絕不單靠運氣》（*Great by Choice*）當中，也將西南航空評為長年維持業績在業界平均 10 倍以上的 7 家「十倍勝企業」之一。畢竟西南航空成功推出了「低成本航空」的創新商業模式，贏得讚譽或許是理所當然。

那麼，西南航空究竟「如何」催生創新呢？我決定好好探討「①10分鐘過站」。

▶「為什麼」誕生 10 分鐘過站？

西南航空的「10 分鐘過站」顛覆了航空業界的常識。這是在訴訟戰和資金短缺的情況下所產生的。

一如凱勒赫預期，西南航空決定進軍德州境內 3 座城市的航運服務新市場後，隨即被捲入了大規模的訴訟戰。因為原有的兩家競爭公司，為了阻止西南航空投入市場，不斷發起訴訟和遊說。戰場從德州航空委員會（先核准後又禁止）→州地方法院（敗訴）→州高等法院（敗訴）→州最高法院（勝訴）→美國最高法院（勝訴），官司一路打下來，<u>原本準備要啟動事業的資金，早在訴訟過程中耗盡</u>。

航線在資金捉襟見肘下啟航，但為了定期檢修，西南航空每週末都必須讓飛機從休士頓空機飛到達拉斯。當時的總經理拉瑪爾‧繆斯（Lamar Muse）覺得這樣太「浪費」，便決定以單程 10 美元（一般票價

是 20 美元，同業則是 28 美元）載客，竟大受歡迎。

於是他又擬定了一套依時段收費的制度：鎖定商務客，提供平日晚上 7 點前 26 美元售價的票券；晚上 7 點後和週末則針對度假客，推出 13 美元的半價票。

這一套計費制度成功奏效，讓西南航空轉虧為盈。他們添購了 1 架新機，希望以 4 架飛機執飛，計畫加速業務發展，並著手規畫與其他州之間的包機航班時，沒想到卻又被競爭者從中做梗，只得忍痛放棄新機。但當時擬訂的航運計畫前提是以 4 架飛機執飛，如果這 **3 架飛機無法依計畫完成 4 架飛機應該消化的航班**，就會面臨停飛。西南航空可說是陷入窮途末路。

這時，負責地勤業務的比爾・富蘭克林（Bill Franklin）說了句「可以」，還表示「**只要在 10 分鐘內完成地面整補作業，就能照原訂計畫飛航！**」

飛機在停機坪連接空橋；打開機門，讓旅客下機後清潔；再讓另一批旅客登機；同時要打開貨艙搬出、搬入行李；還要進行機材整補、加油；然後關上機門，脫離空橋……。這一連串作業，通常要花 45～60 分鐘。不過，因為富蘭克林在其他航空公司操作過幾次（雖然是 30 個

圖表 3-29　西南航空開航時的航線網（1971）

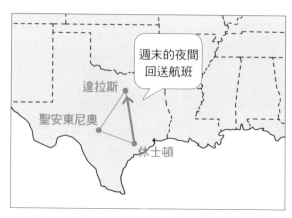

座位的小型飛機），認為「只要有心，應該可行」。最後，他還真的做
到了。

為了完成這項任務，西南航空取消了座位分配，只幫旅客分配在 A
（後排）、B（中段）、C（後排），先到登機門即可先登機。如此一來，
登機和下機就能更順暢，預約系統也更簡單。

藉由「10 分鐘過站」，西南航空的機材 1 天能飛行的時間長達 11.5
小時，3 架飛機因此有辦法消化，競爭對手靠著 4 架飛機、只飛 8.5 小
時所排出來的航班。

「10 分鐘過站」讓西南航空把飛行成本降到 25％以下，這原本竟
是為了彌補訴訟戰和資金短缺造成的「機材不足」，而祭出的垂死掙扎
之計。

可是，為什麼其他競爭對手無法立刻仿效？既然它這麼有威力，照
理說大家應該都會紛紛起而效尤才對。

▶ 讓 10 分鐘過站成為可能的「外行人」、「印第 500」和「幽默」

對其他同業而言，執行「10 分鐘過站」（使用大型機材後改為
15～20 分；九一一恐怖攻擊後由於程序增加，又改為 25 分左右）究竟
有什麼困難？

圖表 3-30　「10 分鐘過站」的意義與價值

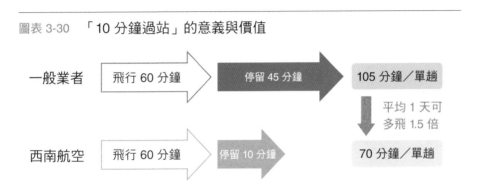

・**勞資關係**｜為追求效率，所有員工必須身兼多職。但在其他航空公司，組織都是分層負責，難以如此執行。尤其要空服員或機師去打掃，更是難上加難

・**座位管理**｜不事先劃位，只用三色塑膠片（重複使用）的管理座位機制。但在其他航空公司裡，指定座位也是一項服務，故無法廢除

・**航線網絡**｜西南航空以點對點航線直線圖為主體，轉乘旅客很少。然而，其他航空公司採軸輻式航線網，轉乘旅客眾多，而且不只人移動需要時間，搬運行李也耗時

不過，**其他航空公司最難打破的高牆，其實是員工心中的「常識」**——他們覺得「平常要花 45 分鐘的事，怎麼可能只花 10 分鐘就做好」。西南航空的員工，是一群曾被裁員的人，甚至是外行人，**這反而成為推動他們跨越心牆的力量**。

起初，很多西南航空機組員都曾被裁員，具有：「好不容易才重新找到工作，怎麼可以把這家公司弄倒」的危機感。空服員有前啦啦隊員（剛開始的制服是熱褲搭配高跟長靴），絕大多數的地勤人員則都是維修飛機的外行人，就連最基本的「常識」都沒有。

為落實「10 分鐘過站」，他們擴大向航空界外的其他行業，尋求學習標竿[53]。最後他們相中的，是全球最快[54]的賽車「印第 500」。整場比賽要跑 200 圈，車子要進整備區（Pit Zone）6 次以上。要是每次整備慢個 0.2 秒（×6 次），就等於 120 公尺的領先一筆勾銷。每次作業快 1 秒，排名就可能上演大逆轉。於是西南航空便決定將由印第 500 鍛鍊出來的迅速整備神技（加油、換胎等），和終極的團隊合作型態，融入自家營運中。

而身為經營高層的凱勒赫自己，更是厭惡因循守舊和官僚作風，因此不斷要求員工「依各自判斷」行動。

正因為西南航空是由一群具有「有需要的話，什麼都願意做」、「自

己動腦思考需要什麼」心態的外行人所組成，所以只有他們能實現打破常規的「10 分鐘過站」。

凱勒赫最重視的員工特質，既不是「奉獻」，也不是「聰明」，而是「幽默」。再怎麼辛苦的日子，只要有幽默感就能熬得過去。出色的幽默感必定也能感動旅客。

西南航空認為，企業組織能不斷挑戰新事物，也是因為每位員工願意呈現自己最真實的一面，所以人人都能充滿幽默感。要營造出這樣的企業文化，並找到符合特質需求的員工，其實並不容易。這些毋庸置疑都是能為西南航空提供持續性競爭優勢的豐沛泉源。

企業文化理論大師艾德‧夏恩（Edgar Schein）曾提出以下論述：[55]「文化是根據既往的成功經驗所建立的」、「所以抗拒改革特別強烈」、「想跨越這種文化，就必須給員工心理安全感[56]」。

西南航空所推崇的「幽默感」正是此心理安全感。

24 | 資源②：設備、門市與物流中心等

▶ 經營資源的固定資產可分為有形和無形

人固然是企業最強大的經營資源，但在會計上，只不過是每年都會呈現在「損益表」（P／L）[57] 上的費用（人事費用等），而不是資產。相對地，除了人以外的其他經營資源，多半會以「固定資產」的形式，呈現在「資產負債表」（B／S）[58] 上（請參閱第 184～187 頁）。

・有形固定資產｜包括土地、建物、設備和機械等
・無形固定資產｜包括智慧財產（請參閱第 167 頁）、軟體、營業權 [59]

看資產負債表就能明白企業擁有什麼經營資源，但表上所呈現的數字既不是取得金額，也不是市價（現在賣掉值多少錢），而是「原始取得成本－折舊攤提[60] 的累計金額」的特殊數字；至於原始取得成本則可

圖表 3-31　有形固定資產與無形固定資產

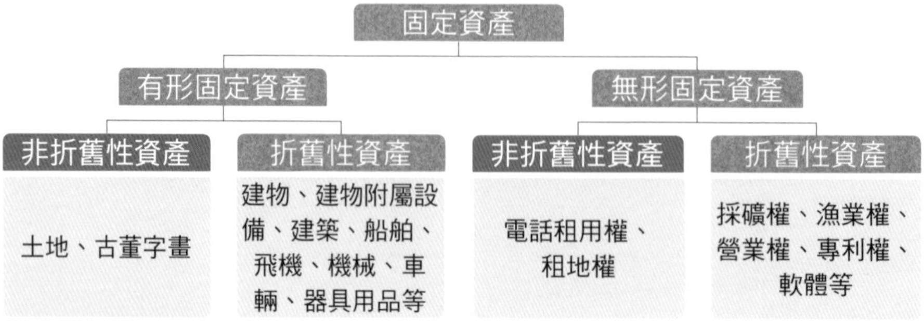

固定資產			
有形固定資產		無形固定資產	
非折舊性資產	折舊性資產	非折舊性資產	折舊性資產
土地、古董字畫	建物、建物附屬設備、建築、船舶、飛機、機械、車輛、器具用品等	電話租用權、租地權	採礦權、漁業權、營業權、專利權、軟體等

在「資產負債明細表」等報表中確認。此外，若想知道企業擁有哪些土地設備、座落何處等資訊，就必須找上市企業等公司公布的有價證券報告書，查看當中的「設備狀況」。

不過，企業自行研發的智慧財產等項目，在帳上認列的價值為零，所以外界無從得知實際情況。

對許多科技新創企業而言，真正最花錢的經營資源，是容納人員的辦公室。因為光押金就要付 12 個月的月租金，還要支付裝潢、設備和用品等，加起來又要花一筆差不多的金額。然而，漂亮的辦公室卻是吸引年輕人加入公司的必要條件。

然而，亞馬遜卻反其道而行，改以「物流中心」這項經營資源來和同業一較高下（請參閱第 114 頁）。

▶ 迅速創業、緩步成長的亞馬遜

亞馬遜創辦人貝佐斯當年以迅雷不及掩耳的速度，投入了網路事業。1994 年春天，他還在避險基金擔任資深副總裁，發現剛問世的網際網路，使用率竟以異常的速度成長，對比當年前一年的成長竟高達 23 倍！他馬上思考：「網路除了可以拿來當成溝通工具之外，還有沒有其他用途？」並列出了 20 個有可能在網路上銷售的商品，第一項就是「書」。當時已有人透過郵購、型錄賣書，實體書店龍頭企業的市占率也在 20％以下。貝佐斯深信，這是千載難逢的良機。

那年夏天，他辭去了令人稱羨的工作，和妻子一起離開紐約。正當搬家公司的貨車一路往美國西岸駛去之際，他們夫婦則是飛到了德州，領取繼父給他的一部中古雪佛蘭。[61] 接著，就在貝佐斯開著這輛車前往西雅圖的途中，他又繞到舊金山面試一位程式設計師，並決定錄取。到了西雅圖之後，當天就敲定了住處，還買了 3 部工作站，就這樣在「車庫」裡著手創業。[62] 當時搬家公司的貨車還沒抵達西雅圖。

這種速度，正是貝佐斯致勝的關鍵因素。因為他在快速進化的網路

世界，尤其是電商（E-Commerce，簡稱 EC）領域，比別人更快取得專業知識，並成功運用。

　　不過，相較於創業的速度之快，後來亞馬遜在美國吹起網路泡沫的 1999～2001 年前後，成長腳步卻（相對）放緩。

▶ 亞馬遜投資絕對能力與物流

　　2000 年之前，亞馬遜在營收表現上，對前一年的成長都達到兩倍以上。可是到了這一年，營收竟只成長 68％，結帳後的淨虧損更一舉突破約 9.3 億美金，這一如貝佐斯的預期。

　　2000 年時，亞馬遜在全美各地共有 8 個物流中心，其中有 6 處都是在此年興建，平均一座物流中心的興建成本約為 5,000 萬美元。亞馬遜物流中心樓地板總面積因此從原本的 3 萬平方公尺，一舉擴大到 50 萬平方公尺，處理物流作業的員工人數，也增加到將近 8,000 人。

　　多位證券分析師連聲撻伐：「停止投資物流中心」「我們投資的是網路事業，不是物流業」「給我們看看不同等級的高速成長」。再加上 2000 年 4 月網路泡沫的影響，亞馬遜股價一路走跌，至 2001 年 10 月時，甚至還跌到 5 美元的低點，是全盛時期的 1/20 以下。

圖表 3-32　亞馬遜股價暴跌（2001 年）

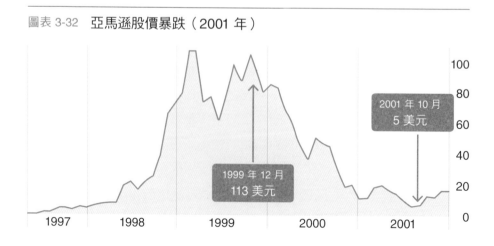

可是，貝佐斯並不介意。因為他知道，<u>此舉將會為亞馬遜帶來壓倒性的「持續性競爭優勢」</u>。在此之前，沒有任何物流業者能在接單隔天或兩天後，確實將商品送到全美各地的消費者手上。如果，這種「快速出貨」對顧客而言是一種價值，那麼它應該會是創新。亞馬遜將所向無敵。

▶「一站購足」吸引顧客為之著迷，「長尾效應」成為獲利來源

亞馬遜「品項齊全」的程度，是實體通路的好幾倍，甚至是好幾十倍；再加上精準的「推薦商品」和「快速出貨」，吸引了全美 3 億消費者為之著迷。這是貝佐斯砸重金投資資訊系統與物流，所培養的能力。2003 年，亞馬遜重新轉虧為盈，再度步上成長軌道。

把<u>亞馬遜「品項齊全」的商業價值，用「長尾效應」（the Long tail）概念來解釋，並廣為傳播的是線上雜誌《連線》的總編輯克里斯‧安德森</u>。他在 2004 年的一篇報導中，指出包括亞馬遜在內的大型電商業者，有很大一部分營收是來自實體通路買不到的非主流商品（obscure product，占整體的 93％）。尤其在亞馬遜，這個比例更高達 57％。超過 230 萬本書的銷量，皆符合以下這兩種法則：

圖表 3-33　亞馬遜書籍的長尾效應[63]

單週營收（銷售量）

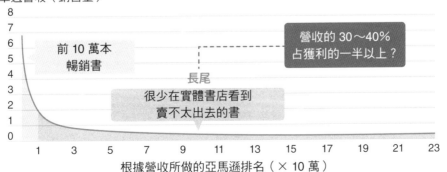

根據營收所做的亞馬遜排名（× 10 萬）

・冪律分布｜暢銷商品非常暢銷，但大多數商品幾乎都賣不出去

・28：72｜營收集中在前幾名的暢銷商品（頭部），但不是一般常見的 20：80（最暢銷的兩成商品，其營收貢獻占總營收的八成）。銷售排名更低的商品（尾部）對營收也有貢獻

最先發現這些趨勢，並開始著手分析的，並不是管理學學者。而是 1999 年生於羅馬尼亞的物理學者艾伯特–拉斯洛・巴拉巴西（Albert-Lászl Barabàsi），他發現網際網路等<u>網絡的串聯並非雜亂無章。它們不只有結構，還呈冪律分布</u>，[64] 後來稱為「無尺度網絡」（scale-free network），為整個社會學界帶來極大的影響。

MIT 的經濟學家艾瑞克・布林優夫森（Erik Brynjolfsson）和他的學生胡宇（Yu Jeffrey Hu）等人決定分析亞馬遜，並於 2003 年時，發表了長尾效應之存在與影響的相關論述。

<u>長尾效應固然會牽動營收，但對獲利的影響更大。</u>那些「不暢銷」的尾部商品，以往是通路的賠錢貨。可是，到了電商平台，持有尾部商品的庫存，因為全美國只有一本（甚至是零本），所以不會造成太大的成本壓力；而且還能照定價出售。美國和日本不同，沒有書籍再販制度[65]，就連暢銷書都可以馬上打五折賣，[66] 所以<u>可用定價銷售的尾部商品，是獲利相當可觀的商品素材</u>。

▶ 亞馬遜：在五種商業模式上，力求創新

2013 年，亞馬遜創立邁入 20 年，期間還曾擊退實體書店龍頭——巴諾書店（Barnes & Noble）的挑戰，年營收更達到 745 億美元的高點。

不過，亞馬遜這一路走來，也是在打一場「為了常保獨一無二」的戰役。他們進軍海外，又將市場從書籍延伸到其他品項，還推動書籍電子化，也跨足雲端服務。而為了實現這些布局，亞馬遜又在物流、資訊上，做了更大手筆的投資。

就結果來看，貝佐斯在亞馬遜的舞台上，實現了五種商業模式的創新。

①電商直售｜憑著資訊系統和物流實力，成功打造出不只賣書，還銷售玩具、音樂、影音、家電等商品的綜合電商直售平台

②電商市集（Marketplace）｜改造亞馬遜，它不再只是直售平台，也能成為讓一般業者上架商品的平台。成交金額占整體電商事業的四成以上[67]

③付費會員｜成功導入享有當日配送免費等禮遇的「Amazon Prime」。目前會員人數突破 1 億人，為亞馬遜帶來超過 1 兆日圓收入

④電子書｜先以低價銷售專用閱讀裝置（Kindle）搶占市場。在美國，電子書已占書籍總銷售的六成以上，而 Kindle 則占電子書閱讀器市場的八成

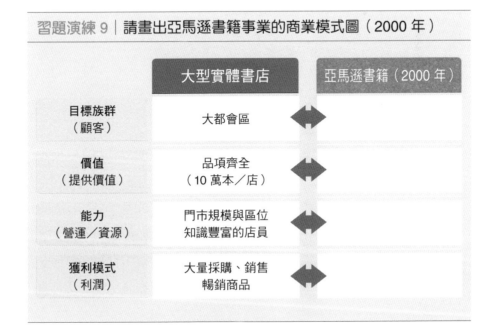

習題演練 9｜請畫出亞馬遜書籍事業的商業模式圖（2000 年）

	大型實體書店	亞馬遜書籍（2000 年）
目標族群（顧客）	大都會區	
價值（提供價值）	品項齊全（10 萬本／店）	
能力（營運／資源）	門市規模與區位知識豐富的店員	
獲利模式（利潤）	大量採購、銷售暢銷商品	

⑤資訊基礎設施服務｜發展雲端型的亞馬遜網路服務 AWS
（Amazon Web Service）事業，賺進 1 兆日圓利潤

　　亞馬遜在非書籍商品的銷售，已占總營收的九成以上；就地區別來
看，美國以外的營收已突破三成。至於在總市值方面，截至 2019 年 7
月底，亞馬遜的總市值是 9,240 億美元。如今真正能威脅過於巨大的亞
馬遜的，或許只有政府的管制，和它自己的傲慢了吧。

25 | 資源③：智慧財產的威力

▶ 智慧財產的種類與意義

智慧財產權（智財）的種類很多，在各國由專利局等主管機關負責審核及准駁。

- 專利權｜用來保護發明，期限為 20 年
- 實用新案權[68]｜用來保護小型創意，不須審查，期限 10 年
- 意匠權[69]｜用來保護設計，期限為 20 年
- 商標權｜用來保護 LOGO 和標誌，**期限 10 年，但可展延**，故對企業而言相當重要
- 著作權｜用來保護具創作性的著作（文藝、學術、美術、音樂、電腦程式等），期限自創作時起至作者歿後 50 年，法人則為著作公開後 50 年
- 商號權｜用來保護企業名稱，**無期限**

圖表 3-34　瓦特與蒸汽機

由於在多數情況下，<u>智慧財產權於受保護期間具有</u>「獨占權」（他人連類似事宜都不得進行），<u>所以在競爭上很有威力</u>。因此，專利也成了敦促個人或企業努力，並加速投資該領域的條件。

當年，37 歲的詹姆士・瓦特（James Watt）研發蒸汽機以失敗收場，妻子受盡磨難後過世。他一人背負 2 億日圓債務，還要撫養孩子。而拯救他的是當時在英國終於制度化的專利（913 號）規範。

<u>沒有專利制度，就不會有瓦特的成功，也無法開啟日後的工業革命</u>。畢竟要是社會上仿冒橫行，企業和投資人就不敢放心投資新技術、新事業了。

▶ 智慧財產才是競爭優勢的來源（刀）！

曾任 BCG 幹部的馬克・布萊希（Mark Blaxill）和雷夫・艾卡德（Ralph Eckardt），在獨立創業後，以智財策略專家的身分，寫了一本《看不見的刀》（2009）。書中用「刀」（edge）來呈現專利和商標等智慧財產權的威力，並主張它們才是競爭力的來源。從老虎・伍茲、吉列公司到臉書都是很好的例子。

・老虎・伍茲能在 2000 年創下驚人佳績，[70] 是因為用了普利斯通（Bridgestone）生產的球（掛 NIKE 品牌）。市占率龍頭的泰特利斯（Titleist）隨即跟進生產，在市場上成功熱賣。孰料泰特利斯此舉竟侵害了智慧財產權，據說最後還付給普利斯通 1.5 億美元，事件才落幕

・吉列公司的鋒隱（Fusion）受到超過 30 個專利（從 5 刀片的間隔，到刀頭與握把的連結）保護，同業很難突破。而這些專利，讓產品用來舒適、清潔方便，也讓它擁有前所未有的獲利能力[71]（請參閱第 217 頁）

・臉書在智慧財產權策略上的表現，遠勝其他競爭對手。早在創業之初，臉書就花 20 萬美元買下了網域（facebook.com）。後來在為「動

態消息」、「動態時報」等功能申請專利的同時，臉書還砸下 4,000 萬美元，向當時的競爭對手 Friendster 買斷數個主要專利

艾卡德等人認為：「<u>縱然其他項目再怎麼出色，只要在智慧財產上出紕漏，企業就無法大發利市，甚至根本贏不過其他競爭對手。</u>」

▶ 安謀的技術，蘋果、三星、高通都在用

在半導體領域當中，英特爾是專供個人電腦和伺服器使用的 CPU 市場龍頭；但在智慧型手機的世界裡，CPU 的龍頭則是高通，英特爾連個影子都沒有。

不過，<u>智慧型手機市場真正的贏家，是英國的安謀</u>（ARM）。因為蘋果獨家的「A 系列」中央處理器，三星的「Exynos」、高通的驍龍（Snapdragon），用的都是名叫「安謀架構」的共通技術。

這項技術，最早是英國艾康電腦，針對工業用處理器所設計的架構，後來被蘋果相中，指名要用在行動資訊裝置「蘋果牛頓」（Apple Newton）上。安謀後來於 1990 年接受蘋果注資，並從艾康獨立。自此之後，安謀就致力於鑽研攜帶式裝置講求的「省電」性能。用英特爾產品來當工業用處理器，重量太重，價格也太貴，況且也不需要使用那麼高規格的性能，最重要的是它太耗電。安謀架構的<u>工業用處理器</u>，後來被用在家電產品（掃地機器人 Roomba）、玩具（Game Boy Advance 和

圖表 3-35　安謀與 IoT

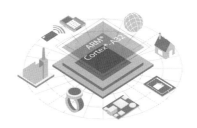

任天堂 DS）、音樂播放器（iPod）和行動電話等產品上，目前<u>全球市占率高達 75%</u>。

在所有物品都安裝感測器，並透過網路即時彙集感測數據的物聯網（IoT）[72] 時代裡，安謀也是最受各界期待的企業之一。

安謀這家企業，完全不供應任何產品。<u>他們供應的，就只有處理器核心部分的「設計圖」而已</u>。晶片製造商會用它來搭配其他功能的零組件，製成處理器或晶片──這些就是所謂的安謀相容晶片。它們的省電性能卓越，在行動裝置市場的市占率幾乎百分之百。

2016 年 7 月，軟體銀行（SoftBank）的孫正義斥資 3.3 兆日圓收購了安謀，就是看上它超群出眾的智財研發能力（operation）與智財資產（resource）。安謀在 2016 年度的營收是 13 億英鎊，稅前淨利 6 億英鎊，獲利率約 50％，是一流的高獲利企業。

▶ 英特爾陷入「創新的兩難」

這時英特爾陷入了典型的「創新的兩難」[73]（由克雷頓・克里斯汀生〔Clayton M. Christansen〕提出的概念）。

英特爾當時是 CPU 業界的創新者。不過，由於它在獲利豐厚、規模龐大的個人電腦市場發展得風生水起，所以淪為看重現有使用者（個人電腦製造商）的「顧客取向的好公司」。英特爾看不上低階性能又分散的工業用、行動通訊等市場。為求能在現有市場克敵制勝，英特爾不斷精進微細加工等製造技術，還研發、持有多部高價的生產設備。而這一套垂直整合模式，正是當年英特爾成功的關鍵。

然而，當行動裝置市場被智慧型手機占領，裝置性能一口氣提升，更成為超越個人電腦的龐大市場（數量是個人電腦的三倍以上）[74] 之際，英特爾就敗給了這些突破性科技（安謀和高通）和撐起發展的水平分工業者（半導體製造業等）了。正因為英特爾是創新者，才會遭逢這樣的挫敗。

26 | 能力創新會改變業界（ZARA、UNIQLO）

▶ ZARA 實現了售完不補、深耕顧客的快時尚型 SPA

愛特思（Inditex，旗下主要品牌為 ZARA）是總部位在西班牙的自有品牌成衣製造零售業者（Speciality Retailer of Private Label Apparel，簡稱 SPA），2000 年時全球門市家數突破 1,000 家店。其中 1/3 以上不在西班牙，海外營收更占了整體的一半。愛特思的年營收為 26 億歐元，與美國蓋璞（GAP）之間的差距還有五倍之多。但它的年成長率達 30％，獲利率也遠勝 GAP，與以瑞典為根據地的海恩斯莫里斯服飾（H&M）相同，對成熟化的 GAP 急起直追。

然而，愛特思和 H&M 都並非與 GAP 正面交鋒。它們用不同的價值與獲利模式，培養出有別於 GAP 的能力，搶攻不同的目標族群。

颯拉（ZARA）品牌，始於為了出清大量退訂商品而開設的零售門市。1975 年，愛特思的創辦人阿曼西奧・歐特嘉（Amancio Ortega）在無計可施之下，只好在西班牙全國各地開設女性時裝店，好不容易才把堆積如山的退訂商品出清完畢。歐特嘉原本是經營從縫製到物流、銷售一手包辦的小公司，因此自然而然就發展為 SPA（自有品牌製造、直營、零售的經營模式）。不過，歐特嘉改變了既往 GAP 式 SPA 的常識，不再「預測流行趨勢，大量下單」。

ZARA 決定不再仰賴「預測下一波流行趨勢的能力」，也不為「創造流行」，而在媒體上宣傳（也就是所謂的放消息）今年流行什麼。相對地，他們不斷推出新產品，摸索消費者「真正的」喜好，再配合、調整商品。例如，上市後一週內銷量欠佳者，該商品就會從門市下架，就

算有追加訂單也會被取消。這都是為了追趕「當下的流行」。

　　反之，再怎麼暢銷的商品，陳列在門市的時間都不會超過 4 週。這是為了讓顧客願意一再上門，以及營造「現在不買就沒了」的氛圍。ZARA 就是「售完不補」，態度清楚。

　　結果，據說 ZARA 的愛好者平均每年會造訪門市 17 次（每 3 星期就逛 1 次），和其他品牌 1 年 4 次的頻率相距甚遠。他們不再為了提高營收而胡亂追逐新顧客或打模糊策略，隨意擴大目標族群。

▶不預測下一波流行趨勢，改追流行的 ZARA，將研發、上架新品的速度提高 20 倍

　　不再預測流行，只是忠實且迅速地追趕流行。如此一來，營收也會比較穩定，又能降低打折（出清）的比例，獲利也會隨之提升。GAP 就做不到這一點，因為他們從企畫到商品上架，需要花上 9 個月。

　　但是，ZARA 培養出可在兩週內讓商品上架的能力，[75] 速度約為 GAP 的 20 倍。他們將特別耗時的企畫、打樣都內製化，素描設計稿

圖表 3-36　ZARA 實現的新商品研發、上架速度

花 4 天（大約是既往時間的 1/8）可完成，製作打樣品竟然只要 4 小時（大約是過去耗費時間的 1/550）就能做好。

在 SCM 上，ZARA 和班尼頓一樣，都集中在總部所在國進行。生產部分是以西班牙在地的中小製造商為主力，儘管它們的價格不如亞洲或中南美洲便宜，卻能讓 ZARA 用低成本兼顧高品質與高彈性。其他同業沒有這種在地產業支持，故很難效法。

至於物流，ZARA 更是全都集中在西班牙。愛特思把在西班牙和鄰近國家生產的逾 11 億件商品，全都先彙集到西班牙境內的 10 處物流據點（其中 ZARA 品牌有 4 個據點），再從這些據點配送到全球 7,475 家門市（其中 ZARA 有 2,118 家）。每個物流據點每週營運 6 天，每天 3 班制 24 小時運作。各門市下的訂單會在 8 小時內完成出貨手續，歐洲境內用貨車配送，於 36 小時以內送達門市；非歐洲地區則會用空運，在 48 小時以內送達門市。

<u>以便宜的價格，供應多種時尚度高（符合潮流）的服裝</u>——快時尚型 SPA <u>就此誕生</u>。

進入 21 世紀之後，愛特思的營收急速成長。到了 2009 年，更是超越 GAP，成為全球 SAP 的龍頭。他們在 2018 年的年營收是 3.7 兆日圓，營業利益 8,000 千億日圓，總市值則有 9.8 兆日圓。

不斷推出新品到市場上，實際量測當下的流行趨勢。就是這套嘗試錯誤的機制，催生出全球成衣製造商的龍頭。

▶ UNIQLO：用素材實力決勝負的「超級」垂直整合型 SPA

在日本，唯一能緊追在愛特思、H&M 兩大全球成衣品牌之後的，是握有優衣庫（UNIQLO）品牌的迅銷集團（Fast Retailing）。他們選擇的路線，不是「快速反應」（quick response）或「快時尚」（fast fashion），而是<u>運用素材實力和研發能力，持續推出基本款的大型商品</u>。

1988 年的 Fleece 刷毛衣、2006 年的發熱衣、2008 年的罩杯式上衣

BRATIO，還有 2009 年的特級極輕羽絨外套等**轟動熱賣的商品，幾乎都是與業界價值鏈最上游的紡織公司共同研發**下所誕生，堪稱是超級垂直整合型的 SPA。

尤其迅銷集團與東麗（TORAY）自 2006 年起，就推動「策略合作夥伴」活動，「齊心合力」啟動了高達 73 個商品研發專案。這項合作原本是以 5 年 2,000 億日圓（纖維採購金額）為目標，自 2011 年起的第二期，更喊出要達到 5 年 4,000 億日圓規模的採購。

儘管優衣庫力圖兼顧實用與時尚，卻「不強調流行，希望以簡單的設計讓顧客享受自在穿搭的樂趣」，追求終極的日常服飾「LifeWear」。至於在一度鎩羽而歸的海外布局方面，優衣庫也重新加快腳步，目前在日本有 832 家門市，國外則已來到 1,295 家門市（其中中國有 658 家門市）。

而在 2006 年起步的品牌極優（GU），自 2010 年起已捨棄上市之初設定的「低價版 UNIQLO」定位，改走和 H&M 相似的「因應潮流品牌」路線，如今發展得愈來愈成功。

2018 年，迅銷的營收是 2.1 兆日圓，營業利益 2,400 億日圓，海外營收占比達五成。如今，一手打造出迅銷王國的柳井正，目標是「在 2020 年達到全球營收兆日圓」。他認為，這是大企業在全球時尚產業中生存的最低門檻。

習題演練 10 | 請畫出 ZARA 的商業模式圖（與 GAP 比較）

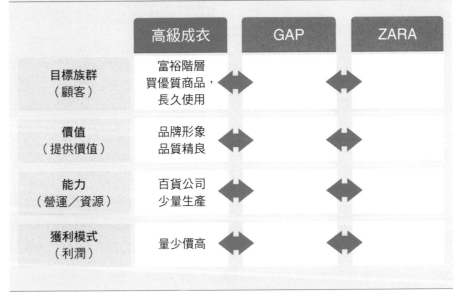

	高級成衣	GAP	ZARA
目標族群 （顧客）	富裕階層 買優質商品， 長久使用		
價值 （提供價值）	品牌形象 品質精良		
能力 （營運／資源）	百貨公司 少量生產		
獲利模式 （利潤）	量少價高		

第3章　小結（前半）

（16）培養誰都模仿不來的能力

關鍵字
為目標族群提供價值的能力、
種子、價值鏈（CRM、SCM）、
核心競爭力、能力創新催生新目標
族群和價值、物流中心帶來的優
勢、與現有事業之間的衝突

企業、事業、商品
三谷酒類食品商行
城際交通、蒸汽機、鐵路
亞馬遜
運河事業
本田、夏普

（17）能力是資源與營運的搭配組合

關鍵字
經營資源（人力、物力、財力、
智慧財產、資訊）
營運（流程、專業知識和
組織團隊）

企業、事業、商品
跳躍法（背向式跳法）

（18）能力的基本策略：垂直還是水平？

關鍵字
垂直整合模式
水平分工模式、IBM PC相容機市場
「先營運，後資源」
所謂的創業家精神，就是超越自己
現有的資源，去尋求更多機會

企業、事業、商品
福特（胭脂河工廠）、通用汽車
個人電腦、Apple II、IBM PC/
AT、英特爾、微軟、康柏
VisCalc、Lotus 1-2-3、iMac

主要參考書籍

1.《追求超脫規模的經營：大野耐一談豐田生產方式》（トヨタ生産方式），大野耐一，鑽石社，1978 年（繁體中文版由財團法人中衛發展中心於 2011 年 7 月 7 日出版）。

2.《CRM—顧客就在那裡（暫譯）》（CRM—顧客はそこにいる），村山徹、三谷宏治等，東洋經濟新報社，1998 年。

3.《超越直覺：別讓常識壞了事！解決大問題的 10 堂思考課》

營運①：核心流程是 SCM 和 CRM

（19）

關鍵字
SCM：從採購、生產到顧客
統計製程控制、看板管理、豐田式生產體系、庫存是罪惡、多能工、KAIZEN
CRM：所有顧客接觸點、顧客資料庫、Z 服務、效用、高效率的資料庫

企業、事業、商品
豐田、本田、博斯艾倫顧問公司
埃森哲顧問公司
愛電王（DEODEO）

營運②：依功能和結構，決定企業組織

（20）

關鍵字
功能、結構、決策與溝通、行為規範、金字塔型組織、組織扁平化、砍組織層級、OJT、「由上而下」對「由下而上」、伊拉克統治問題、對付游擊戰、分散型組織、阿米巴型組織、功能別組織、矩陣型組織

企業、事業、商品
波灣戰爭、美軍
京瓷

下頁

（*Everything is Obvious*），Duncan J. Watts，Curremcy 出版社，2012 年（繁體中文版由一起來出版於 2021 年 3 月 4 日出版）。

4.《策略與結構（暫譯）》（*Strategy and Structure*），Alfred D. Chandler，Beard Books，1962 年。

5.《新版物流的基礎（暫譯）》（新版物流の基礎），阿保榮司，稅務經理協會，1990 年。

第
3
章
　
小
結
（
後
半
）

21 資源①：人的工作動機與技能才是根基

關鍵字
泰勒的差別計件工資制、梅奧、霍桑實驗、動機、人際關係理論
技術技能／概念技能／人際技能（傾聽、訴說、觀察）、卡茲模式、示範訓練法、放任型人才培育法

企業、事業、商品
霍桑工廠
原田左官工業所
Netz 豐田南國

22 領導統御：從卡里斯瑪型，發展到僕人式、協作式領導

關鍵字
權變理論、卡里斯瑪型／僕人式／協作式領導、解決方案事業、非願景，而是策略和行動、自律分散型領導體制、消費者是老闆、開放式創新、EQ、高曼的六種領導風格

企業、事業、商品
Apple、iMac
IBM、三麗鷗彩虹樂園
寶僑

23 企業、組織文化：阻卻、支撐革新

關鍵字
企業與組織文化
7S（硬體 S、軟體 S）
《HONDA WAY》
LCC、顧客第二與員工至上、10 分鐘過站、點對點直航航線網、身兼多職、任用外行人、標竿、幽默、夏恩的心理安全感

企業、事業、商品
本田、HAM
西南航空

主要參考
書籍

6.《經營組織：管理學入門企業（暫譯）》（経営組織─経営学入門シリーズ），金井壽宏，日経 BPマーケティング，1999 年。

7.《讓員工瘋狂熱愛公司的祕訣：西南航空的故事》（*Nuts!: Southwest Airlines' Crazy Recipe for Business and Personal Success*），Kevin Freiberg、Jackie Freiberg，1998 年（繁體中文版由足智文化有限公司於 2019 年 3 月 15 日出版）。

(24) 資源②：
設備、門市與
物流中心等

關鍵字
有形與無形固定資產
車庫創業、物流中心、持續性競爭優勢
快速出貨、一站購足、長尾效應
冪律分布、28：72、無尺度網絡
尾部商品、付費會員

企業、事業、商品
亞馬遜、Amazon Prime
Kindle、AWS

(25) 資源③：
智慧財產的威力

關鍵字
智慧財產權（專利權、實用新案權、意匠
權、商標權、著作權、商號權）、獨占權
工業用處理器、IoT
創新的兩難

企業、事業、商品
普利斯通、吉列、臉書、安謀、英特爾

(26) 能力創新會改變
業界（ZARA、
UMIQLO）

關鍵字
快時尚型 SPA
新品研發速度
超級垂直整合型的 SPA

企業、事業、商品
ZARA（愛特思）
UNIQLO、GU（迅銷）、東麗

8.《企業文化生存指南 第 5 版（暫譯）》（*The Corporate Culture Survival Guide*），Edgar H. Schein，Wiley 出版社，2016 年。

9.《看不見的刀（暫譯）》（*The Invisible Edge*）， Mark Blaxill、Ralph Eckardt，Portfolio 出版社，2009 年。

10.《在經濟學上的剖析（暫譯）》（「イノベーターのジレンマ」の経済学的解明），伊神滿，日經 BP 社，2018 年。

本章註釋

1　共同採購、促銷的團體（voluntary chain, VC）。

2　此為波特在《競爭優勢》提出的名稱，但內容和亨利‧費堯曾提過的「六種企業活動」，以及麥肯錫的福雷德‧葛拉克（Fred Gluck）等人所打造的「商業系統」（business system）（1980）幾乎相同。

3　意指新技術或新機制等。

4　美國自 1959 年在賓州發現油田之後，石油的生產與使用迅速普及。而洛克斐勒家族（Rockefeller family）是當年的石油大王。

5　美西以李蘭‧史丹佛（Leland Stanford）最有名。史丹佛夫婦捐贈創校的史丹佛大學，正式名稱為小李蘭‧史丹佛大學（Leland Stanford Junior University），與他們 15 歲時早逝的兒子同名。

6　因為一般性的商業模式無法取得專利保護。

7　〈企業核心競爭力〉（The Core Competence of the Corporation）首見於《哈佛商業評論》1990 年的 5-6 月號。

8　「赫德訴岩島橋公司案」（Hurd vs. Rock Island Bridge co.），俗稱「伊菲艾夫頓號」（Effie Afton）訴訟案，並以此聞名於世。

9　commons.wikimedia.org/wiki/File:Young_Lincoln_By_Charles_Keck.JPG。

10　www.thehenryford.org/collections-and-research/digital-collections/artifact/87230/#slide=gs-184404。

11　利用廢棄物，以減少浪費，也就是現在所謂的「零排放」。

12　亨利‧福特在成立福特公司之前，曾在愛迪生照明公司任職，因此和愛迪生成為好朋友。或許因此胭脂河廠區裡的發電場，用的都是愛迪生想推廣的直流發電。

13　過去傳輸動力需要使用大量的皮帶和軸，所以廠房才會蓋成兩層樓。後來不需要這些傳輸設備之後，就變成便宜的平房了。

14　幾乎都是由史蒂夫‧沃茲尼亞克（Steve Wozniak）一人獨力完成設計、研發。

15　在美國人人都要報稅，所以大家對這一套軟體有很高的需求。不過，後來市場上旋即出現多款更強大的競品，包括 SuperCalc（1980）、微軟（Microsoft）的 Multiplan（1982）和 Excel（1985），還有 Lotus1-2-3（1983）等。

16　原始研發團隊幾乎都在 1985 年的一場墜機空難中喪生。自此之後，包括 IBM 在內的許多企業，都設下了員工搭乘同一班機的人數限制。

17　oldcomputers.net/appleii.html history-computer.com/ModernComputer/Personal/IBM_PC.html。

18　位元是指微軟中央處理器一次可處理的資料量多寡。英特爾的 8088 是 8 位元，而 IBM PC/AT 所採用的 80286 等則是 16 位元。8 位元在二進位法中是 8 位數，十進位法則是 0～255。

19　有些個人電腦廠商不說 AT 相容，而是以「Lotus1-2-3 相容」表示。

20　museumofmediahistory.com/ibm-5150。

21　後來 Apple 電腦的處理器統一改用英特爾產品，所以 Windows 在 Mac 電腦上也能運作。

22　知名著作包括《轉危為安》（*Out of the Crisis*）等。

23　意指消除浪費的生產方式，也稱為「精實生產」。「精實」（Lean）一詞是指肌肉緊實、

沒有浪費之意。

24　美國各類工作職能的工會很強勢，當年極力抗拒諸如此類的事項。

25　Life Time Value 的縮寫，指顧客長期貢獻的累計營收，而非短期營收貢獻。

26　不以市場區隔，而是以每位個別顧客為單位，所設定的代理人（agent）。

27　www.edion.co.jp/release/detail.php?id=851 www.homemate-research-homecenter. com/dtl/0000000000000272599/imagelist/ hiroshima.edion-housing.jp/blogs/5/ entry/263。

28　On the Job Training：主管在工作現場指導，進行人才培訓。一般的講習課程也可稱為 Off JT。

29　破產後的日本亞細亞航空（JAL）也引進此方法，是去中心化自治組織的一種。

30　不過，這種組織由於盈虧的責任歸屬模糊，很難為員工培養出跨功能的經營觀點。

31　但還是有管理過於複雜的問題。

32　www.library.hbs.edu/hc/hawthorne/06.html。

33　由羅伯特・卡茲（Robert Katz）於 1955 年提出，又稱為卡茲模式（Katz Model）。

34　這做法起初在公司內部激起了強烈的反對聲浪，認為「一下子就要完全沒經驗的菜鳥拿鏝刀上陣，根本就做不來」。

35　www.haradasakan.co.jp/4122/。

36　事先秤量、混合完畢多種原料。

37　日本的泥作師傅在全盛時期約有 30 萬人，目前約只有 7 萬人，而且其中有六成的年齡都在 60 歲以上。

38　〈複習領導統御理論，同時思考未來社會上需要的領導者樣貌〉（リーダーシップ論を振りながら考える、今後求められるリーダー像），2018.07.16。

39　www.bbc.com/japanese/48795876。

40　由羅伯・格林利夫（Robert K. Greenleaf）在 1970 年時提出，主張「真正的領導者，應該深受追隨者信任，要懂得先為他人奉獻」。

41　他先在美國運通（American Express Company，簡稱為 AMEX）、雷諾納貝斯克（RJR Nabisco）擔任執行長 8 年後，又到 IBM 擔任執行長兼董事長 9 年，2002 年 12 月卸任。

42　葛斯納第一次出席 IBM 經營會議時，只有他穿藍襯衫，其他人都穿白襯衫。幾週後，葛斯納著白襯衫去開會，卻發現其他人都穿藍襯衫。

43　英文原文書名是反問語氣，意指「大象也是可以跳舞的」！

44　castel.jp/p/2221。

45　將研究開發費對營收的占比從 3%調升到 5%，在 2000 年的金額為 19 億美元。

46　意指主事者透過裁員等方法，推動以撙節成本為核心的經營。

47　相對於用知識和邏輯來呈現頭腦好壞的「智力商數」，另有一套透過自我診斷來檢測心理活動（自我認知、自制力、同理心等）的手法。

48　譯註：日本的小説家、編劇及翻譯家，譯介許多莎士比亞作品進入日本。

49　以「人工」方式，打造原為天然的產物。在英文中，稱為 cultured pearl（養殖珍珠）或 cultured eel（養殖鰻魚）。

50　資料來源為支援日本企業改革文化的公司 scholar consult。

51　1926 年由詹姆士・麥肯錫（James Oscar McKinsey）所創立。後來他不幸英年早逝，改由馬文・鮑爾（Marvin Bower）接手，才讓麥肯錫發展成管理顧問公司。麥肯錫被譽為「專業管理顧問始祖」。

52 www.dmagazine.com/publications/d-magazine/1996/august/business-herb-kelleher-has-more-fun-than-you-do/。

53 Benchmarking，意即與公司內、外部的優秀案例詳細比較，並從中學習。

54 1 圈距離 4 公里，最快圈速（fastest lap）是時速 382 公里。

55 出自《企業文化生存指南》（*The Corporate Culture Survival Guide*）（2004）。

56 如此一來，就能掃除員工因文化改變，而對「失去地位、失去自我認同、不再是團隊一員」等方面所產生的不安。

57 上市公司等企業必須對外公開的財務報表之一，用來計算企業每年的收入和付出的費用，再結算企業的損益（Profit & Loss）。

58 資產（借方）和採購這些資產所需的資金（貸方）隨時都要打平，故英文稱之為「Balance Sheet」。土地、建物等長期持有的是固定資產，而 1 年以內會轉換成現金的則是流動資產。

59 企業進行併購（M&A）時，往往「被收購方企業淨資產的公允市場價值」會高於「收購價」，而這些多出來的部分就會被認列為營業權（商譽）。

60 建物、設備和智慧財產等，在稅法上都設有耐用年數，其價值中的一定金額可在損益表上認列為費用，並在資產上扣減。不過，土地並不屬於這種折舊性資產。

61 貝佐斯的父母也拿自己的老本（24.5 萬美元）資助他創業，結果因此成了億萬富翁。

62 貝佐斯堅持要住有車庫的房子，因為當年 HP 和蘋果都從車庫創業發跡。

63 資料來源：E. Brynjolfsson, Y. Hu and M.D. Smith, "Consumer Surplus in the Digital Economy: Estimating the Value of Increased Product Variety at Online Booksellers"

64 "Emergence of Scaling in Random Networks" Albert-Làszló Barabàsi, Réka Albert（Univ. of Notre Dame）（1999）。

65 譯註：全名為再販售價格維持制度，即圖書定價制，書籍、雜誌的零售價格由出版社統一訂定，通路不得任意打折促銷。

66 在 Amazon.com 銷售金額排行榜上名列前茅的，幾乎都是照定價打五折銷售的作品。

67 但電商市集的手續費收入，在總營收當中僅占約 10%。

68 譯註：相當於台灣的新型專利權。

69 譯註：相當於台灣的設計權。

70 20 戰 9 勝，其中 3 勝（美國公開賽、英國公開賽和 PGA 錦標賽）來自四大賽。

71 有人形容說是「比印 1 塊美金還賺」。附帶一提，印 1 塊美金所需的成本是 10 美分。

72 說到 IoT，大家會想到很多不同的等級或階段。這裡我們可以定義為「第一階段：視覺化」、「第二階段：控制」、「第三階段：優化、可改善效率的自動化」。

73 克里斯汀生的著作《創新的兩難》，原文書名為《The Innovator's Dilemma》，直譯應為「創新者的兩難」。

74 2013 年的個人電腦銷量為 3 億台，智慧型手機是 10 億台。2007 年時，兩者分別是 2.6 億台、1.2 億台。

75 若是改良版的商品，最快只需 1 週；全新商品需 4～5 週。若是現有商品的追加下單，則只要 24～48 小時，就能在全球門市上架。

4章

獲利模式：
如何調度資金？

27｜關於資金的三大問題 與解決方案的進化

▶關於資金的三大問題：資金短缺、虧損、黑字倒閉

做生意總離不開資金。一旦資金周轉不靈，事業會瓦解，員工不知該何去何從，投資人下場慘烈。經營者遭痛批，絕對沒好下場。就算目標族群和價值設定得再出色、崇高，只要欠缺資金，就無法培養需要的能力，也無法讓事業持續運作。因此，做好資金的安排調度格外重要。

事業上會面臨的資金問題主要有三大類：

①資金短缺｜於事業初期，無法在能力培養和事業擴大上，投入充裕的資金
②虧損｜某段期間的損益狀況為負，若長期持續，事業會撐不下去
③黑字倒閉｜損益狀況為正，但因無法付款給廠商而倒閉

圖表 4-1　資金的種類與問題

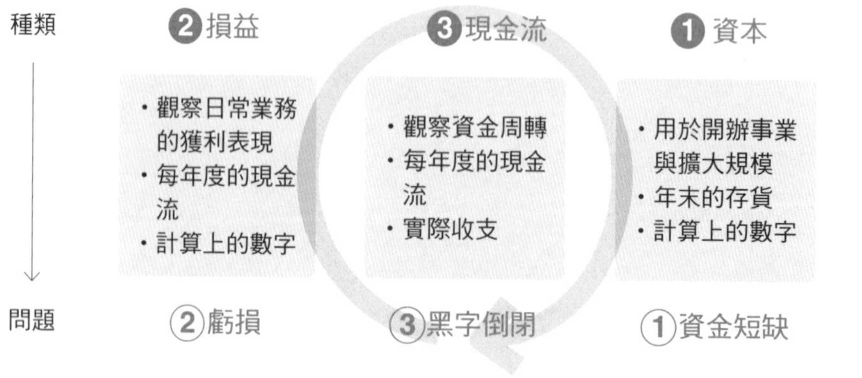

種類	❷損益	❸現金流	❶資本
↓	・觀察日常業務的獲利表現 ・每年度的現金流 ・計算上的數字	・觀察資金周轉 ・每年度的現金流 ・實際收支	・用於開辦事業與擴大規模 ・年末的存貨 ・計算上的數字
問題	❷虧損	❸黑字倒閉	❶資金短缺

　　同樣是資金，但種類與流向分為三大類（資本、損益和現金流，也就是 CF）。而前述三大資金問題，都是因為這些資金進出遲滯所引起。

❶資本｜銀行、投資人或經營者本身用來啟動或擴大事業的資金。它是長期投入的資金，為事業注資者會因為分派股利、股息或售出，而獲得利潤

❷損益｜用來呈現某段期間（3 個月或 1 年），事業狀況是否獲利的虛構數字。用對該期間營收所計算出的費用就可求出損益數字

❸現金流（CF）｜用來觀察在某段期間內，與該事業相關的各項資金（cash）進出（flow）狀況。即使目前帳上呈現虧損，只要公司有辦法增加借款，現金就能周轉無虞，不致於倒閉。不過，就算帳上有盈餘，萬一銀行提前收回貸款（抽銀根）或太揮霍資金，超出資本可承受的限度，公司就會倒閉

▶會計的威力：支撐企業組織營運，並予以監督、評價

　　「會計學」和「財務學」是為了避免企業發生上述問題而編訂的因應之道。這三套基本功——「損益表」（P/L）、「資產負債表」（B/S）和「現金流量表」（C/F）（對這些名詞沒有概念的人，請先參閱第 195 頁的專欄 03）。

　　會計可分為稅務會計、管理會計、財務會計，每一種的對象和目的都相異。

稅務會計｜企業組織是社會一分子，若獲利就必須繳納營利事業所得稅；若持有土地、建物或設備，就必須繳納固定資產稅；若開設大型營業場所，就必須繳納營業場所稅[1]。而用來計算這些稅額的會計就是稅務會計。它是企業必備的一套工具，但運用的方式稍顯特殊。

管理會計｜為避免事業陷入前述的三大資金問題，經營者必須確實
掌握、了解企業的資金流向，並以此評比優劣、改正錯誤，可當成
管理學來使用的會計，稱為管理會計（management accounting）。
管理會計主要的工作，包括了經營分析、預算管理和預算差異分
析[2]，而經營分析則又包括了產品別與部門別的成本計算、損益計
算、損益平衡點分析（請參閱 202 頁）、現金流量分析，以及經營
的安全性與獲利性等。這是企業對內使用的資訊，處理企業今年該
怎麼經營、現況如何等主題。

財務會計｜股東、銀行、投資人和供應商也會擔心企業爆發前述的
三大資金問題。為了方便企業對外說明資金狀況，於是出現財務會
計（financial accounting），還會製作 P/L、B/S、C/F。企業每年
和每三個月會統計過去這段期間的數據資料，並對外公布。不過，
這些資料在編訂上有一定的規範，會因國家、地區而調整。

圖表 4-2　獲利模式要素

所謂的會計，是經營者用來管理企業內部，以及外部利害關係人用來監管、監督經營者，為經營者評分的一套機制。每家公司都有會計，而從外部協助他們處理企業會計事宜的專家——稅理師[3] 和會計師，光是在日本國內就有約 11 萬人。[4] 換個角度來說，如此龐大的人數，足見要正確處理會計事宜有多麼困難。

企業經營者必須了解包括「企業會計七大處理原則[5]」在內的基礎會計知識，否則本章真正的主題「獲利模式」等，都將淪為空中樓閣。

第 4 章中探討的獲利模式，包括各種事業的資金調度方式，因此嚴格說來，應該稱為「資本、損益（營收與費用）和現金流量模式」。在事業層級的經營管理中，以損益為核心。而它運用的最基本手法，就是在前述管理會計當中的「損益平衡點分析」（請參閱第 202 頁）。

工業革命過後，企業可運用的能力日新月異、進步神速。而事業的營收、費用，以及資金調度的方式也隨之大幅變動。我們先從費用面開始，觀察這一連串無極限的創新。

▶費用撙節手法的進化：從分工到共享

費用當然是以「壓低」作為首要目標。

因此，泰勒才會編訂出科學管理法，福特則是徹底落實分工的流水作業，並透過大量生產的方式，成功壓低成本。「分工」和「規模化」是壓低成本的兩大關鍵字。

1960 年代，BCG 開發的「經驗曲線」就是在這兩大關鍵字中，加入時間概念。他們主張迅速壯大規模，才有利於降低成本。而（在生產與銷售方面）累積的經驗愈多，便愈能壓低成本。所以，即使短期出現虧損，企業也應先低價搶市，盡快提高市占率。當年日本企業的策略背後都有意義，雖然這就是傾銷（Dumping），屬於違法行為。

　　1970 年代，從美國中西部鄉下開始發展的折扣商店——沃爾瑪，確立了低成本操作（Low Cost Operation，簡稱 LCO）手法，趕跑了凱瑪（K-Mart）等競爭對手。其實 LCO 並不只是單純的降低成本，企業<u>為了避免產生無謂的成本，也必須改革營運</u>。

　　・想降低庫存損失←季節性商品和特賣商品容易淪為不良存貨←降低服飾商品占比，取消特賣（天天都便宜）

　　相對地，商品的毛利會降低（衣料品毛利很高），也無法期待能用特賣吸引顧客上門。因此，<u>LCO 其實是企業覺悟到價值縮水、營收和毛利下降後才祭出的策略</u>。凱瑪當初沒有醒悟，於 2002 年破產，重整後一路仍走得顛沛流離。

　　1990 年代問世的<u>網際網路，讓資訊（數位內容）流通成本趨近零，且急遽拓展資訊的可及範圍</u>。企業於是可向大量顧客收取小額費用或甚至免費派發商品，這也促成了日後「免費增值」等營收模式的創新。

　　費用創新走到最後，發展出了共享和服務化。

　　「降低」費用固然可喜，但若希望事業能永續經營，那麼「瘦身」會是另個關鍵。要是只為了能壓低生產成本，就興建大型工廠和辦公室，萬一遇上不景氣，企業就砍不掉這些營運費用，到頭來只能黯然倒閉。

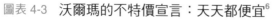

圖表 4-3　沃爾瑪的不特價宣言：天天都便宜[6]

若不想陷入如此窘境，就盡可能不要持有這些資產，改與他人共享。

提供 IT 基礎設施或軟體服務，而不賣斷的做法，就是「XaaS」（Everything as a Service，一切即服務）[7]，如 AWS、賽富時（Salesforce）等都很有名。企業客戶可選擇只在需要時使用必要的數量。

還有，共享服務如今也不只提供給個人，針對法人的辦公室空間（SPACEMARKET、ShareDesk）、商用車（Times、歐力士）、機器設備（FLOOW2、EquipmentShare）租借等，紛紛如雨後春筍般出現。

▶營收獲取手法的進化：從廣告到免費增值

商業上最大的主題，莫過於如何創造營收。為此，企業設定目標族群與價值，並努力培養提供價值所需的能力。然而，實際上<u>究竟要用什麼方式、向誰收費，那又是另一個話題了</u>。畢竟企業並不是非得向使用者收費不可。

廣告｜義大利人古列爾莫・馬可尼（Guglielmo Marconi）發明無線電報技術 25 年後，1920 年史上第一個商業廣播電台「KDKA」，

圖表 4-4　共享服務的案例：Gaiax[8]

在美國西屋電器公司的工廠內正式開播。這是因為當時副總經理哈利·戴維斯（Harry Davis）認為此舉有助推升廣播接收機的銷量。果不其然，一切如他所料，廣播接收機的銷量飛快上升。當年的廣播電台多半由廣播接收機製造商或經銷門市、大型零售通路或報社，以及教育機構、教會等機構所經營，是支撐本業發展的服務。不過，香菸公司少東威廉·佩利（William Paley）看出廣播真正的價值。他**深信全國品牌的廣告才是廣播的收入來源，便串聯多家廣播電台組成聯播網**，並於 1928 年成立哥倫比亞廣播公司（CBS），「廣告模式」就此誕生（請參閱第 31 節）。時至今日，許多提供消費者使用的 IT 服務，包括谷歌和臉書在內，都是運用這一套模式支撐營運。

刮鬍刀｜再往前回溯。1902 年，金恩·吉列（King C. Gillette）賣起了替換刀片式的刮鬍刀。在此之前，刮鬍刀必須自行打磨保養，是耐用、但昂貴的耐久財。而吉列將刮鬍刀片改為只堪用一週的消耗品後，席捲整個市場。這種**壓低本體產品價格，再藉由販賣消耗品來賺取利潤的「刮鬍刀模式」**，如今已廣泛應用在各種商品領域，舉凡印表機和 Nespresso 膠囊咖啡機等都目前都還存在市場（請參閱第 42 節）。

以量計價｜1940 年代，全錄（Xerox）的總經理喬瑟夫·威爾森（Joseph C. Wilson），挽救了公司的經營困境。歷經千辛萬苦，才於 1959 年推出了普通紙影印機（PPC）914。這是相當劃時代的商品，但最令人傷腦筋的是價格太貴。其他販賣濕式影印機的競爭同業採用「刮鬍刀模式」，也就是壓低本體產品的價格，再透過專用的影印紙來獲利。可是，PPC 的賣點在於，可以使用便宜又不會褪色的普通紙影印。

於是威爾森想出了**全新的租賃機制「以量計價模式」**。使用者雖然還是要付基本費，[9] 但原則上**平均每印 1 張，就向使用者收 4 分錢**。這樣一來，全錄的影印機就能與濕式影印機分庭抗禮。於是，全錄搖身一變成了「提供影印服務」，不再是賣影印機的公司。

訂閱制｜自 20 世紀末開始普及的網際網路，推動了商品的「服務化」，無數的 XaaS 應運而生。訂閱（subscriptoin）原本是指雜誌或報紙的「定期訂購」，如今已轉為**軟體的「有期限使用許可」**，甚至還擴及到音樂軟體、服裝等各式內容的定額使用服務（請參閱第 33 節）。

免費增值｜這也是另種有網路才能實現的獲利模式。舉凡像是在網路遊戲上買虛擬道具，或是在食譜網站 cookpad 成為付費會員等，都屬於**只有少數人付費，其他絕大多數使用者都可免費使用**的做法。很多網路企業也都在嘗試運用這套激烈的獲利模式（請參閱第 32 節）。

圖表 4-5　獲利模式的進化：獲取營收

廣告	使用者不付費，由廣告主付費
刮鬍刀	壓低使用者的初期投資成本，再藉消耗品來細水長流地獲利
服務化	用多少量，付多少錢
訂閱	不論用量多寡，在一定期間內只收固定金額
免費增值	只有一部分人付費

▶資金調度手法的進化：從銀行、股票到群眾募資

本書不會對此深入探討，不過在過去幾世紀以來，為了開辦事業或加速成長而調度資金的手法持續在進化。

公開發行｜最早是<u>為了突破個人向親朋好友籌募資金的極限</u>，而在荷蘭出現了以股票籌措資金的方法，並且設有相關的交易所（請參閱專欄 03）。

銀行融資｜「銀行」機構始於中世紀的義大利，而後在工業革命時期的英國大幅進化。這是因應<u>銀行為滿足鐵路事業初始的龐大資金需求</u>。而受到這一波潮流的影響，在明治維新時期的日本社會，錢莊也紛紛改組為銀行，[10] 並以事業貸款為主要業務。

創業投資｜創業投資公司（Venture Capital，簡稱創投）一直以來都在為成功機率僅 1/10 以下的新創企業提供資金。[11] 例如，早期支持亞馬遜發展的是老牌創投凱鵬華盈（Kleiner Perkins Caufield & Byers）。凱鵬華盈的合夥人約翰・杜爾（John Doerr）對貝佐斯相當信任，就連在網路泡沫瓦解（2001）之際，仍不離不棄。
後來，凱鵬華盈和紅杉資本（Sequoia Capital）在 1999 年時也投資了谷歌，但要求執行長必須由具備經營實務經驗者出任。谷歌創辦人賴瑞・佩吉（Larry Page）和謝爾蓋・布林（Sergey Brin）起初相當反對，最後還是接受，延攬經營老將艾瑞克・施密特（Eric Schmidt）加入。此後的 17 年，[12] 施密特帶領谷歌打造了驚人的成長。而這兩家創投公司所投入的資金，竟創造了高達千倍的獲利。<u>投資新創還是該由創投來做</u>。

天使投資人｜這是進入 21 世紀後才出現的轉變。以往曾接受注

資，如今發展成 IT 巨擘的 Yahoo!、谷歌、eBay 和蘋果，這下子搖身變成了收購方，因而催生出許多手握大把鈔票的青年人才。

這些創業有成的青年人才，<u>有些把自己的資金投入下一個機會，有些則化身為天使投資人，為新創企業提供初創期的資金需求。</u>2013 年，美國的天使投資人數約有 30 萬人，年投資額約為 300 億美元，[13] 規模直逼創投。

群眾募資｜當年興建「自由女神像」過程中，由於資金見底，報刊出版人約瑟夫・普立茲（Joseph Pulitzer）登高一呼，吸引了 12 萬 5,000 人響應，募得了 10 萬美元，拯救了這項工程。位於日本奈良的藥師寺裡，只有東塔保存較為完整。住持高田好胤發起重建，號召信眾每人付 1,000 日圓（相當於現在的 2,000 日圓）抄經供奉，收到了 870 萬份經文（逾百億捐款）。<u>而利用網路的力量，進行諸如此類的募款，就是群眾募資</u>。起初群眾募資是為了支持個別音樂人或電影製作而發起，如今已有多種不同形式的募資平台可供使用。

謹列舉主要群眾募資平台如下：

回報型｜Kickstarter、Indiegogo、Campfire、Makuake
捐贈型｜CrowdRise、Readyfor、Kiva

圖表 4-6　藥師寺的藏經閣：永久供奉在重建後的堂內[14]

債權型｜LendingClub、maneo、AQUSH

股權型｜Crowdcube、日本雲端證券、Securite

回報型的特色是發起人提供給出資者「限定品」、「早鳥優惠」等，並非金錢回饋。Kickstarter 是群眾募資平台的老字號（其實也不過是 2009 年成立），也是龍頭品牌，成立迄今 10 年，總計有 44 萬件專案上線募資，其中有 16 萬件達到目標金額，[15] 總計募得 42 億美元。募資專案成功率為 37%，平均每件募得 2.6 萬美元。[16] 曾參與出資的人數達 1,600 萬人，平均出資金額僅 80 美元。

群眾募資是商業模式的一大創新，因為這是「把消費者（當中的一部分）轉為投資人、捐款者」、「讓被埋沒的潛在需求浮上檯面」的唯一方法。據推估，2015 年全球響應群眾募資的總金額已達 344 億美元。「小事業在群眾支持下起步」的時代已然來到。

▶不論什麼企業組織都需要獲利模式

不論是股份有限公司或非營利組織（NPO），都需要有獲利模式，不同的只有目標獲利水準的差異而已。就連學校家長會這類完全義工性質的組織，因為辦活動本身就需要花錢，相關開銷多半由家長會費支應。儘管家長會並不需要獲利，但連年虧損，恐怕很難生存。倘若家長會費不足以應付開銷，又無法調高家長會費，那麼就需要考慮辦跳蚤市場等開源方案，還要思考不添購專用影印機，改用提供線上印刷服務 RAKSUL 等節流措施。

獲利模式是決定事業成敗的關鍵。在看過基本的獲利模式之後，接下來我們要再分別探討「廣告」、「刮鬍刀」、「免費增值」和「訂閱」。

不過，在進入這個主題之前，我要以下面簡短的篇幅，協助對會計學比較陌生的讀者，講解相關基礎知識，也就是要介紹損益表、資產負債表和現金流量表。

專欄
03

牢記會計的損益表、資產負債表和現金流量表

▶會計是為了突破朋友圈而生

　　會計的基本概念誕生於義大利。義大利威尼斯商人取道海路，席捲東方貿易的旅途充滿危險。組織船隊需要花費龐大資金，但如果從東方運回來的辛香料能成功以高價賣出，就能大賺一筆。義大利商人還以佛羅倫斯為中心，將商業活動版圖拓展到全歐洲。而幫助他們發展的是梅迪奇家族等銀行。於是為金錢往來留下紀錄，便顯得益發重要，這促成了簿記（記帳）[17] 的發展。

　　後來，新興國家荷蘭為了超越西班牙、葡萄牙和英國等較早發展貿易的國家，便設立了國策企業東印度公司（VOC）。為企業組織注資的出資者從企業本身（用獲利投資），後來又擴及到銀行，甚至是素未謀面的股東。VOC 挾著雄厚的資金實力，打造出威力驚人的大型船隊和各地營運據點，成功搶下東方貿易的主導權。然而，這些素未謀面的股東與公司團隊非親非故，經營者既然接受了他們的資金，就必須確實報告公司的收支（獲利）與資產狀況（資金用途）。因此「說明」（account for），就成了會計（accounting）的語源。

圖表 4-7　出資者的進化過程

威尼斯　　　　　　佛羅倫斯　　　　　荷蘭東印度公司

▶用損益表推估當年盈虧

瓦特在 1776 年發明了高性能蒸汽機（參照第 167 頁）之後，被拿來用在煤炭礦坑的排水幫浦上，這導致英國的礦坑產量大幅彈升。作為燃料之用的煤炭產量充足，蒸汽機便開始推動巨大工廠運轉，原本是貿易國的英國，因此坐上全球工業先進國的龍頭寶座。

數十年後，原本被長輩培養成蒸汽機司爐工的喬治・史蒂芬生（George Stephenson），打造了自走式蒸汽機——蒸汽火車頭「行動號」（Locomotion）。1830 年 9 月，全球第一條城際運輸鐵路「利物浦及曼徹斯特鐵路」（Liverpool and Manchester Railway）正式通車。[18]

鐵路因此遍地開花（請參閱第 112 頁），排擠了馬車與運河的使用，但建置之初的投資金額龐大，令人傷透腦筋。興建鐵路需要付出龐大的土地購置費與工程款（隧道、架設橋梁、車站），而購買鋼鐵製的鐵軌、枕木和車體，金額也不容小覷。

不過，鐵路的日常營運成本並不高，這導致鐵路公司每年損益的波動劇烈，很難計算分紅。未執行投資案的年度，獲利表現會非常亮眼；而有投資案的年度（路網延伸等），就會出現嚴重虧損。**這樣實在很難**

圖表 4-8　折舊攤提的機制

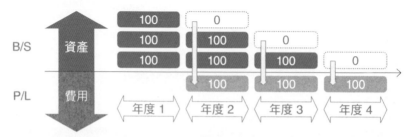

【假設】·在事業年度 1 的期末時，花「300」採購了耐用年數「3 年」的折舊性資產。
　　　　·資產可使用 3 年，故依直線法計算，每年提列折舊 100。

【認列】·把折舊性資產當成「資產」的帳上價值，每年減少 100。
　　　　·「費用」則會每年認列折舊費用 100。

看出是否真有獲利。

為了讓「投資負擔平準化」，於是企業便開始運用「折舊攤提」的機制。也就是說，假設企業購置了可用 10 年（耐用年數 10 年）的物品，就不必急著一次在當年度認列所有費用，只要在後續 10 年內，每年認列 1/10 的費用即可。

在損益表（Profit & Loss Statement，簡稱 P/L）中，計算的不是當年度實際有多少資金進出（收入與支出），而是用當年度售出商品的營收（revenue），減去因銷售商品所產生的費用（expense），計算出損益（獲利或虧損）（圖表 4-9）。這就是所謂的「權責發生制會計」，所以支出（當年度支付的現金）和費用是不同的。

假設某汽車製造商去年未售出汽車是 20 輛，每一輛在製造上所花的費用是 100 萬日圓。今年生產 90 輛，每一輛的製造費用是 110 萬日圓，但以 150 萬的價格賣出 100 輛車。本期期初還花了 2,000 萬日圓興建倉庫（折舊 10 年）。而銷售等方面所花的成本，則是每輛 10 萬日圓。假設今年售出的 100 輛車當中，有 20 輛是去年生產的，那麼今年的損益會是多少？

現金收付制｜收支＝收入－支出＝150 萬日圓／輛 ×100 輛－（110 萬日圓／輛×100 輛＋10 萬日圓／輛×100 輛＋2000 萬日圓）＝ 1000 萬日圓

圖表 4-9　損益表

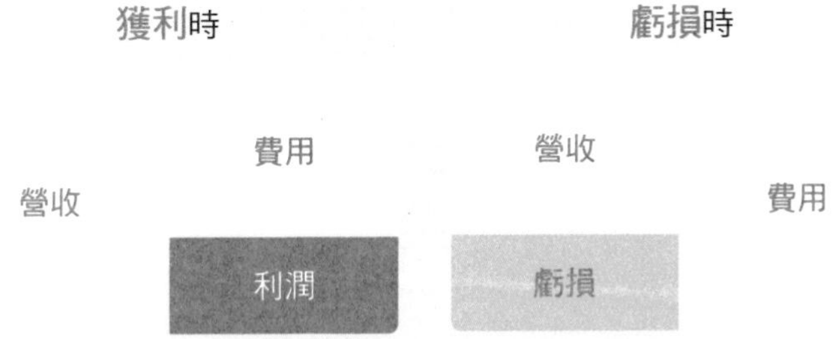

獲利時　　　　　　　　　　虧損時

費用　　　　營收

營收　　　　　　　　　　　　　　　費用

利潤　　　　虧損

權責發生制｜損益＝營收–費用＝150 萬日圓／輛×100 輛－（110 萬日圓／輛×80 輛＋100 萬日圓×20 輛＋10 萬日圓／輛×100 輛＋2000 萬日圓／10）＝3000 萬日圓

兩者「獲利」竟相差 3 倍之多。現代損益表採用「權責發生制」和「折舊攤提」兩種特殊機制，當初是為了替初期投資金額龐大的鐵路公司推算損益狀況，才催生出的妙計。

▶用資產負債表呈現資金籌措與運用

如果說損益表呈現的是家庭每年金錢進出的結果（流量），那麼資產負債表就是表現家中所有財產（存量）的工具（圖表 4-10）。當中包括了由父母、祖父母傳承來的資產，也有個人賺得的財富。有房產、股票和存款等資產，想必也有房貸等借貸。上述所有項目都會呈現在資產負債表上。

從資金角度來看企業和事業在做什麼，就是如何籌措和運用資金。荷蘭的東印度公司成立時，這整體架構大致樣貌就已成形。

籌措（資本總額）｜①股本（創辦人及股東出資）＋②保留盈餘（由

圖表 4-10　**資產負債表**

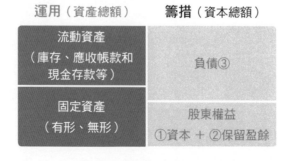

損益表上的利潤累積而來）＋③負債（銀行借款、公司債、應付款和應付票據[19] 等）

運用（資產總額）｜固定資產（有形、無形）＋ 流動資產（存貨[20]、應收帳款[21] 和現金存款等）

①＋②就是所謂的淨資產，或稱為股東權益。萬一公司破產，這是幾乎拿不回來的曝險資金；反之，要是企業鴻圖大展，這些對公司有控制權的股票，價值會飛漲好幾十倍，堪稱高風險、高報酬。而投資人也就是看準此點，才會趨之若鶩。

用來呈現資金流量的損益表和表示資金存量的資產負債表，有好幾個地方彼此串聯（圖表 4-11）。

・**用損益表上的本期稅前淨利，減去稅負、配息後，再加資產負債表上的「②保留盈餘」，就是股東權益**

高獲利率的企業，若不積極投資會導致資產負債表的左側（資產）

圖表 4-11　利潤串聯了資產負債表和損益表

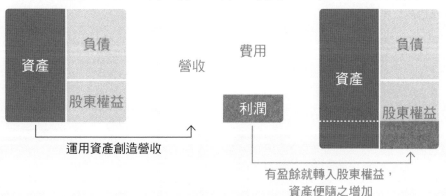

1 月 1 日的 B/S　　1 月 1 日～12 月 31 日的 P/L　下一年 1 月 1 日的 B/S

不增加，而右下半部（股東權益）卻不斷膨脹。到頭來根本就不需要右上部分（借款等負債），股東權益在資本總額當中所占的比例（權益比率）則會高出正常水準。舉凡工業自動化感測器大廠基恩斯（93％）、腳踏車零件製造商禧瑪諾（SHIMANO，90％）、服飾零售通路思夢樂（SHIMAMURA，89％）等，都是這樣的案例。

・資產負債表的左側，也就是固定資產當中，有一部分可以折舊攤提，就能化為費用。換言之，就是把折舊掛在損益表的費用上，固定資產就會隨之減少

實際上，折舊費用並不是「支出」，只是企業在計算損益表時的一筆「費用」，光看資產負債表和損益表，無法了解真正的資金周轉（錢的進出）情形，所以企業才會發生「黑字倒閉」的荒謬狀況。

因此，企業還需要留意以下介紹的「現金流量」。

▶減少庫存也能創造現金流量

日本企業倒閉（不含自主解散）的個案中，有一半是黑字倒閉。會計上明明還是黑字（有盈餘），卻因為繳不出營利事業所得稅，或還不出銀行貸款而倒閉。[22] 會計上有一套可避免上述情況發生的機制，就是所謂的「現金流量表」（C/F），現金流量可分為三種：

①營業活動現金流量｜本期淨利＋折舊攤提＋應收款、盤點資產（存貨等）之減少＋應付款、應付票據之增加
→計算事業帶來了多少現金增加。折舊攤提因為不是真正的支出，所以應加回；而存貨是用過去的支出所生產，因此存貨減少的金額，會全數列為本期的收入

②投資活動現金流量│固定資產的減少

→用來呈現維持事業運作所花費的的資金。若出售工廠，就會有現金流入；若有新增固定資產，則現金就會流出

①＋②就是所謂的自由現金流量（free cash flow，簡稱 FCF）。如果這裡呈現正值，就表示資金周轉無虞，不用再投入資金

不過，如果是在事業草創之初或成長期，賺得的收入（①）不多，但投資（②）金額龐大時，就需要再追加籌措資金。於是產生第三種現金流量：

③融資活動現金流量│借款、公司債與發行股票之增加＋股利、股息派發

當自由現金流量為負值時，即使損益表上有盈餘，只要外界對公司發展性抱持懷疑，就無法借款、增資（發行新股並出售），恐有倒閉之虞……這就是黑字倒閉。

為避免「帳上數字都正確，但就是沒有錢」的窘境，企業不只要緊盯損益表，還要留意現金流量。「穩建」固然不是一切問題的答案，不過，若想穩建經營，就要不增加庫存，不添購太多固定資產，手頭要有充裕資金（現金剩餘）。

28 | 獲利模式的基礎：損益＝營收－費用（固定費＋變動費）

▶「營收＝費用」的損益平衡點大概在？

最基本的獲利模式，就是營收與費用隨數量（銷售量等）而上升。不過，費用則分為「會隨數量變動的部分」（變動費：材料費、銷售手續費等）和「不會隨數量變動的部分」（固定費：地租、廣告費等）。

- 營收＝銷售單價×數量
- 費用＝固定費＋變動費[23]＝固定費＋進貨單價×數量

把營收和費用放在縱軸，再以營收為橫軸，畫出來的圖表就是損益平衡圖，而營收線和費用線間的落差（營收－費用）即為損益。當營

圖表 4-12　損益平衡圖

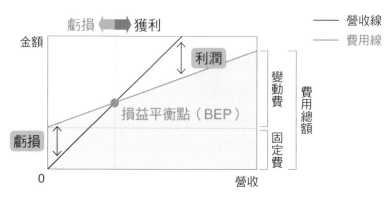

收為零時，變動費也會歸零，但固定費是固定支出，故損益＝▽固定費，形成嚴重虧損。而**營收線和費用線交叉之處是**損益平衡點（Break Even Point，簡稱為 BEP），也就是損益為零的點。若營收持續增加，獲利就會上升。

問題是現階段的營收究竟處於什麼水準？如果遠低於 BEP，就必須設法先拉抬營收才行。貿然採取縮減人力、原料降級等草率的成本撙節措施，反而會衝擊營收，更遑論達成 BEP。

該改變什麼項目，調整到什麼程度，才能達到 BEP？分析 BEP 的目的，首先就是釐清此點。

附帶一提，既然「營收＝銷售單價×數量」，那麼想讓營收**翻倍**，方法就是讓數量翻倍，或讓銷售單價**翻倍**調漲，又或是雙管齊下（或同時並進：兩者都 $\sqrt{2} \fallingdotseq 1.4$ 倍）。只不過，要在不調整費用的情況下推升銷售單價，是艱鉅的難題。[24] 建議各位不妨從評估第 29 節的「提升營收的基礎」開始做起。

▶「固定費 ≫ 變動費」時，要多重視規模與稼動率管理

事業的類型五花八門，不過就費用的結構來看，初期投資金額龐大，無關規模（銷售量或使用者人數）大小的固定費偏高時，稼動率將是問題所在。[25]

舉凡鐵路、航空、飯店、電力、通訊等基礎設施事業，就是典型的例子。它們要花很多時間才能轉虧為盈，但只要超過 BEP，就能貢獻鉅額獲利。換言之，這種固定費型事業，就是要追求擴大規模。

所以，固定費型事業經常會選擇降價。因為它的變動費少，即使銷售量增加，也不會墊高成本。但如果過度操作，就會造成整體銷售單價下跌，反而離 BEP 愈來愈遠。

前面我說到「固定費型」，但沒有任何一項費用是絕對的固定費。以鐵路公司為例，通常會把車站費、鐵路鋪設費、車輛費和人事費視為

固定費。不過，要是電車實在太擁擠，公司就必須添購車輛、增聘司機員和站務員，甚至還要擴建車站，發展雙複線等，便會成為鉅額投資。所以<u>就長期來看，固定費也會化為變動費</u>。

在這種情況下，鐵路公司<u>獲利極大化的關鍵，在於</u><u>稼動率</u>和<u>收益管理</u>。稼動率是指「用了最高運能的幾成」；而獲利率就是指「賺進營收上限的幾成」。

要讓鐵路的稼動率[26]達到百分之百，幾乎是不可能的任務。尤其是供通勤、通學用的路線，回程列車早上總是空蕩蕩，到了晚上則相反，換成去程沒人搭。就算把某方向的列車塞滿，去回程平均算下來，稼動率（乘車率）就會腰斬。

在日本民營鐵路公司當中，只有東急電鐵打破了這個困境。其中最值得一提的是，串聯東京和橫濱兩大都市的東橫線。不僅去回乘都有流量，更因為沿線還包含廣闊的慶應大學日吉校區。1929 年，東急電鐵捐出 24 萬平方公尺的土地，邀請慶應大學遷至此地，成功創造出與通勤反方向的乘客人流。

<u>若價格可以彈性調整，那麼細膩的</u>收益管理（Yield Management）<u>將有助於推升營收</u>。

圖表 4-13　飛機的收益管理

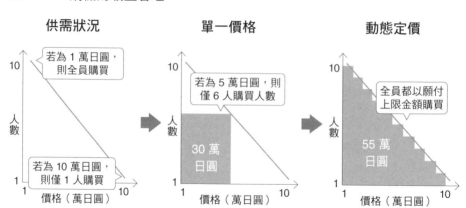

願意為同一家航空公司、同一航班的同個座位支付的金額，其實因人而異。即使機票要價 10 萬日圓，現在非得搭機不可的商務客，還是願意買單；相對地，有些走貧窮旅行路線的年輕人，會覺得「如果有 1 萬日圓的票我就買」。假設現在有 10 個座位，現場有 10 個人，願付價格的上限則從 10 萬到 1 萬。倘若航空公司只能給這 10 個人一種價格，那麼營收最多就是 30 萬。[27] 可是，如果可以慢慢提報不同的金額（動態定價，Dynamic Pricing），那麼航空公司就有機會收到 55 萬日圓。

▶「固定費≪變動費」時，要提高毛利率和低成本操作

另一方面，一般零售和批發業的進貨成本（＝變動費）約占 60～90％，其他成本絕大多數都並非固定費。而占費用大宗的售貨員人事費，也多是部分工時或計時人員（＝變動費）。

在這種情況下，企業該如何提高獲利呢？這些行業的 BEP 偏低，較能放心發展事業。不過，由於平均每一塊錢營收所創造的邊際利潤（營收–變動費）低，光是一味追求擴大規模，也很難累積龐大利潤，況且只要商品一降價，帳上隨即呈現虧損。因此，最好的方法就是壓

圖表 4-14　固定費型事業與變動費型事業

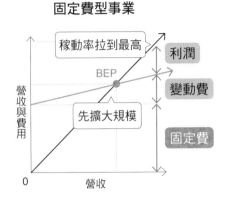
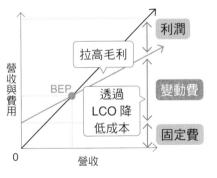

<u>低變動費</u>。例如沃爾瑪透過撙節成本，成功實現了 LCO（請參閱第188～189 頁）。零售和批發業的變動費中，最大宗的應該是進貨成本，所以首要任務就是降低進貨金額，或是拉高毛利（營收－進貨成本）。

其實<u>降低進貨金額最好的方法是</u>擴大規模。透過大量進貨，必能確實降低進貨單價。像超市和便利商店為了追求擴大規模而愈來愈靠攏，導致市場上只剩幾家大型通路生存。到了這個階段，在規模上已無法拉開差距，於是下一步要做的是<u>拉高毛利率</u>。早期是先從推出通路自有品牌（PB）商品開始做起，如今通路業者還會推出自有品牌的高級版（輕奢版等），以期達到高售價、低進貨成本（＝高毛利）的理想狀態。

29 提升營收的基礎：要遍地開花、蹲點深耕，還是圍堵策略？

▶蹲點深耕還是遍地開花？短期或是短期？

增加營收有很多不同面向的方法。被譽為「策略管理之父」的伊格爾・安索夫（H. Igor Ansoff），對策略管理貢獻良多（請參閱第 338頁），其中最有名的就是呈現企業成長（營收增加）方向的「安索夫矩陣」。它原本是為了整理企業的多角化策略所發明，照理來說並不屬於本書討論的範疇，不過由於此矩陣的本質，是「用兩條軸線相乘，整理成長的方向性」，所以可應用在各方面。

比方說，試著用價值軸和目標族群軸當成縱、橫兩軸。套用的事業可以是「為二十多歲女性」（目標族群），提供「3,000～4,000 日圓」的流行時尚（價值）。在安索夫矩陣中，我們為縱橫兩軸各找出兩個選項，相互搭配組合（圖表 4-15）。

①市場滲透｜以相同的價值，深耕同一個目標族群
②顧客開拓｜以相同的價值，布局其他目標族群
③商品開發｜以相同的價值，提供不同價值的商品
④多角化｜為其他目標族群，提供不同價值的商品

安索夫將④定義為「狹義的多角化」，在④當中加入②、③則定義為「廣義的多角化」。他告訴我們：「貿然投入無法活用任何優勢的④，恐將失敗。」因此，我們先以①、②、③為中心思考。接著，我要介紹

①、②、③的觀念。特別是在③這個項目上，會介紹以「時間」為主軸的營收提升方向與案例。

首先，讓我們先從最容易理解的②顧客開拓開始看起。

▶②顧客開拓：擴大區域與擴大客層

就零售、服務和餐飲等門市型事業而言，<u>提升營收最簡單明瞭的方法，就是</u>擴大區域。開了幾家店之後，就要擴大展店區域，不論是直營或加盟都無妨。如此一來，營收就能不斷翻倍成長。

可爾姿（Curves）號稱「專屬女性的 30 分鐘健康體操教室」，是總部位在美國的簡易型健身俱樂部。此品牌自 2005 年起開始在日本展店，13 年來已擴展到全國共 1,900 家店，會員人數 85 萬人的規模。[28]

優衣庫在日本國內市場呈飽和狀態，卻在海外市場不斷成長。他們的海外事業曾一度鎩羽而歸，如今已完全復活，是擁有 1,241 間（日本國內 827 家）門市的超級品牌。儘管目前以中國為主力，但包括亞洲各國及歐美在內，優衣庫每年會在海外新增 150 家以上的門市據點，海外營收更已超越日本。他們銷售的商品和目標客群，在國內外都一樣。

旗下擁有古馳（GUCCI）等高級品牌的開雲集團（Kering），於 2001 年將義大利皮製品品牌寶緹嘉（Bottega Veneta）納入麾下。後來，

圖表 4-15　安索夫矩陣的應用：定位矩陣

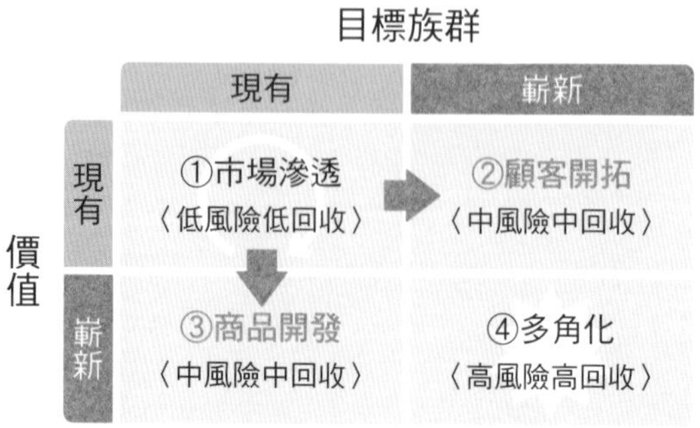

目標族群

		現有	嶄新
價值	現有	①市場滲透〈低風險低回收〉	②顧客開拓〈中風險中回收〉
	嶄新	③商品開發〈中風險中回收〉	④多角化〈高風險高回收〉

寶緹嘉在全球積極展店，將營收推升到 1,400 億日圓，相當於成長約 18 倍，全都是拜卓越的地區拓展能力之賜。

　　而以加盟形式，在日本全國開出 831 家門市的工作服、工作用品通路 WORKMAN，則是在 2018 年 9 月啟動新業態「WORKMAN Plus」，將客層從原本的專業師傅轉向一般消費者。WORKMAN Plus 銷售的商品，只是從 WORKMAN 的 1,700 個品項中，「切割出」戶外休閒服飾、雨衣、輕量運動鞋等（也）適合一般消費者的商品來銷售罷了，根本沒有運動用品。然而，就在 WORKMAN Plus 的第一家門市——LaLaport 立川店以超低價格，擺出具專業品質（耐用等）的休閒服飾後，一般消費者趨之若鶩，造成盛況空前。WORKMAN 為趁勢一舉虜獲一般消費者的心，計畫在 2019 年 9 月前，開出 35 家 WORKMAN Plus（包括 10 家現有門市改裝）。

　　即使是在同一個地區，賣相同的商品，只要改換訴求方式，就能擴大客層，從原本的專業師傅轉向一般消費者。

▶①市場滲透：提升顧客占有率與地區市占率

圖表 4-16　從顧客占有率看市場

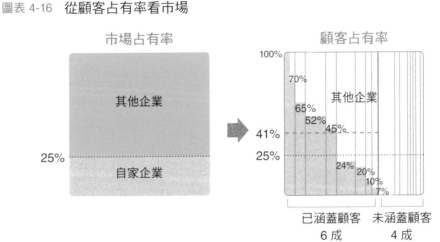

註：寬度為個別顧客的消費總金額

「①市場滲透」能否奏效，端看企業如何操作。

或許有些人會覺得，自家公司在同一個市場（連顧客和商品都一樣）裡，市占率已無法再向上提升。不過，<u>若能掌握自家企業在每一位顧客（＝個別顧客）或每個地區的的占有率，情況就完全不同了</u>。

· 市場占有率＝企業在市場上的營收÷市場規模
· 顧客占有率＝個別顧客為企業貢獻的營收÷個別顧客的消費總金額
· 地區市占率＝企業在該地區的營收÷該地區的市場規模

市場占有率只不過是平均值，若細分到每位顧客、每個地區來看，就會發現差異很大（圖表 4-16）。企業可從占有率低於平均的地方下手，振衰起敝，也可從高於平均的地方學習優點，全面拉抬整體占有率。

要掌握特定顧客在某項商品、服務上的消費，究竟有多少入了自家企業的口袋，其實並不容易。更何況要拿到包括其他同業數字在內的消費總金額，更是難如登天。但正因如此，這些資料才更彌足珍貴。

<u>自家企業在個別地區的營收和當地市場規模也一樣。要是能取得、運用這些數字，將會產生很大的助力</u>。經營蔦屋書店（TSUTAYA）的文化便利俱樂部（Culture Convenience Club，簡稱 CCC）和愛電王（請參閱第 131 頁），都成功完成此艱鉅任務。他們將透過 T Point 卡[29] 得知的商圈資料，與自家顧客資料結合，掌握自家門市周邊每個小區域的市占率。如此一來，業者就能明確擬訂「在何處發什麼傳單」等宣傳策略，以及「該在哪裡展店」等展店策略，也能驗證策略效果與成敗。

▶③商品開發：長期圍堵與短期壓縮

顧客終其一生在某項特定商品或服務上所付出的金額，就是「顧客終身價值」。業者企圖滴水不漏地爭取這些價值的行為，我們稱為「圍

堵」或「鎖定」。

以廣告或促銷開發新顧客，不僅成功機率低，還會造成許多浪費，甚至要花上好幾萬日圓才能爭取到 1 位新顧客。因此，**不論在哪一行，業者都拚了命地圍堵現有顧客**。而刮鬍刀模式、訂閱模式（請參閱第 228 頁）等，就是在這個背景下所開發的獲利模式。

日本的健身俱樂部市場約有 4,000 億日圓規模，最近這十幾年來，幾乎呈現持平的趨勢。其中，科樂美（Konami）、再生（Renaissance）、中央體育（Central Sports）等大型連鎖陸續發動併購等措施，互爭規模高下。而在列強中殺出血路的，就是前述的可爾姿等新興勢力。他們採取的路線，不是走傳統健身房提供既有游泳池、又有重訓室的「綜合服務型」，而是建構更聚焦某些目標族群和價值的「一點聚焦型」商業模式。

- 簡易環狀訓練：Curves（銀髮女性）
- 24 小時營業：Anytime Fitness（年輕男女）
- 熱瑜珈：LAVA（年輕女性）
- 個人訓練：RIZAP（20～40 多歲男女）

這些品牌都可開設在大樓裡的一隅，固定資產投資金額低，對業者很有吸引力。繼 Curves 如雨後春筍般展店之後，LAVA 的門市據點也急起直追，迅速增加。

不過，真正連獲利模式都翻新的則是 RIZAP。RIZAP 顛覆了健身業界一直以來的常識，將以往的「長期圍堵」轉為「短期集中」。2012 年起步的 RIZAP，是全包廂式的私人健身房，顧客來這裡的目的，就（只）是為了塑身。RIZAP 推出保證達成顧客塑身目標的兩個月短期集中方案，費用是 35 萬日圓。這個方案要讓顧客把原本可在大型健身俱樂部花 3 年的錢，在 2 個月之內用完。

RIZAP 的顧客有 2/3 是女性，年齡層近八成是 20～40 多歲，和一

般大型健身俱樂部逾五成都是 50 歲以上顧客的情況很不同。RIZAP 顧客有八成是認為「靠自己意志力成果已到達極限」的減肥客層。

RIZAP 教練以一對一的方式，為顧客提供從重訓到日常飲食的全面輔導。顧客的塑身成敗，<u>完全取決於教練的品質，因此 RIZAP 對人才精挑細選，並於錄取後為教練進行長達 192 小時的獨家研習課程</u>。[30]

既然在設備上不需顧慮載重的游泳池，那麼 RIZAP 只要找普通的大樓，隔出幾間包廂，就能開店做生意，器材也只要有最基本的程度就足夠。結果，原本在大型健身俱樂部，地租、房租、水電瓦斯就占營收的 30％；但在 RIZAP，這些項目才僅不過 5％。還有，<u>RIZAP 因採全預約制，在人員安排上沒有任何浪費，讓他們得以在健身房業界占比最高的成本項目人事費率上，表現得也比大型業者出色</u>。稱其為卓越的高獲利事業，一點也不為過。

正因如此，RIZAP 才敢向顧客承諾兩個月內達成目標，還設下「30 天內保證全額退費」的制度。他們的獲利夠高，所以敢承擔風險，[31] 還能藉此打廣告。

RIZAP 投入大量電視廣告奏效，爭取到新顧客，營收於事業起步 3 年後，就達到百億日圓的水準，後來還連續 6 年破百億。原本不抱期待的回頭客，竟也占了來客的五成，平均每位顧客貢獻的營收金額更達 90 萬日圓。2019 年，RIZAP 的塑身事業已發展成 136 家門市、[32] 教練

圖表 4-17　RIZAP[33]

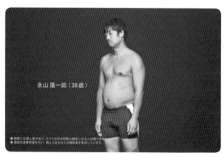

約 900 人的事業，現在還在追求更上一層樓。

接下來，我們要看近年蓬勃發展的獲利模式，包含「刮鬍刀模式」、「廣告模式」、「免費增值」和「訂閱」。

習題演練 11 | 請畫出 RIZAP 的商業模式圖

		大型健身俱樂部		RIZAP
目標族群 （顧客）		每位都市居民 （搭電車、騎腳踏車） 60 歲以上占 3 成	◀▶	
價值 （提供價值）		健康、減重、體力 全方位健身 高品質、品牌	◀▶	
能力 （營運／ 資源）	門市區位 設備 員工	車站前（100 店～） 泳池 2 座、高級機器設備 也有專業教練	◀▶	
獲利模式 （利潤）		持續收費模式 12,000 日圓／月 （平日 8,500 日圓） BEP 為 5,000 人／門市	◀▶	

30｜刮鬍刀模式的誕生與真相

▶吉列的創意與執著，將耐用品轉為消耗品，進而大發利市

　　1901 年，金恩・吉列（1855～1932）申請了「拋棄式替換刀片型安全剃刀」專利，並於 1902 年用此專利製成商品，上市銷售。這就是 <u>20 世紀第一個獲利模式創新</u>。

　　吉列生長在愛好發明的家庭。他在行商的同時，還發揮了各種巧思，最後終於拿到專利。早期他在王冠式瓶蓋製造商（Crown Cork and Seal Company，王冠式瓶蓋與密封公司[34]）當業務員，親眼看到自己推銷的商品，只在一瞬間派上用場後就被丟棄，才想到「就因為這些東西是拋棄式，所以顧客才願意續購」。

　　發明王冠式瓶蓋的人，就是這家公司的總經理威廉・潘特（William Painter，1838～1906）。他建議吉列：「<u>你也要發明一次使用就丟掉的東西，這樣營收才會穩定。</u>」

　　吉列不時都在思考這件事。

　　1895 年，他在出差下榻的飯店裡磨剃刀時，突然靈光一閃：「為什麼要把刀刃做得這麼厚，還得一天到晚磨呢？用薄鋼做成刀片，壓低價

圖表 4-18　王冠式瓶蓋和拋棄式刮鬍刀片[35]

　　　　潘特　　　　　　吉列

格，就可以用過即丟！」

當時的刮鬍刀只要變鈍，就要重新磨刀，在蕩刀皮[36] 上磨過之後再使用。這種刀片要夠厚，耐得了磨才行。於是刮鬍刀就成了一種價格昂貴（當年 5 美元[37]）又麻煩費事的工具。

這個拋棄式刮鬍刀的創意想法，讓 40 歲的吉列志得意滿、春風得意，樂得簡直就要在鏡子前跳起舞來。然而，因為當年到處都沒有能將鋼片打薄的的技術，他花了 6 年才成就這項發明。他為了找尋合作對象，吃了很多苦頭，才拿到薄鋼刀片。

最後好不容易打造出來的產品，是「替換刀片式 T 型刮鬍刀」。不過，上市第一年（1902），竟只賣出刮鬍刀本體套組 51 個、替換刀片 168 片。當時刮鬍刀本體搭配 12 片替換刀片的套組賣 5 美元，替換刀片 12 片賣 1 美元（1 片可用 6～7 次），對一般民眾而言稍嫌太貴。吉列不氣餒，繼續在歐美的男性雜誌和報紙上宣傳，將刮鬍刀本體當成飲料贈品免費派送，再加上他想到「雙層刀片」的點子，終於在 1904 年賣出 9 萬隻刮鬍刀、12 萬片刀片。

後來，第一次世界大戰於 1914 年開打，美國政府向吉列訂購了 350 萬隻刮鬍刀、3,600 萬片替換刀片，供軍中士兵使用，<u>吉列產品從此成為美國男性的「常識」</u>。

圖表 4-19　使用吉列刮鬍刀[38] 3年後……

傳統刮鬍刀	吉列刮鬍刀（3 年）	
	12 片	12 片 1 美元 × 12
	1 美元	12 美元
5 美元 經常需要磨刀	13 美元 完全不需要磨刀	

　　1918 年，刮鬍刀本體銷量達 1,000 萬隻，替換刀片銷量更達 1 億 2,000 萬片。而吉列在 1913 年時，將本體與刀片的套組調降至 3.8 美元；1921 年時，更下調為 1 美元，等於實際上就是刮鬍刀免費供應。至此，**吉列終於實現了憑消耗品（替換刀片）獲利的商業模式**。

　　這一套商業模式的獲利水準奇佳，替換刀片 1 片的成本根本不到 1 分錢，所以吉列 12 片賣 1 美元的替換刀片組，才會被說是「比鑄幣局還好賺」。

▶專利加速創新

　　公司營收開始成長之後，等著吉列迎接的是專利戰。當時市場上充斥吉列公司的仿冒品和粗製濫造的雷同產品，挑戰他的專利權。吉列耐著性子和這些公司打專利戰，或是乾脆直接發動收購，讓對方無話可說；同時，他也持續推動包括「兩層刀片」在內的各項發明，並持續申請專利——吉列深信這才是企業常保競爭力之道。

　　較具規模的專利制度誕生在 17 世紀的英國。英國議會制定了一項「專賣條例」（The Statute of Monopolies），同意發明或新事業最長可享 14 年的獨占權。早期獨占權皆由國王隨意核發，制度並不穩定。後條

圖表 4-20　吉列最早拿到的專利（部分）[39]

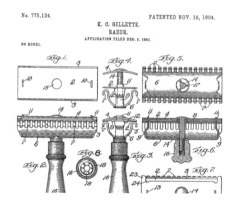

例上路後，還吸引了許多有意追求創新的投資挹注，促成「工業革命」發展。

不論是瓦特發明的蒸汽機（1769），或是史蒂芬生的蒸汽火車頭實際上路（1814），都是因為<u>取得了專利，才持續爭取到資金挹注，支持技術能發展完整，實際運用</u>。可見專利才是加速創新的一大推手。

▶真正保護刮鬍刀模式的是智慧財產權

刮鬍刀模式的獲利來源，在於單價稍高的替換刀片，而這也是這套獲利模式最大的弱點。因為，<u>其他公司只拿替換刀片來便宜賣，那吉列就沒戲唱了</u>。實際上，吉列為了替「替換刀片式刮鬍刀」的專利到期預做準備，已先取得了「三孔替換刀片」的專利。如此一來，「吉列的刮鬍刀，就只能搭配吉列生產的替換刀片」了。

然而，競爭對手奧托史卓普（AutoStrop）公司卻設法鑽專利漏洞，推出「可用於本公司產品，也可用在吉列產品的便宜替換刀片」。吉列公司在專利訴訟上也出師不利，正陷於窮途末路，而規模遠不及吉列的奧托史卓普提出合併建議，吉列決定接受。

後來，吉列公司仍不斷朝研發技術之路邁進，尤其對本體和刀頭的

圖表 4-21　歷代吉列刮鬍刀[40]

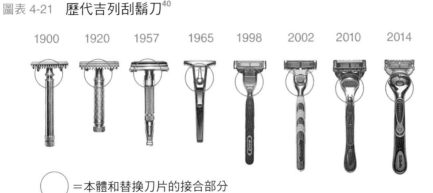

　　1900　　1920　　1957　　1965　　1998　　2002　　2010　　2014

◯ ＝本體和替換刀片的接合部分

接合部分著力甚深。只要在此特別設計，再申請專利和設計權，就能防止其他廠牌的廉價產品搭便車。

事實上，吉列在 5+1 層刀片[41] 的鋒隱系列上，特別針對刀頭嵌入本體的方式取得專利，所以除原廠刀頭之外，都無法裝在吉列的刮鬍刀上。

<u>備妥相關技術與智慧財產策略，讓其他廠牌的低價刮鬍刀片，無法在自家刮鬍刀上使用，才是完整保護刮鬍刀模式的一大關鍵</u>。

▶採用刮鬍刀模式的商品與反向刮鬍刀模式

先以低價銷售本體商品，之後再透過消耗品或服務，細水長流地（大賺）獲利。這套「刮鬍刀模式」（Razor and Blades），後來陸續有<u>很多商品跟進採用</u>。

- 噴墨印表機和墨水／雷射印表機和碳粉匣（HP、佳能）
- 行動電話、智慧型手機的通話費、資料傳輸費
- 拍立得相機和專用底片（柯達）
- 電動牙刷和替換刷頭（百靈牌）
- 家用電視遊樂器與卡帶（任天堂，請參閱第 67 頁）
- 咖啡機與咖啡易濾包（雀巢，請參閱第 281 頁）

或是在 B2B 領域，也有如下的發展，都是刮鬍刀模式。

- 資訊系統與維護服務
- 電梯與維護服務

反之，<u>為本體商品設定較高價格，但服務價格便宜，就是所謂的</u>「反向刮鬍刀模式」（Inverted Razor and Blades）。傳統的高級品銷售

都是採取這種做法（商品貴，但售後服務免費）；而 Apple 的 iPod、iPhone、iPad、Mac 電腦等，也都有志一同。

・第一代 iPod 的本體售價 399 美元（容量 5GB），是競品價格的兩倍以上，但在 iTunes 上的音樂軟體，售價約不到 1 美元，是過去的一半以下

・iPhone 作業系統「iOS」用的主要應用程式（地圖和導航[42] 等）都由 Apple 自行研發，免費提供

・免費提供 Mac 用的作業系統 OS X，以及主力應用程式 iWork（2013 年）[43]

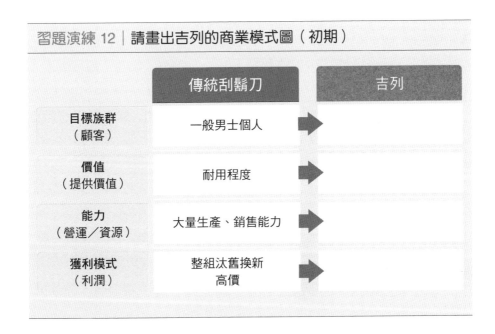

習題演練 12 | 請畫出吉列的商業模式圖（初期）

	傳統刮鬍刀	吉列
目標族群 （顧客）	一般男士個人	
價值 （提供價值）	耐用程度	
能力 （營運／資源）	大量生產、銷售能力	
獲利模式 （利潤）	整組汰舊換新 高價	

31 廣告模式的誕生與威力（CBS、Yahoo!）

▶香菸公司少東比爾‧培利建立了廣播網

這個時代還出現另個「獲利機制」的創新，就是廣告模式的誕生。

電視等媒體廣告具有推升商品營收的力量。而媒體（電視台、廣播電台）只要有廣告費收入，要經營下去綽綽有餘。而證明此事實際可為的，是香菸公司少東比爾‧培利。

因此，「消費者一毛錢都不必付，也不必擔負購買商品的義務，就可以自由欣賞媒體內容」的夢幻機制，才得以問世。

賓州大學華頓商學院（MBA）畢業的培利，在父親等人創立的大型香菸公司擔任副總經理，把廣告宣傳活動辦得有聲有色。其中他特別留意到的，是廣播廣告的效益。

再加上他父親於 1927 年時，收購了費城一家經營不善的小廣播公司「CBS」，因此改變了少東培利的人生。他竟一頭栽進廣播事業，而不是菸草生意。

培利很快就發現廣播事業的潛力，而它的關鍵，就在於「節目品質」和「廣告主」。當時，很多廣播電台都是獨立經營，向主流電台買節目來播放，就像地方報社[44] 那樣。

對擁有全國品牌的大型廣告主而言，這樣的廣播電台並不吸引人。培利心想要從這裡開始改革，便向其他電台提報：「貴電台可以免費使用我們自行製播的節目」、「不過，有廣告商贊助的節目，一定要在指定時段播放」。

上述條件讓地方電台趨之若鶩，加盟電台數大舉攀升。1928 年

CBS 聯播網起步時，整合了 16 家電台。後來即使歷經大恐慌，仍未影響的發展。到了 1937 年，CBS 已發展成擁有 114 個加盟電台的大型聯播網。在這個規模的加持下，CBS 終於能把「想在全國各地打廣告的全國品牌（如可口可樂等）」變成自家客戶。

▶「大眾化的內容」與「細分的廣告時段」吸引了贊助商

以演唱「I'm dreaming of a white Christmas／Just like the ones I used to know」歌詞開頭的名曲〈白色聖誕節〉（White Christmas）而聞名的平・克勞斯貝（Bing Crosby），堪稱 CBS 催生的熱銷商品。克勞斯貝歌手發現，傳統歌唱方式並不適合透過麥克風和喇叭傳播的廣播系統上，便發展出不拉大嗓門，以流暢發聲方式演唱的「低吟式[45]」（crooner style）唱法。CBS 聯播網在 1931 年播放的「平克勞斯貝秀」（The Bing Crosby Show）大受歡迎，吸引了許多贊助商。於是，從這個時期開始，飲料、肥皂、藥品、啤酒（1933 年美國禁酒令開放）和汽車公司，便紛紛成為廣播電台「喜劇節目」、「音樂秀」節目的贊助商了。

將新聞節目打造成「有贊助商的商品」的，也是培利。在此之前，

圖表 4-22　CBS 吸引了聽眾和地方電台，推升了廣告收入[46]

・可免費使用 CBS 自製節目
・但一定要在指定時段播放贊助商節目

加盟電台數大舉攀升，把全國性品牌變為自家客戶

1928 年
16 家電台

1931 年
114 家電台

每家電台都只向美聯社買新聞播放而已。培利因和美聯社關係不睦，便在 1930 年成立自己的新聞團隊。

在全球邁向第二次世界大戰，社會氣氛愁雲慘霧之際，民眾渴望娛樂與新聞。1935 年，德軍發動倫敦大空襲的實況新聞，[47] 成了 CBS 的大獨家。培利要把 CBS 打造成「娛樂與報導的大本營」。

他是很懂得洞悉「大眾想要什麼」的天才。

同時，培利對廣告主的需求也很敏感。1940 年代，他把以往切分成 30 或 60 分鐘的廣播時段，再細分為一檔 5～15、20 分鐘來銷售，成功爭取到許多贊助商的支持。後來進入電視時代，一檔時段更被細分成 30 秒、10 秒來賣。

<u>這種檔購廣告</u>的機制，為 CBS 奠定穩固的獲利基礎，成長為在全美三大聯播網占有一席之地的巨擘。而將這種廣告力量發揮到淋漓盡致，進而推動「計畫性汰舊」（planned obsolescence）的是通用汽車（請參閱第 61 頁）。

培利為網羅最優秀的人才而費盡心思，因為他深知這是提升節目品質唯一的方法。

遺憾的是，他對自己並沒有落實這項原則。培利晚年無視公司內規，長期戀棧董事長大位，導致 CBS 的經營完全亂了套。

▶紅杉資本、路透和孫正義，加速了 Yahoo！爆炸性成長

後來，廣告模式陸續在電視、報紙、雜誌等多種媒體百花齊放。尤其在 1990 年代開始發展的網際網路領域，情況更為顯著。

1995 年，<u>網路通訊錄「雅虎」（Yahoo！）</u>開始爆炸性成長，這是由兩位就讀史丹佛大學博士課程的學生所創立。

當時有好幾家創投公司都對雅虎表示興趣，最後雅虎決定接受紅杉資本出資 100 萬美元。之後一年，雅虎進入了拚速度、體力的橫向擴展（Scaling Out）競爭。

　　兩位創辦人心想：「這一切都是命運的安排」、「今後全世界的智慧結晶，都會彙集到網路上來。但要是大家找不到這些資訊，一切就沒有意義了」「這是為了全人類做的事」，便決定休學。

　　同樣在 94～95 年前後，幾家主要搜尋引擎紛紛成立，包括 Excite、Infoseek、Lycos 和 AltaVista 等。然而，在商圈無限寬廣的網路上，不需要兩套提供相同服務的搜尋引擎。況且如果幾家業者的功能都一樣，那麼「網路效應」（network effect）就會讓規模較大的業者勝出。因此，雅虎必須爭取到比敵人更多的造訪次數，讓自己盡快壯大（橫向擴展）才行。

　　草創之初的 10 個月，雅虎只有 150 萬美元的收入，卻花了 214 萬美元，所以出現了 64 萬的嚴重虧損。紅杉資本後來又挹注了 200 萬美元，但雅虎的營運資金已快要見底。

　　不過，所幸新聞通訊社路透社成為救世主，授權讓雅虎刊登路透社的即時新聞，推升了造訪次數，雅虎才取得 80 家企業的廣告，成功轉虧為盈。

　　這時，孫正義（1957～）向楊致遠建議成立雅虎日本，並表示願出資 5％。在此之前，孫正義才剛完成幾項大手筆投資，包括投入 800 億日圓，在美國收購了當時最大的電子事業博覽會營運商 COMDEX；還砸下 2,300 億日圓，收購了電腦出版界的龍頭齊夫・戴維斯（Ziff Davis）。孫正義從齊夫・戴維斯出版部門的總經理口中聽說「雅虎很有潛力」，便登門拜訪井上雅博（日後成為雅虎日本的總經理，1957～2017）。那時雅虎的員工還不到 6 個人。

▶目錄型搜尋＋免費服務，還搭配橫幅廣告的入口網站模式

　　隔年 4 月，孫正義又向楊致遠等人提出要求，希望能再投資 100 億日圓（相當於 29％股權）。當時正值楊致遠等人創辦雅虎一年，即將成功 IPO 前夕，創業團隊起初意願不高，但孫正義的一句「COMDEX 和

齊夫・戴維斯都會全力支持雅虎」，才讓楊致遠等人決定接受注資。

　　連同這筆資金在內，<u>雅虎運用手中資源，持續整合電子郵件和財務金融等服務，才得以在日後激烈廝殺的「入口[48]大戰」中脫穎而出</u>。

　　・以「目錄型搜尋」為核心，也就是以手工為多數網站進行分類整理，製成目錄，並在目錄中搜尋

　　・免費提供電子郵件、聊天、遊戲與購物指南等多項服務，以達成差異化和圍堵的效果，並增加使用者造訪次數，拉長停留時間（流量）

　　・收入來源（九成）是對造訪網站的使用者展示「橫幅廣告」

　　雅虎吸引了前所未有流量的入口網站的價值，受到高度評價。1999年底，總市值竟已達 1,090 億美元。

　　儘管在 2001 年網路泡沫瓦解時，雅虎的總市值跌到 50 億美元，僅剩高點時的 1/20，但總算倖存，還保住了入口網站龍頭的地位。

　　然而，諷刺的是後來雅虎作為入口網站的價值被搶走也是因為網際網路的爆發性成長，以及由同樣出身史丹佛大學、更同樣是學生創業的雙人組合，所打造的谷歌（Google，即現今的字母公司）。

▶從廣告效果下滑的橫幅廣告，走向關鍵字廣告

　　包括雅虎在內的網路企業，創造出五花八門的「橫幅廣告」形式，例如保證刊登期間型、保證瀏覽次數型、保證點擊型[49]、保證行為型（廣告可持續曝光至索取資料、購買商品等行為，達保證次數為止）等。

　　保證點擊型和保證行為型等投放手法，在培利所創造的大眾廣告模式中絕對做不到，是劃時代的創新手法，廣告主個個都很滿意。

　　龐大的企業廣告預算開始湧入網路業界。2000 年時，企業投入美國的網路廣告費已突破 80 億美元（占整體的 3％）。雅虎和其他競爭者

都被這金額沖昏了頭。

　　然而，這時社會**資訊爆炸，導致網路廣告的效果開始逐步減弱**。90年代初期，網站數量還只有幾萬個；孰料幾年後，竟增加到數十億個規模。仰賴人工分類製作目錄的目錄型搜尋引擎，已無法完整網羅這些網站，於是像 Infoseek 這種自動搜尋機器人型的搜尋引擎便開始崛起。不過，當時搜尋的準確度還很低，很難說派得上用場。

　　後來大幅提高搜尋準確度的，是 1998 年創業的谷歌。**僅管谷歌在業界是後起之秀，卻憑著兩種技術創新，**[50]**提供了相當卓越的搜尋服務**。到了 2002 年，Google 已成為美國最多人使用的搜尋引擎，大幅提升了人類蒐集資訊的能力。

　　就在同一時期，也有人「發明」了一套最適合當時網路生態的廣告模式，那就是「搜尋關鍵字連動型廣告」（關鍵字廣告）。這種廣告形式，是在搜尋引擎依關鍵字列出搜尋結果清單的同時，就在一旁刊登企業廣告。而這個廣告版位的價值，則是根據廣告主競標的結果而定。

　　此競標概念，是史考特‧班尼斯特（Scott Banister）在 1996 年時

圖表 4-23　雅虎創造的入口網站模式

	雅虎	
目標族群 （顧客）	一般網路使用者	B2C 企業
價值 （提供價值）	目錄與搜尋	向不看電視的族群 進行大眾傳播
能力 （營運／資源）	手工製作目錄 廣告業務能力、服務研發與收購能力	
獲利模式 （利潤）	投放在相關網站的橫幅廣告 （保證刊登期間型、保證瀏覽次數型、 保證點擊型、保證行為型）	

的發想。後來他將這個想法，賣給點子實驗室（Idealab）的比爾·葛洛斯（Bill Gross）等人。葛洛斯於 1998 年成立公司（也就是日後的 Overture），實際驗證效果。對許多搜尋引擎業者而言，這可是一大福音。因為他們知道，這是唯一一個能將搜尋服務「換現金」（也就是所謂的變現）的有力方法。

而這對於買不起昂貴橫幅廣告（因為畫面所占面積較大）的中小企業來說，等於是打開了能在網路上投放廣告的大門。

▶對商業模式改革裹足不前的雅虎、微軟，和大舉集中資源的谷歌

儘管關鍵字廣告已急速成長，但當年雅虎和微軟（旗下的入口網站 MSN）卻對全面導入此機制，顯得相當消極。他們認為，光靠現有「入口網站服務帶來的龐大流量」（使用者造訪），以及因流量而帶來的「高價橫幅廣告」，就足以大發利市，不覺得有改變的必要。

微軟在 1998 年時，以 2.7 億美元的天價，收購了關鍵字廣告公司「交換連結」（LinkExchange）公司，卻在 2000 年才在 MSN 上搭載這套機制；[51] 雅虎也一樣，用了「序曲」（Overture）的系統，才於 2001 年導入關鍵字廣告。

於是，谷歌便切入了這個缺口。1999 年時，谷歌已被譽為是「驚人的搜尋引擎」，還籌募到逾 30 億日圓的資金來投資。然而，它的收入竟趨近於零。對於谷歌而言，關鍵字廣告正是那雙尋覓已久、能帶它一飛沖天的翅膀。不過，谷歌在既有關鍵字廣告業者序曲、交換連結的收購案上失利，便在 2000 年 10 月推出了自行研發的 AdWords。

雅虎在這裡犯了以下的嚴重失誤。

·雅虎在 2000 年 6 月～2004 年 2 月期間，將 Google 當成自家的搜尋引擎，等於鼓勵使用者多用 Google [52]

·2003 年才（砸下 16 億美元）收購序曲，為時已晚

・雖針對谷歌的 Adwords 侵犯專利提起訴訟，卻在 2004 年以 260 萬股（依當時股價計算為 2.6 億美元）谷歌股票的代價同意和解

雅虎事業風馳電掣地發展，崛起為網路的霸主，更打造出入口網站模式，卻在轉型切入「機器人型搜尋引擎」和「關鍵字廣告」上慢了半拍，被晚了 4 年問世的後生晚輩谷歌後來居上。

谷歌在 2004 年辦理 IPO 後，總市值在 05 年就突破了千億美元大關，是雅虎的兩倍。而雅虎創辦人楊致遠則因為業績衰退，於 2008 年卸下執行長一職。此後，雅虎就一直走不出困局。

到了 2017 年，電信巨擘威訊通訊（Verizon）以 45 億美元的價碼，收購了雅虎的核心事業（入口網站等），於是雅虎便與美國線上（AOL）整併，被納入威訊麾下。同一時期，谷歌總市值則達到 6,500 億美元。

習題演練 13 | 請畫出谷歌的商業模式圖（初期）

	谷歌	
目標族群 （顧客）	一般網路使用者	B2C ／B2B 企業
價值 （提供價值）		
能力 （營運／資源）		
獲利模式 （利潤）		

32 免費增值模式是荊棘滿布的道路（Cookpad）

▶什麼免費？如何獲利？

《連線》前總編輯安德森，推出《長尾理論》（2006）後，緊接著又寫了一本《免費！》（2009），探討「免費」的價格威力，並分析以「免費」為主軸，可能有哪些賺取利潤的機會。

「免費」的獲利模式可分為幾種類型：①內部補助型、②第三者補助型、③使用者部分負擔型、④義工型。接下來，我針對不同類型，分別舉例子說明。

①為鼓勵消費者來店消費，在街頭免費派發面紙（案例很多），或透過免運費來拉抬營收，藉以從中獲利（亞馬遜）

圖表 4-24　和免費相關的四種獲利模式

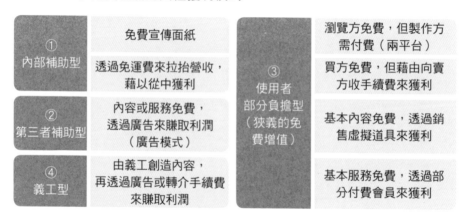

① 內部補助型	免費宣傳面紙	③ 使用者 部分負擔型 （狹義的免 費增值）	瀏覽方免費，但製作方 需付費（兩平台）
	透過免運費來拉抬營收， 藉以從中獲利		買方免費，但藉由向賣 方收手續費來獲利
② 第三者補助型	內容或服務免費， 透過廣告來賺取利潤 （廣告模式）		基本內容免費，透過銷 售虛擬道具來獲利
④ 義工型	由義工創造內容， 再透過廣告或轉介手續費 來賺取利潤		基本服務免費，透過部 分付費會員來獲利

②免費提供內容或服務，但透過廣告來獲利（民營電視台、Google）

③瀏覽方免費，但是透過銷售給製作方的軟體來獲利（Adobe PDF）；買方免費，但藉由向賣方收手續費來賺取利潤（信用卡、PayPal）；遊戲免費，但透過銷售虛擬道具來賺取利潤（GREE、LINE）；基本服務免費，但透過部分付費會員來賺取利潤（Evernote、Dropbox、CookPad）

④公開自願者寫的評論或文章，提升產品價值，再透過流量廣告或轉介手續費來賺取利潤（價格.com、Tabelog.com）

③原本是由創業投資人佛萊德・威爾森（Fred. Wilson）所定義，並公開徵名的概念，後來結合了「免費」（free）和「付費」（premium），被稱為「免費增值」（Freemium），並在安德森的介紹下廣為傳播。

這個獲利模式，是因為數位內容和服務的供應成本（正確名稱是「邊際成本」）趨近於零，才得以成立。

安德森本人也力行實踐，讓世人看到③確實可行。《免費！》一書起初是全文限時開放線上閱讀，被讀者免費下載了 30 萬次。這個消息引發市場關注，後來恢復付費購買後，仍成為超級熱賣的暢銷書。

▶Cookpad：顛覆「付費會員制是天方夜譚」的常識

日本 20～40 多歲的女性當中，有 96％都知道食譜搜尋網站「Cookpad」，30 多歲女性則有四成以上「每週至少使用一次」。

截至 2018 年底，發文到 Cookpad 網站上的食譜共有 305 萬道菜色，平均單月使用人數為 5,500 萬人次。[53] 網站雖有因流量或聯名賺得的廣告收入，但 200 萬的付費（premium）會員每月支付 280 日圓月費，就占了總收入的六、七成之多。

然而，cookpad 歷經了千辛萬苦，才走到這一步。1997 年，佐野

陽光剛從大學畢業，創辦了 cookpad 的前身。那個時代連 ADSL[54] 都沒有，更遑論智慧型手機。<u>「創意食譜分享網站」的想法別出心裁，透過搜尋網站前來造訪的使用者逐漸增加</u>，但網站本身幾無收入進帳，唯有伺服器的費用不斷膨脹。不過，到了 2004 年，因為有熟悉廣告操作的員工加入團隊，網站的廣告收入因此大幅成長，包括找來很受歡迎的使用者發表「試用報告」，讓 Panasonic 的電子壓力鍋銷量成長 26 倍；[55]還辦了「食譜大賽」，推升食用醋和燒肉醬料的銷售成長等。食品相關企業開始願意投注廣告、促銷預算後，cookpad 才終於站穩腳步。

2008 年，佐野等人<u>再度挑戰以往曾鎩羽而歸的付費會員服務</u>。在 IT 業界一片唱衰聲中：「除了付費買線上遊戲道具之外，線上服務想推收費制，簡直是天方夜譚」、「只有廣告模式會成功」，cookpad 做出了抉擇。然而，就在同年 11 月，由於 cookpad 成為 Docomo 的官方服務，[56]帶動付費會員人數開始爆炸性成長。自 2012 年起，成功發展智慧型手機使用者的付費會員機制，目前將近 4％的使用者是付費會員。

cookpad 插旗美國、進軍西班牙，接著又把觸角伸到西班牙。它的目標便是揚威全世界。[57]

圖表 4-25　cookpad

▶免費增值不見得一定成功，需投入時間與資金

Evernote 的執行長菲爾·利賓（Phil Libin，1972~）在公司成立 4 年後，表示：「在免費增值真正開始運作之前，需要花一段時間耕耘。」實際上，儘管使用者在開始使用 Evernote 公司的免費筆記應用程式後，1 個月內轉為付費使用者的機率只有 1％以下，但免費使用 2 年以上者，轉為付費的機率就彈升到 12％。等於要讓 9 個人中的 1 人願意每個月花 5 美元（或年繳 45 美元）使用 Evernote 付費版，需要花兩年的時間耕耘。

請款單開立服務公司「Chargify」（2009～）就在免費增值上打了敗仗。起初 Chargify 規畫的免費增值模式，是每個月開立請款單據張數在 50 份以內者，一律免費；達 51 份以上者，則需月付 49 美元。結果 Chargify 在付費客戶的開發遲遲沒有斬獲，1 年後竟出現資金缺口，差點倒閉。

所以，Chargify 後來放棄了免費增值模式，廢止所有免付費方案，改向所有使用者每月收取 65 美元。絕大多數使用免付費方案的客戶都選擇停用，但還是有部分使用者轉為付費方案。Chargify 自此不必再支援大量使用免付費方案的客戶，終於在 2012 年成功轉虧為盈，目前已擁有 30 名員工。

想爭取付費使用者，要肯投注時間經營。因此，初期階段只能先做好虧損的心理準備。況且要是免付費的方案過於方便，顧客會遲遲不肯轉進付費方案。不過話說回來，要是免付費方案不夠吸引人，那麼免費增值的特色——口碑、社群、擴大會員基本盤便不再有效。

很多新創企業都標榜「免費增值」模式，但除了遊戲產業之外，幾乎都是失敗收場。足見免費增值絕非簡單的獲利模式。

習題演練 14 ｜ 請畫出 cookpad 的商業模式圖

	免費使用者	付費使用者	廣告主
目標族群 （顧客）			
價值 （提供價值）			
能力 （營運／資源）			
獲利模式 （利潤）			

33 | 訂閱模式的威力（Netflix、Spotify、Adobe）

▶從實體開始發展的訂閱模式

只要買下一件物品（軟體和硬體）並擁有它，就能何時想用就用。不過，由於買斷物品的價錢多半所費不貲，於是發展出不擁有物品，「用多少、付多少」的「服務化」機制。全錄（依影印張數付費）的以量計價模式，誕生於 1960 年前後。在以量計價的基礎上，再加上原本必須「擁有」才能「無限享用」，就是所謂的訂閱模式。

網飛（Netflix）創立於 1997 年，早期是線上 DVD 出租公司，[58] 採取「租 1 週 4 美元、運費 2 美元、逾時 1 美元」的郵寄出租模式。這是因為當年 DVD 剛問世，創辦人發現 DVD 既輕又薄，和錄影帶很不一樣，才選擇發展無店舖事業。

到了 1999 年，網飛將收費調整為「月付 15 美元看到飽」的訂閱型方案。期間內顧客可租借的 DVD 數量不受限制，逾時罰款、運費

圖表 4-26　訂閱模式的定位

	擁有	不擁有
無限享用	賣斷 （出售） 銷售漫畫書	訂閱 （指定期間內定額） 網咖
僅使用	共同持有 （權利分割出售）	服務化 （以量計費） 漫畫出租店

和手續費全免，提供了劃時代的服務。再加上 2000 年導入的評論功能[59] 也很成功，到 2005 年時會員人數已逾 420 萬人，備有 3.5 萬部作品可供租借，每天借出的 DVD 數量規模更達百萬片。[60] 不過，到了 2007 年，網飛又再大幅調整經營策略。

▶音樂、動畫內容走向訂閱制

網際網路的普及與高速化，使得包括電影在內的影音內容可以透過串流（Streaming）[61] 播放。網飛於 2007 年 1 月搶先轉向，切入這個市場，將核心事業由 DVD 租借轉為串流播放服務，發展相當成功。

網飛除了爭取電影和電視節目等內容上架播放，也在製播原創作品上投入了龐大的資金。2013 年，網飛斥資 1 億美元製作費拍攝的《紙牌屋》（House of Cards）上架播出（全劇 13 集同步上架），引爆空前轟動。網飛在 2018 年的營收達到 158 億美元，總市值突破 1,600 億美元，一口氣超車有線電視龍頭通播集團（Comcast Corporation）和迪士尼，在媒體業登基稱王。

圖表 4-27　音樂串流服務比較

	費用 （月費、含稅）	曲數（萬曲）	免付費方案	特色
Spotify Premium	980	4,000	有	全球最大
Apple Music	980	4,500	無	適合搭配 iPhone
Amazon Music Unlimited	980	4,000	無	Amazon Prime 會員只要 780 日圓
YouTube Music Premium	980	1 億？	有	與影片整合 推薦功能很有威力
LINE MUSIC	960	4,700	無	LINE、索尼和 艾迴共同營運

音樂串流平台則有聲田（Spotify）、Apple Music、Amazon Music Unlimited、YouTube Music 等強豪百家爭鳴。Apple 在 iTunes 上賣 1 首歌曲 100 日圓，推動了數位音樂的普及；而 Spotify（總公司位在瑞典）則是走免費增值和訂閱模式，在 2006 年投入市場。Spotify Free 基本上可免費使用，但不便之處很多，例如「只能隨機播放」、「常插播廣告」、「無法下載」等。不過，用 Spotify Free 可聽到所有音樂，所以很受年輕族群擁戴。最近，願意月付 980 日圓的 Spotify 付費會員逐漸增多。如今 Spotify 已坐擁 2 億會員，其中超過四成，也就是 8,700 萬人是付費會員。

Apple 在 2015 年推出 Apple Music[62]，使用者只要月付 980 日圓，就可以無限聆賞絕大部分的音樂內容。2019 年 6 月，Apple Music 的付費使用者人數已多達 6,000 萬人，成為撐起蘋果公司服務部門營收（2019 年 1～3 月 114 億美元）的一大支柱。看來要為 iPhone 漸現頹勢的反向刮鬍刀型事業（產品本體價格偏高，但其他免費）彌補缺口的，說不定會是訂閱型服務事業群。

▶奧多比：成功讓法人版軟體改採訂閱制

研發 PDF 並成功普及於世的奧多比（Adobe），主力商品是 2003 年推出的 Creative Suite（CS）。它整合了以往為專業設計者打造的平面設計、影片及圖像編輯，還有網頁設計領域等的整合軟體組合。[63]

2012 年，奧多比推出了 Creative Cloud（CC）[64]，其實就是 CS 的訂閱版。使用者平均只要月付 5,000 日圓（年繳方案），就能隨時使用最新功能的軟體，還能多機同步作業。2013 年 6 月，奧多比推動全面轉型為 CC，不再研發 CS 的新版本，也不再銷售盒裝版的 CS，引發既有使用者的正反意見，掀起了一陣風波。結果，奧多比的營收、獲利竟大幅躍升。

許多專業級使用者都希望每月付個幾千日圓就好，不要每隔幾年就

得花一筆幾十萬的大錢買新軟體。而奧多比<u>此後在研發商品時，也只要</u><u>準備單一版本即可，在研發和支援上都會輕鬆許多</u>。後來，奧多比的客戶流失率下降，營收開始逐漸累積。2018 年度的營收更達到 90 億美元之多，是 2012 年兩倍以上，營業利益率也創下 31％的紀錄。

▶Stripe International：在成衣業界挑戰重回實體！

訂閱模式<u>不僅在軟體、音樂、影片、教育教材等數位內容領域普</u><u>及，還在時尚、咖啡館、美容美體、交通運輸等各種領域百花齊放</u>。

至於在女性成衣界的訂閱先驅，則是 2015 年 2 月啟動的「空氣衣櫃」（airCloset）服務。使用者只要月付 6,800 日圓，就會以專用配送箱，將專業造形師挑選的 3 件單品服飾配送到府。雖然使用者不能自選品項，但配送箱可無限次退換，每次最多可同時租借 3 件單品。緊接著在同年 9 月，MECHAKARI 也急起直追、火速上線。這項服務是由旗下握有 earth music&ecology 等熱銷品牌的 Stripe International 公司所經營，使用者可從 50 個品牌、3 萬件單品當中，挑選喜歡的服飾。儘

圖表 4-28　MECHAKARI 的運作機制[65]

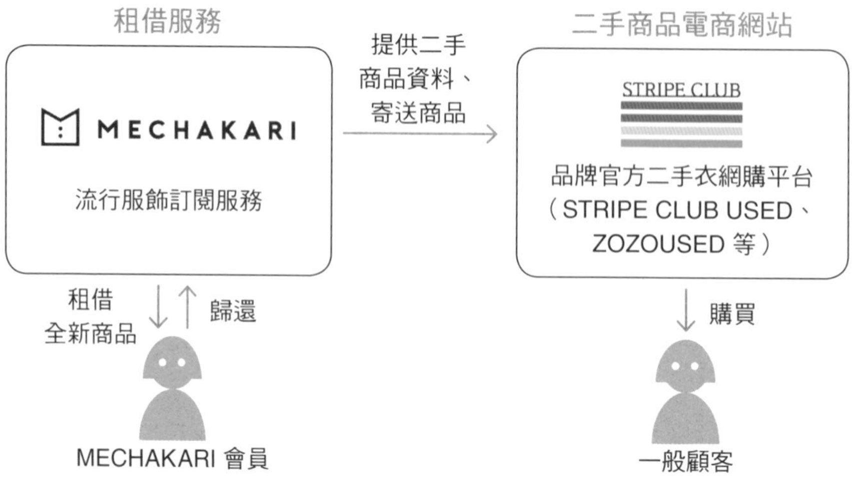

管它和空氣衣櫃一樣，都有每次至多 3 件的限制，但**每次都會送上全新商品，喜歡就可以折扣價由租轉買，或連續租借 60 天不必歸還**，直接收下。另外，MECHAKARI 在收退貨時，會向使用者收 380 日圓的運費，但每月只要付 5,800 日圓，價位更親民。

為什麼 MECHAKARI 可以「只出租全新商品」？因為歸還後的品項可以在自家企業的二手網站上架銷售。租借收入可賺回商品牌價的兩成，歸還後再以二手商品賣出，又可再賺回五成，等於是可收到牌價七成的金額進帳。Stripe International 公司是一家 SPA（製造零售業），只要用牌價三成多的金額，就能生產出商品，所以能有牌價七成的金額入袋，扣除其他費用之後，還能有牌價一到兩成的結餘。截至 2018 年 11 月，MECHAKARI 的付費會員已有 1 萬 2,000 人，等於是在兩年內就成長了 2.5 倍。目前雖因廣告等先期投資而呈現虧損狀態，但除此之外，事業已達盈餘水準。他們以招募 20 萬名會員為目標。

訂閱模式的先期投資成本相當龐大，起步之初必定會面臨嚴重的虧損，就連日本知名的 ZOZO[66] 和 AOKI[67]，都在很短時間之內就鎩羽而歸。[68] 究竟還有誰能堅持撐過虧損，贏得最後的王冠呢？

34 | 改革獲利模式是破壞式自我創新的道路

▶Panasonic：挑戰燈管服務化

　　對大企業而言，要改變既往的商業模式，尤其是獲利模式，工程相當艱鉅。我在這裡分享兩個成功案例，看看他們究竟如何跨越矗立在企業內、外的種種屏障。

　　2002 年 4 月，Panasonic（當時還是松下電器）<u>打破過去燈管單品銷售的型式</u>，推出「明亮安心服務」，<u>針對事業單位，提供燈管的長期租賃、回收及處理的定額服務</u>。這項服務解決了客戶（事業單位）一直很頭痛的「事業廢棄物排放人責任[69]」問題，還能符合綠色採購法規[70] 規範，是劃時代的商品。然而，最讓 Panasonic 傷腦筋的是如何「銷售」。<u>這項難題是商品究竟該賣給誰，又該怎麼賣</u>。

　　Panasonic 和旗下的經銷商，以往都是以銷售銀貨兩訖的「物品」為主，[71] 頂多處理售後服務，完全沒有銷售「服務」的經驗。「賣服務」

圖表 4-29　Panasonic「明亮安心服務」的機制

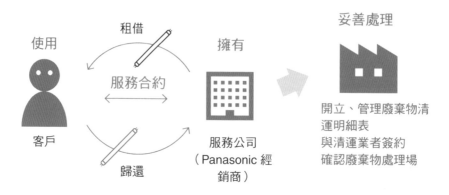

是全然未知的世界。況且這項服務的潛在客戶，是日本全國 600 萬個事業單位，數量雖然可觀，但更換頻率很低，要他們馬上接受更換服務的建議，並不容易。

換言之，大家周遭到處都是這項商品的（潛在）顧客，卻鮮少有人願意買單。

這屬於提案型的業務推廣商品，所以非常勞心勞力，又不能亂槍打鳥到處推銷。<u>究竟該怎麼做，才能找到希望以低成本、大量更換燈管，且能避免處理廢棄物風險的企業或事業單位</u>？

▶如何從全國 600 萬個事業單位當中，找到潛在客戶？

首先是時機型。最適合一次安裝大量燈管（照明燈具）的時機，當然是興建新工廠或辦公大樓時。不論是哪一種建築，一定都有龐大的需求，但要切入這個市場，實在太耗時費力，因此思考還有沒有其他合適時機？

所幸燈管是有「壽命」的，要是第一次安裝時沒談成，那就再鎖定下次機會。日本製的燈管壽命大約 12,000 小時。所謂「額定壽命」的定義是指有半數燈管到了這個時間會損壞。特色是通常在額定壽命的 2/3 期間內，會有一成燈管不亮；剩下的 1/3 額定壽命期間，還有四成會熄滅。因此，如果是整天開燈 12 小時的事業單位，那麼在完工後第 670 天左右時上門推銷，應該是最理想的時機。從這時起，燈管就會陸續不亮，總務部會為了<u>製作、管理廢棄物清運明細表</u>[72] 而忙得焦頭爛額。至於資訊來源就只要看看報紙新聞就可獲得。剪下工廠或大樓的落成資訊，然後擱著醞釀 600 天左右即可。

接下來則是經營觀點型。從客戶現場的觀點看來，燈管只是「麻煩的東西」；但<u>就經營者的觀點而言，燈管堪稱「經營危機」</u>。

過去在青森縣和岩手縣交界處，曾發現多達 82 萬立方公尺的事業廢棄物遭非法棄置，涉案企業遍布日本全國各地，總數多達 12,000

家，成為震驚社會的大案。甚至還有幾家違法排放企業被公布，如日立物流、TAKARA[73] 等。這起事件為日本社會的經營者上了一課，讓大家知道「環境風險」有多麼龐大、棘手。因此，倘若企業的客戶是標榜綠色經營的公司行號、中央機關或地方政府，那麼這些企業便是 Panasonic 可以鎖定的目標。對於在中期經營計畫或願景中揭示「綠色經營」的企業（理光等）、導入「環境會計」的企業，還有那些做政府生意的企業來說，「明亮安心服務」應該會是一大福音。因為不論廢棄物或風險都能就此一掃而空，甚至還能完全符合 ISO14001 的規範。

至於相關的資訊來源，也只要看報紙新聞就夠了，說不定在網路搜尋「綠色經營」、「SDGs」和「獲 ISO14001 認證」也行。若找到剛開始標榜這些事項的企業或組織，就馬上出動，逐一拜訪、推銷即可。

而威力更強大的是「讓對方走過來的」拉型。是「拉」（Pull），不是「推」（Push）──這就是行銷的精髓所在，當時 Panasonic 的事業推

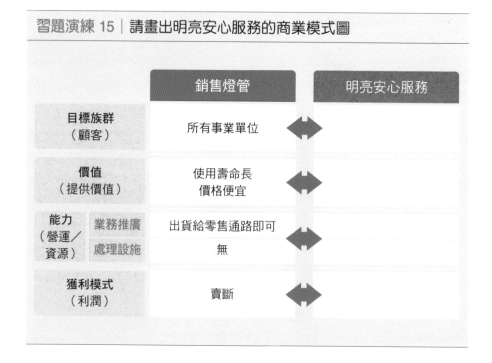

習題演練 15｜請畫出明亮安心服務的商業模式圖

	銷售燈管	明亮安心服務
目標族群（顧客）	所有事業單位	
價值（提供價值）	使用壽命長 價格便宜	
能力（營運／資源） 業務推廣	出貨給零售通路即可	
處理設施	無	
獲利模式（利潤）	賣斷	

進主管宮木正俊部長等人也這麼認為。因此，<u>儘管面對公司內、外的許多反對聲浪，[74] Panasonic 還刻意高調地舉辦了新商品的記者發表會</u>。

媒體反應熱烈，紛紛大篇幅報導，這讓公司和經銷商動了起來。報章雜誌競向 Panasonic 發採訪邀約，許多潛在客戶也找上 Panasonic 經銷商洽詢。

自日本產物保險公司「損保日本」（Sompo Japan Insurance）簽下首份合約，到 7 年後的 2009 年度，已有 6,800 個事業單位成為「明亮安心服務」的使用者。當然這還只不過是全日本 600 萬個事業單位的 0.1％罷了。在實務現場還有很多挖掘靈感的空間。[75]

▶愛普生：捨棄刮鬍刀模式，改採墨水儲存槽形式

接下來要介紹的獲利模式創新，是精工愛普生（Seiko Epson）的案例。<u>愛普生是噴墨印表機的全球三大品牌之一</u>，以往對於自家產品在亞洲新興國家市場[76]的<u>低獲利</u>問題，一直很傷腦筋。

首先，愛普生預設的獲利來源──替換墨水瓶，在當地有八成都是用副廠產品，原廠產品根本無法銷售。此外，商用客戶為方便大量列印，會買愛普生的家用印表機（約 8,400 日圓），再加裝 1 個改機套組（在機體外側加裝大型墨水儲存槽，再用一條管子將墨水送到噴頭，約 2,800 日圓）來使用（圖表 4-30）。如此一來，刮鬍刀模式當然就被瓦解了。愛普生絞盡腦汁，終於想到了反向思考的靈感：「<u>既然大容量的墨水儲存槽有需求，乾脆就推出原廠產品吧！</u>」

但價格設定是一大問題。既然要彌補原本想用替換墨水匣賺好幾年的那筆利潤，就要將印表機本體價格調漲為既有產品的兩倍（約 15,900 日圓）。至於平均印 1 張的墨水費用，則調降到 1/20（4.2 日圓→0.2 日圓），但單價還是比相容的副廠墨水貴上好幾倍。這樣真的賣得出去嗎？儘管愛普生已決定推出儲存槽產品，但當地原有經銷商的態度卻很消極，40 家當中只有 10 家表達銷售意願。

　　然而，2010 年愛普生在印尼推出墨水儲存槽機型後，銷售成功開出紅盤。儘管愛普生在整個印尼市場的銷量，因停賣既有產品而降到原本的一半以下，但銷售單價翻倍，使得營收維持在原有水準，獲利表現當然可圈可點。

　　<u>這一款原廠的墨水儲存槽式印表機，正好切中目標使用者的潛在需求</u>。改機後的印表機經常故障，副廠的相容墨水也常發生堵塞等問題。這對每月需要列印千張以上的商務使用者來說，是一大致命傷。

　　於是講究列印品質的銀行，率先引進愛普生的原廠產品，之後更逐漸普及。加上噴墨印表機市場上的副廠墨水，與原廠墨水之間的價差縮小，這導致顧客不論是印表機或墨水，選用原廠產品的比例慢慢攀升。2011 年，愛普生墨水儲存槽式印表機已在全球 30 國銷售；12 年又擴大到 90 國；自 2014 年起，愛普生又將銷售觸角延伸到先進國家市場。

圖表 4-30　自行改造成墨水儲存槽式印表機的案例（印尼）[77]

　　由於愛普生是市場先驅，因此在新興國家市場也建立起「噴墨印表機就選愛普生」的品牌形象，在噴墨印表機市場的市占率其高無比。2018 年度，愛普生印表機總銷量 1,550 萬台中，已有 55％是大容量墨水儲存槽式印表機，獲利表現也大幅改善。

　　維傑・高文達拉簡（Vijay Govindarajan）曾提出《逆向創新》（Reverse Innovation，2012）的概念，愛普生就是好例子。他們把在新興國家市場孕育出來的創新做法，橫向複製到先進國家市場。

　　愛普生因自家企業在新興國家市場發展的傳統獲利模式瓦解，所以才能勇於大幅轉向（創新）。不過，當初為他們指引的路標，是在當地已實際存在的巧思（違法改機）。

　　倘若當初直接在已確立獲利模式的先進國家市場，推出這種墨水儲存槽式的印表機，恐已釀成極大危機。所幸，愛普生選擇了一條善用先行者優勢的路。

圖表 4-31　愛普生的反向刮鬍刀模式[78]

	愛普生家用印表機	改造機型	愛普生墨水儲存槽機型
印表機本體價格	8,400 日圓	8,400 日圓	15,900 日圓
改機套組費用	-	2,800 日圓	-
印 1 萬張的墨水費用	42,000 日圓	500 日圓	2,000 日圓
合計金額	50,400 日圓	11,700 日圓	17,900 日圓
業務問題	需經常更換墨水	常有故障、汙損	穩定運轉，無特殊問題

▶大牌音樂人不再靠賣專輯賺錢，改以開演唱會淘金

　　獲利模式改革的最後一個例子，要談的是<u>線上對線下</u>的案例。

　　2015 年，泰勒絲（Taylor Swift）榮登「全球收入最高的女性音樂人」榜首。根據推估她當年的收入高達 1.7 億美元。[79] 讓我們來看看收入明細。

　　從相當於 300 萬張專輯銷量的歌曲營收而來的版稅收入，和可口可樂、Apple 的廣告代言合約，進帳也很可觀。但其實她大部分的收入，都來自於巡迴演唱會的票房收入。以巡演 85 場、動員 208 萬人次的《1989 世界巡迴演唱會》為例，票房收入是 2.5 億美元，若以分潤三成來計算，那麼泰勒絲就會有 0.75 億美元落袋。

　　其實日本也有同樣的趨勢。近 10 年來，CD 市場縮水 5 成，[80] 但演唱會市場卻成長了 3.2 倍（進場人數成長 24 倍），上升到 3,300 億日圓的規模。[81] 將歌曲和音樂錄影帶定位為巡迴演唱會的廣告，免費或採訂閱制傳播。<u>為了在演唱會現場獲得「難得經驗」，吸引樂迷付出平均 1～2 萬日圓，是大牌音樂人最新的獲利模式</u>。

　　最早將重心轉往演唱會的巨星是瑪丹娜。她在 49 歲時，選擇離開自出道以來一路相伴了 25 年的老東家華納唱片。而她的新東家並非其他唱片公司，而是演唱會製作暨展演主辦商「理想國」（Live Nation）[82]。2007 年，瑪丹娜以 1.2 億美元的簽約金，與理想國簽下了一紙 10 年的統包經紀合約。[83] 隔年舉辦的《黏蜜蜜世界巡迴演唱會》（Sticky & Sweet Tour）風靡全球 32 國，動員 350 萬人次，票房收入高達 4 億美元，成為個人演唱會史上最成功的巡迴演出。

　　泰勒絲、女神卡卡（Lady Gaga）、碧昂絲（Beyoncé）、凱蒂・佩芮（Katy Perry）……這些瑪丹娜的師妹、晚輩，究竟什麼時候才能超越她？

　　到時候，想必又會伴隨新的獲利模式問世。

　　前面的第 1～4 章，我們用不同的事業觀點，探討了管理學中最基

本的六大科目。接下來，第 5 章透過咖啡與咖啡館主題，掌握商業模式
的實戰應用。在此章中，我以習題演練的方式，介紹部分咖啡業界的創
新，究竟從商業模式的觀點看來，他們發展出什麼創新呢？

第
4
章

小
結
（
前
半
）

（27）	關於資金的三大問題與解決方案的進化	關鍵字 資金短缺、虧損、黑字倒閉 資本、損益和現金流、稅務／管理 ／財務會計 企業會計七大處理原則、損益平衡點 費用：分工／規模化／LCO／共享／服務化（Xaas）／經驗曲線 銷售：廣告／刮鬍刀／以量計價／免費增值／訂閱 資金調度：公開發行／銀行融資／創投／天使投資人／群眾募資
		企業、事業、商品 BCG 沃爾瑪 AWS、賽富時 CBS 廣播公司 吉列 全錄
專欄03	牢記會計的損益表、資產負債表和現金流量表	關鍵字 威尼斯商人、簿記、股東、折舊攤提、現金收付制／權責發生制、損益表、資產負債表、運用與籌措、流量與存量、營業活動／投資活動／融資活動現金流量、資金周轉
		企業、事業、商品 東方貿易、VOC、基恩斯、禧瑪諾、思夢樂、鐵路事業

主要參考書籍

1. 《會計的世界史：財報就像一本故事書，看記帳如何改變全世界，左右全球商業與金融發展》（会計の世界史　イタリア、イギリス、アメリカ——500 年の物語），田中靖浩，日本經濟新聞出版，2018 年（繁體中文版由漫遊者文化於 2022 年 11 月 07 日出版）。

28　獲利模式的基礎：
　　損益＝營收－費用
　　（固定費＋變動
　　費）

關鍵字
損益平衡圖
固定費型事業、變動費型事業、擴大規模、稼動率管理、收益管理、動態定價、毛利率、自有品牌商品

企業、事業、商品
鐵路事業、東急電鐵
航空事業
零售業、沃爾瑪

29　提升營收的基礎：
　　要遍地開花、
　　蹲點深耕，
　　還是圍堵策略？

關鍵字
安索夫矩陣（市場滲透、顧客開拓、商品開發、多角化）、狹義／廣義的多角化、顧客占有率、地區市占率
顧客終身價值（LTV）、圍堵／鎖定、短期集中、保證全額退費

企業、事業、商品
可爾姿、優衣庫、開雲集團、WORKMAN Plus、文化便利俱樂部、愛電王、RIEAP

下頁

2.《會計思考力：決戰商場必備武器！80 張圖表教你看穿財報真相，提升組織績效》（武器としての会計思考力　会社の数字をどのように戦略に活用するか？），矢部謙介，日本實業出版社，2017 年（繁體中文版由寶鼎於 2018 年 12 月 05 日出版）。

3.《策略管理（暫譯）》（*Strategic Management*），H. Igor Ansoff，Palgrave Macmillan，1979 年。

第
4
章

小
結
（
後
半
）

(30) 刮鬍刀模式的
誕生與真相

關鍵字
王冠式瓶蓋、消耗品（用過即丟）
刮鬍刀模式、專利制度
接合
反向刮鬍刀模式

企業、事業、商品
吉列、奧托史卓普、鋒隱
Apple iPod 等

(31) 廣告模式的誕生
與威力
（CBS、Yahoo!）

關鍵字
廣播電台、節目品質與廣告主、全
國性品牌、檔購廣告、新聞節目、
計畫性汰舊
橫向擴展、競爭網路效應、入口網
站模式（目錄型搜尋、免費服務、
橫幅廣告）、關鍵字廣告、變現

企業、事業、商品
香菸公司、CBS、通用汽車
Yahoo!
紅杉資本
谷歌

(32) 免費增值模式是
荊棘滿布的道路
（Cookpad）

關鍵字
免費增值（①內部補助型、②第三
者補助型、③使用者部分負擔型、
④義工型）、
付費會員、付費道具

企業、事業、商品
cookpad、Evernote、Chargify

主要參考
書籍

4.《商業模式大全（暫譯）》（ビジネスモデル全史），三谷宏治，
Discover21，2014 年。

5.《免費！揭開零定價的獲利祕密》（*Free: The Future of a Radical Price*），Chris Anderson，Hyperion，2009 年（繁體中文版由天下
文化於 2009 年 8 月 28 日出版）。

6.《誰在操縱你的選擇：為什麼我選的常常不是我要的？》（*The Art of Choosing*），Sheena Iyengar，Grand Central Publishing，
2010 年（繁體中文版由漫遊者文化於 2011 年 1 月 4 日出版）。

(33) 訂閱模式的威力（Netflix、Spotify、Adobe）

關鍵字
訂閱模式、不擁有＆無限享用、原創作品
套組
租借全新商品

企業、事業、商品
全錄、網飛、聲田、Apple Music
Adode CC
空氣衣櫃、MECHAKARI
Stripe Intermationd

(34) 改革獲利模式是破壞式自我創新的道路

關鍵字
轉移廢棄物處理的風險
向潛在顧客進行業務推廣（時機型、經營
觀點型、拉型）
相容墨水、改機套組
逆向創新
票房收入

企業、事業、商品
Panasonic、明亮安心服務
愛普生、墨水儲存槽式印表機
泰勒絲、瑪丹娜
理想國

7.《取捨：高質威 **vs.**超便利，找到核心定位，才能贏得市場》（*Trade-Off: Why Some Things Catch On, and Others Don't*），Kevin Maney，Grand Central Publishing，2010 年（繁體中文版由遠流於 2011 年 5 月 1 日出版）。

8.《逆向創新：奇異、寶僑、百事等大企業親身演練的實務課，教你先一步看見未來的需求》（*Reverse Innovation: Create Far from Home, Win Everywhere*），Vijay Govindarajan 和 Chris Trimble，Harvard Business Review Press，2012 年（繁體中文版由臉譜於 2013 年 8 月 3 日出版）。

本章註釋

1 譯註：日本的地方稅，用來當成整頓當地、改善都市環境的財源。稅額會依營業場所的樓地板面積或員工人數多寡來計算。

2 用來釐清預算數和實際數的差異，以及差異發生的原因。

3 譯註：約相當於我國的記帳士，負責處理稅務工作。

4 愛沙尼亞（人口 130 萬人）在很早就開始推動電子化，所有行政服務都已電子化並整合，可自動計算應繳稅額，所以稅理師、會計師的工作已近乎消失。

5 此為一般性原則，包含如下：1. 真實性；2. 正規簿記；3. 資本利潤區分；4. 明瞭性；5. 持續性；6. 保守主義；7. 單一性，有時還會加上「8. 重要性原則」。

6 Everyday Low Price，簡稱 EDLP，www.flickr.com/photos/walmartcorporate/5684850240。

7 「aaS」是「as a Service」的簡稱，意指「～即服務」，例如有 IaaS（基礎設施即服務，Infrastructure as a Service）、PaaS（平台即服務，Platform as a Service）等。

8 www.gaiax.co.jp/blog/press20161124/。編按：此公司為一家經營創意工作室（startup studio），投資新創企業，也協助客戶發展社群行銷。

9 月付 95 美元可免費列印 2,000 張。若是每月要印 1 萬張的大企業，每張平均單價為 4.15 分美元，費用和濕式影印差不多。

10 三井家的越後屋在明治維新之後，參與了日本第一家銀行「第一國立銀行」的籌設，後來更在 1876 年（明治 9 年）開辦了日本第一家民營銀行「三井銀行」。

11 從創投公司決定投資，到能成功公開發行的機率。假設創投投資人評估的個案量是 1,000 件，那麼真正會出資的就只有 60 件；而最後順利辦理公開發行的，則只有 6 件。

12 施密特直到 2011 年 4 月都在谷歌擔任執行長，後來又在母公司字母控股（Alphabet）擔任董事長，直到 2017 年 12 月才卸任。在卸任執行長之際，他說：「這裡已經不需要大人天天盯著看了」。

13 此為日本經濟產業省委外調查數據。同一時期，日本的天使投資人約有 1 萬人（1/30），投資金額則為 200 億日圓（1/165）。

14 nara-yakushiji.cocolog-nifty.com/blog/2012/06/post-fdb1.html。

15 如未達設定目標，募資專案即告失敗，募資金額也會歸零，也就是所謂的全有全無制（All or Nothing）；而不論是否達到設定金額，皆可收到募得款項者，稱為全部保有（Keep It All）。

16 其中有約 9% 的募資專案未順利提供回饋品。就我個人的經驗而言，大概是 20 戰 15 勝 3 敗 2 和。「和」的部分是因為回饋品遲到了 1 年以上。

17 英文是 bookkeeping。企業組織的所有經濟交易，都會被記錄下來。到了現代，簿記指的不再是單式簿記（流水帳等），而是複式簿記（在一筆交易當中，假如有「材料增加」和「現金減少」兩個面向，就將兩者都記在帳上）。

18 當時為決定該用哪一輛蒸汽火車頭，而辦了一場全長 97 公里的競速。結果史蒂芬生的兒子羅伯特·史蒂芬生（Robert Stephenson）所設計的火箭號（最高速度 47km/h）脫穎而出，成為此後馳騁 150 年的蒸汽火車頭原型。

19 採購材料時，若先領貨後付款，則在付款前的這段期間，就等同於向對方借款。而這些款項便是應付票據或應付款的負債。

20　又稱為盤點資產。商品在售出前是掛在 B/S 上的資產；售出後，就會成為 P/L 上的費用。

21　商品已售出，但若客戶先領貨後付款，則在付款前期間，等同借款給對方。而這些款項便是應收帳款或應收款的流動資產。

22　雖無明確定義，但企業多半由於跳票（票據到期卻無法兌現）等因素，遭銀行拒絕往來，才會引發「倒閉」。

23　此處預設的變動費只有進貨費用。

24　或利用定錨效應（Anchoring Effect，認知偏誤的一種），打造更貴的商品當誘餌，也是辦法之一。

25　飯店業界稱為住房率（OCC），航空公司則稱為載客率（Load Factor）。

26　一般而言，鐵路會用的指標是「客座利用率」＝延人公里÷限乘人數公里，或「乘車率」＝旅客人數÷限乘人數。所謂的「限乘人數」是指坐位加站位（吊環數量），每節車廂約為一百多人。（編按：延人公里是指客運人數與其行駛公里相乘積之總和。）

27　因為售價 6 萬時，會有 5 人購買；售價 5 萬時，會有 6 人購買，營收皆為 30 萬日圓。除此之外，票價 7 萬或 4 萬時，可賺得 28 萬營收，8 萬或 3 萬時的營收為 24 萬。票價 9 萬或 2 萬時，營收則會降到 18 萬。

28　50 歲以上的顧客占 88.5%。每月不管使用幾次，月費都是 6,700 日圓（年約會員的月費為 5,700 日圓），外加消費稅。

29　譯註：日本知名的跨通路集點服務。最早是 CCC 公司利用旗下蔦屋書店的會員卡，為會員提供的集點服務。如今已發展成可在便利商店、加油站、餐廳、藥妝店等不同通路集點、兌換。

30　以「與人對話能力的精進練習」為重點，課程包括「提升溝通技巧研習」、「諮商師親自指導」等。

31　約有 5% 顧客使用了保證全額退費或復胖保險（免費續約 2 個月）。

32　僅計算塑身事業門市所計算的數字。RIZAP 還有高爾夫（29 家門市）、烹飪（2 家門市）等事業。

33　www.youtube.com/watch?v=X4N8qVIGDXg。

34　即今日的王冠控股（crown holdings）。威廉‧潘特於 1891 年發明了王冠式瓶蓋後，取得專利，並於隔年成立公司，將瓶蓋銷售給可口可樂等業者。

35　commons.wikimedia.org/wiki/File:Kronenkorken_03_KMJ.jpg commons.wikimedia.org/wiki/File:Razor_blade.png。

36　一種磨刀用的皮革，用來研磨刀具，皮革上塗有相當細緻的研磨劑。

37　當時的日薪頂多 1 美元，5 美元相當於現在的 5 萬日圓以上。順帶一提，到理髮店刮一次鬍子要價 10 美分。

38　www.amazon.co.jp/dp/B077SBM6RH/ gillette.com/en-us/shaving-tips/how-to-shave/safety-razor。

39　commons.wikimedia.org/wiki/File:US_Patent_775134.PNG。

40　gillette.com/en-us/shaving-tips/how-to-shave/safety-razor。

41　五層刮鬍刀片，加上背後還有一片精細修鬍刀。

42　Apple 推出 iOS6 時，以 Apple map 為預設選項，取代原本的 Google map，但效果很差，引發嚴重問題。最後執行長發出公開道歉信，負責該案的高層也辭職下台。

43　以往 iWork 的 Pages、Numbers、Key-note 和 OS X，都分別要價 2,000 日圓。

44　美國的報社系統和日本不同，幾乎沒有全國性新聞報刊。至於一般報刊則只有《今日美

國》（*USA Today*）是全國發行，創刊於 1982 年。

45　又稱為輕吟唱法（crooning）。croon 為低語、絮語之意。

46　www.radioworld.com/news-and-business/remembering-cbs-radios-beginnings 231 cookpad.com/。

47　當時是 CBS 廣播公司的倫敦分台長愛德華·蒙洛（Edward R. Murrow）在現場報導的。據說他不畏轟炸聲響，堅守報導崗位的聲音，鼓舞了許多民眾和軍人的勇氣。

48　Portal 原意為玄關，這裡是指所有線上服務的入口。

49　美國企業 ValueClick 自 1998 年開始推行。

50　①運用群集分析（clustering）技術，降低分散式運算的成本；②研發出網頁排名技術（PageRank），提升了搜尋的準確度。

51　結果 MSN 在幾個月後，又取消了關鍵字廣告。

52　Google 在 2002 年榮登搜尋引擎的市占率冠軍。

53　服務遍及全球 70 個國家，25 種語言。海外網站的食譜有 212 萬道菜色，平均單月使用者人數逾 4,000 萬人。

54　2000 年代前半，運用當時已相當普及的電話線路，進行高速通訊（寬頻）的技術。因日本 Yahoo!BB 公司在 2001 年時祭出破盤價，還有免費發放數據機等措施，才迅速在日本社會普及。

55　前一年只售出 2,000 台，但與 cookpad 合作那一年，便銷售了 5 萬 2,000 台。

56　譯註：當時在 Docomo 的傳統手機上，已可瀏覽 cookpad 的手機版網頁。

57　已跨足 77 個國家，有 29 種語言版本（截至 2019 年 3 月底）。

58　共同創辦人里德·海斯汀（Reed Hastings）曾在錄影帶出租店租借《阿波羅 13 號》來不及還，付了高達 40 美元的逾時罰款。因為有這樣的經驗，才想到網飛的線上出租模式。

59　根據使用者的租借紀錄，個別推薦作品的功能。

60　每位會員平均每月會租借 7.2 部作品。

61　一邊下載，同時一邊播放內容檔案的形式。

62　英國的蘋果公司（Apple Corp.）是由披頭四（Beatles）所創辦。1978 年時，英國這家蘋果公司曾控告美國的蘋果公司侵害商標權。後來雙方僅以 8 萬美元就達成和解，條件是「美國蘋果公司不得跨足音樂事業」。

63　Photoshop、Illaustrator、InDesign、Dreamweaver、Flash、Professional、Edge Animate等。

64　對象是 CS6（Creative Suite第六版）。

65　mechakari.com stripe-club.com。

66　譯註：成立於 1998 年，目前號稱日本最大的流行服飾電商平台。

67　譯註：成立於 1958 年，以銷售商務、上班服飾為主的老字號品牌，在日本有逾 500 家實體門市。

68　AOKI 僅花 6 個月，ZOZO 則是經過 12 個月，就決定結束成衣的訂閱型事業。

69　日本各地方政府對含汞燈管的處理都有相當嚴謹的規範，需請各地合格清運業者處理。

70　於 2001 年正式施行。

71　主要商品為住宅設備（廚房、浴室、盥洗、廁所、熱水、收納等）和照明燈具。

72　日本的「產業廢棄物管理票」。日本強制規定管理者必須用這份表單，來掌握誰會在什麼時候清運或處理廢棄物。英文是 manifest（申報），和政見的英文 manifesto 雖然不完全相同，但語源都是「用來明白揭示的聲明或文章」。

73　譯註：現已更名為 TAKARA TOMY，知名產品包括「多美小汽車」等。

74　包括「不敷成本」、「經銷商不會陪我們搞這一套」、「燈泡不是回收法的規範項目」、「就我們一家公司標新立異，會引發很多混亂」、「走這麼前面，萬一失敗怎麼辦」等等，詳情請參閱《那個男人，賣了不是「物品」的商品》（モノでないものを売った男）。

75　2009 年 9 月，Panasonic 又啟動了租賃服務「明亮E支援」，不僅可以更換燈管，更將所有照明燈具都納入服務範圍，並承諾企業可因此而節能減碳。

76　中國、印度和印尼等。

77　shinpc.blogspot.com/2013/10/blog-post_4.html。

78　此資料來源為 2017 年，松井〈日系企業在新興國家市場的事業創新——愛普生「墨水儲存槽式印表機」導入過程〉（日系企業の新興国企業市場における事業革新—エプソン「インクタンク」の導入過程），作者依此編製。

79　自 2014 年 6 月 1 日至 2015 年 6 月 1 日的所得推估。

80　就全球市場而言，由於近年來串流上架服務大幅成長，帶動音樂市場在 2017 年時恢復到 173 億美元的規模，相當於 2008 年的水準。

81　一般社團法人演唱會宣傳協會，在 2017 年針對 67 家業者所做的調查數字。

82　理想國在 2017 年所舉辦的演唱會，總計動員 8,600 萬人次以上，營收 103 億美元，營業利益則有 9,140 萬美元。

83　合約內容包括單場及巡迴演唱會的宣傳權、錄製 3 張錄音室專輯的權利和商標權等。

5章

案例研究：

咖啡和咖啡館

35 | 世界排名第二的飲料 ——咖啡問世

▶一天喝掉 25 億杯，一年 10 兆日圓的咖啡商機

原產於伊索比亞的咖啡樹，不僅咖啡豆，連果實和嫩葉都含有若干咖啡因，所以自古就是人類在生活、宗教儀式或戰時的行動口糧。它能輕鬆讓人靜心、提神醒腦。或許由於此因素的加持，目前咖啡的全世界消費量已達一天 25 億杯。若排除「水」不計，咖啡已是全球排名第二的飲料，消費量僅次於茶飲[1]（68 億杯）。

目前咖啡商機的市場規模，一年超過 10 兆日圓。這個金額也是僅次於茶飲（14 兆日圓）規模。

2018 年，可口可樂公司斥資 51 億美元，收購英國的咖啡連鎖品牌「咖世家」（Costa Coffee），一時蔚為話題。想必此舉是出於他們認為咖啡未來的發展潛力比碳酸飲料更大的緣故。

▶咖啡世界裡的商業創新史

不過，咖啡被認可為飲料並非發生在很久以前。將咖啡豆烘烤後、磨成粉，再用滴濾式手法萃取（濾紙式沖泡或冰滴咖啡）的手法，是 18 世紀的發明。相較於千年前就已發展完整的沖茶方法，咖啡堪稱飲料世界的新兵。

不過，以飲品專賣店而言，咖啡則凌駕於茶飲之上。1511 年，埃及開羅就出現了咖啡館的前身；1554 年，伊斯坦堡開了一家「哈內咖啡館」（Kiva Han）；1652 年，英國出現了咖啡屋，並於 10 年內發展

圖表 5-1　咖啡業界創新的歷史

階段	年代	重要大事	咖啡案例研究
咖啡誕生	9 世紀左右	在衣索匹亞發現咖啡豆	
	9 世紀左右	被當成神祕藥品飲用	
	13 世紀左右	回教徒開始烘焙咖啡	
咖啡館誕生	1511	於埃及開羅	36 咖啡館最早為特定顧客服務
	1652	37 倫敦開了咖啡屋	37 從勞依茲咖啡屋發展成勞依茲保險社
	1686	36 巴黎開了「普羅柯佩咖啡館」	
第一波	1938	即溶咖啡「雀巢咖啡」誕生	
	1950～	日本興起「喫茶店」熱潮	
	1969	「UCC 罐裝咖啡」問世	
第二波	1980	39 「羅多倫」1 號店 @原宿	38 目標成為第三空間的星巴克
	1980～	日本 7-11 開始在店頭銷售咖啡	39 黃金地段、咖啡半價的羅多倫
	1987	38 「星巴克」重新起步	
第三波	1986	41 「Nespresso」膠囊咖啡機問世	40 用咖啡一較高下的藍瓶咖啡
	2007	40 「藍瓶咖啡」1 號店	41 五度挑戰市場才成功的 SEVEN CAFÉ
	2013	40 日本「SEVEN CAFÉ」成功	41 憑咖啡膠囊大發利市的雀巢咖啡

出 2,000 家店；1686 年，普羅柯佩咖啡館（Le Procope）在法國巴黎開幕。白天以咖啡為中心的餐飲店於焉成形。

　　後來，咖啡又經過各種各樣的創新，而傳播到全世界，例如雀巢的即溶咖啡、UCC 的罐裝咖啡，還有羅多倫的早安咖啡館、星巴克的第三空間等。（請參閱圖表 5-1）

36 | 咖啡館最早為特定顧客服務

▶來自 17 世紀後期的回教文化圈

「café」是法文的咖啡，而「café au lait」則是指「加了牛奶（lait）的咖啡（café）」。

17 世紀後期，「喝咖啡」的習慣透過商人傳進英國。源自回教世界的咖啡飲品滋味苦、刺激性強，是成年人在酒精飲料之外的另一個選擇，當時紳士接受度很高。

咖啡館（café，在英國則稱為 coffee house）始於倫敦和巴黎，當年是最時髦風尚的店家，光是倫敦的咖啡館便多達 3,000 家，巴黎也有數百家在爭搶市場大餅。

不過，當年的咖啡館可不是單純和朋友（或自己一人）喝咖啡的地方。說穿了，它其實是個供「圈內人」交換資訊、社交互動的場所。

圖表 5-2　格爾波雅（Guerbois）咖啡館[2]

▶巴黎的每家咖啡館各自提供不同的特定族群消費

尤其是巴黎咖啡館，往往只要一聽到店名，就能知道上門消費的顧客從事哪種職業或推崇何種價值觀，是與特定形象強烈連結的地方。

常客之間共同的話題，同時定調了各家咖啡館的調性，到頭來更成了每家咖啡館的特色。

巴黎目前仍在營業的咖啡館當中，歷史最悠久的普羅柯佩咖啡館，是談論政治（和八卦）的場域，當年的目標客群是政治人物，以及有志從事政治工作的年輕人。舉凡盧梭（Rousseau）、伏爾泰（Voltaire）和班傑明・富蘭克林（Benjamin Franklin）都是座上常客。法國大革命時期，馬拉（Jean Paul Marat）、羅伯斯比爾（Robespierre）和拿破崙（Napoleon）也常上門光顧。

位在巴蒂諾勒大道上的格爾波雅咖啡館，則是「印象派」[3]的發源地。1869 年起，以馬內（Edouard Manet）為首的青年才俊，會在週四晚上齊聚一堂，進行一場又一場的藝術論戰。成員有莫內

習題演練 16 | 請畫出十九世紀末巴黎咖啡館的商業模式圖

	酒吧／餐酒館	咖啡館
目標族群（顧客）	一般男性個人 ⬌	
價值（提供價值）	用餐和小酌 可以吵鬧 ⬌	
能力（營運／資源）	地點 提供餐飲 ⬌	
獲利模式（利潤）	晚上的酒水（高毛利） 客單價高 ⬌	

（Claude Monet）、竇加（Edgar Degas）、希斯里（Alfred Sisley）、畢沙羅（Camille Pissarro）、塞尚（Paul Cézanne）、雷諾瓦（Pierre-Auguste Renoir）等。

例如，他們就曾在格爾波雅咖啡館，滔滔不絕討論「陰影的表現法」，讓眾人體認到了反射光的重要性。

莫內等人不顧當時把持藝術界的學院派反彈，於 1874 年自行舉辦了獨立展覽。這場展覽的正式名稱為「無名氣的畫家、雕刻家、版畫家協會的『第一次展覽』」，後人稱之為「第一次印象派展覽」。

當年參展的創作者有 30 位，參展作品超過 160 件，但後來名留青史的「印象派」只有不到 10 位。

格爾波雅咖啡館的目標客群，是追求新藝術的年輕人。而它的價值，就是顧客只要來到這裡，便能與同好盡情、認真「談天說地」。

▶為女性而設的茶點沙龍

咖啡館成了男性高談闊論的場所之後，女性便難以靠近。於是，路易‧歐內斯‧拉杜蕾（Louis Ernest Ladurée）掀起了一場革命。

拉杜蕾原本在法國西南部地區經營麵粉廠，1862 年在巴黎的瑪德

圖表 5-3　茶沙龍拉杜蕾商行最早期的樣貌[4]

蓮大教堂附近開了一家麵包坊（Boulangerie），進軍法國頂尖烘焙師傅雲集的新興商業區。

不幸的是，麵包坊在 1871 年時因捲入政治動亂而遭祝融燒毀，迫使拉杜蕾必須重新出發。於是他將原本的麵包坊改為西點烘焙坊，還禮聘海報設計師操刀規畫店內裝潢，打造出時尚華美的空間。

而想到在這個空間裡，融入與咖啡館不同路線概念的，則是拉杜蕾的妻子貞妮・梭莎（Jeanne Souchard）。浴火重生的拉杜蕾商行（Maison Ladurée），結合了咖啡館與甜點烘焙坊。

把咖啡館打造成專為女性設計的空間，讓拉杜蕾的生意興隆、門庭若市。店內雖備有咖啡，但由於飲品以紅茶為主，故被稱為茶沙龍（Salon de the，英文是 tea salon）。

拉杜蕾商行的目標族群是當地的貴婦。提供的價值，不僅是讓顧客自在暢談的環境，還有堪稱極品的美味甜點。後來拉杜蕾的表弟研發出了巴黎風馬卡龍（Macarons Parisiens，兩片杏仁小圓餅中間夾甘納許），成為超級熱銷商品。

茶沙龍迅速在白天想找地方輕鬆聊天的巴黎女性之間傳開。1903 年，「安潔莉娜」（Angelina Paris）在與羅浮宮美術館緊鄰的杜樂麗花園（Jardin des Tuileries）前開幕。這家店的蒙布朗蛋糕非常有名，店內擺設選用路易十五時期的優雅風格，深受香奈兒的創辦人可可・香奈兒（Coco Chanel）的喜愛。

創立於 1854 年的瑪黑兄弟（Mariage Frères）[5] 是標榜「法式紅茶藝術」的老字號。他們除了銷售逾五百款以風味茶為核心，再與全球各式茶種調合、融合的茶品，同時也經營茶沙龍。瑪黑家族從 17 世紀開始從事貿易，由他們打造的這家名店，業務範圍目前已拓展到法、英、德、日等國。

習題演練 17 | 請畫出十九世紀末巴黎茶沙龍的商業模式圖

	咖啡館	茶點沙龍
目標族群 （顧客）		
價值 （提供價值）		
能力 （營運／資源）		
獲利模式 （利潤）		

37 從勞依茲咖啡屋發展成勞依茲保險社

▶勞依茲保險社原為咖啡館

　　早期咖啡館（咖啡屋）真正在倫敦起步發展時，原本是供紳士交流資訊、社交聯誼的場所。不過，後來很快就發展成每家店都有自己特定目標客群的態勢，例如「出入那家咖啡屋的都是政壇新秀，尤其是○○派聚集的地方」。<u>既然上咖啡館的目的正是資訊交流、社交聯誼，那麼只讓有相同興趣、關注，聊得來的人聚在一起，交流才會更有效率。</u>

　　當中最典型的案例，就是愛德華・勞依茲（Edward Lloyds）於 1688 年前後開設的勞依茲咖啡屋（Lloyd's Coffee House）。它剛好位在泰晤士河畔碼頭附近的塔街（Tower Street）上，所以<u>店裡總是聚集了許多貿易商、船長和船員。</u>

　　店東勞依茲為落實顧客至上的精神，編了專業報刊《勞依茲報》（Lloyd's News）。內容皆從顧客蒐集正確資訊並編輯，而能讀到這份報紙的就只有上門的客人。這個操作引起熱烈迴響，於是圈內人只要來到勞依茲咖啡屋，就能接收到最新的海事資訊，店裡又有許多業界相關人士，馬上就能找到人談生意，勞依茲咖啡屋的生意因此蒸蒸日上。

　　尤其對於海上保險的保險業者而言，勞依茲咖啡屋簡直就是個再方便不過的地點，於是<u>獨立保險業務員便把這裡當成談生意的場所。</u>

▶海上保險是支持冒險者的高風險生意

　　自古希臘時代起，就有以金錢支持高風險航海活動的機制。11 世

紀後，在中世義大利等地，「冒險借貸」（萬一遭逢船難或海盜洗劫等情況時，即可免還款，但利率相當高，約為 24~36％）就已相當發達。

不過，到了 1230 年左右，教宗額我略九世下令禁止收取這項利息，於是業者便發明「依預期可能發生的損害金額預付保費」機制來解套，成了所謂的「海上保險」。這一套機制因為只把冒險借貸中的風險承擔功能獨立出來，沒有本金，只收預付款[6]，所以不算利息。

雖然海上保險支持冒險者，但若發生暴風雨或區域衝突，許多保險業者可能因而破產，這在當年是高風險生意。為了避免破產，保險業者必須掌握全球的政治局勢、天氣狀況，以及海盜出沒與否等最新資訊。

勞依茲過世之後，顧客找了 1 位曾在勞依茲當服務生的老員工，要他接下勞依茲名稱開店，最終這家店更搬進了皇家交易所裡。之後相關法令完成立法，勞依茲咖啡屋就直接變成保險市場。

保險業者在過程中，曾評估是否更名，但為了向當初提供交易場所的勞依茲表示謝意，最後還是決定留下勞依茲名稱。

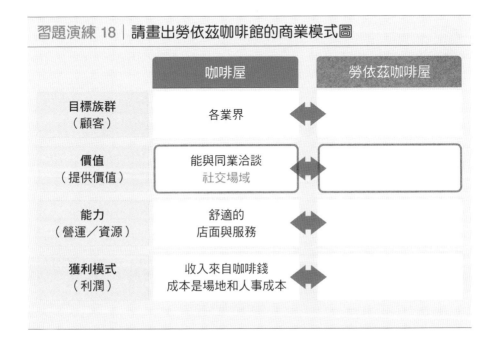

習題演練 18 | 請畫出勞依茲咖啡館的商業模式圖

	咖啡屋	勞依茲咖啡屋
目標族群 （顧客）	各業界	
價值 （提供價值）	能與同業洽談 社交場域	
能力 （營運／資源）	舒適的 店面與服務	
獲利模式 （利潤）	收入來自咖啡錢 成本是場地和人事成本	

38 | 目標成為第三空間的星巴克

▶霍華・舒茲在義大利出差行程中大受感動

苦學出身的霍華・舒茲（Howard Schultz），靠著美式足球獎學金上大學。畢業後，他曾在全錄和日用品公司任職，直到 29 歲才進入星巴克服務。當時星巴克旗下還只有 4 家門市。某次赴義大利出差時，他在米蘭街頭看到義式濃縮咖啡的咖啡吧，[7] 大受感動。

「這裡不只是讓人喝杯咖啡、小憩片刻的地方。它是一座劇場，人只要待在這裡，就能體驗美妙的經驗！」

為了向美國人推廣義式濃縮咖啡的好滋味，舒茲打造了一款結合義式濃縮咖啡和大量牛奶的「西雅圖式咖啡」，並開始在外帶型（take away）門市銷售，相當受到西雅圖的學生族群和女性上班族喜愛。舒茲在兩年後 1987 年，以 400 萬美金買下星巴克的所有門市與商標。

星巴克的概念，是希望成為「第三空間」（The Third Place），也就是既能讓顧客品嘗咖啡，同時也能在此享受、消磨時光。這不是家裡，也並非公司，是人生的第三個歸宿。舒茲為了傳遞這樣的概念，不惜投入了全部身家。

▶迅速擴張的星巴克，扭曲了該有的價值

舒茲的豪賭中了大獎，星巴克轉眼間擴及全美。在此之前，美國人心目中的咖啡，是在披薩或漢堡店裡順便買來喝的飲料，一杯頂多新台幣 3、40 元。而星巴克咖啡售價卻是兩倍以上！沒想到竟然還很暢銷。

星巴克從 1987 年的 17 家店，發展到 10 年後的 1,412 家門市，到了 20 年後，也就是 2007 年，門市更達到 15,011 家的規模。不過，以這樣的速度展店，似乎有點太操之過急了。

星巴克在迅速擴張的過程中，有些展店計畫太冒進，導致後來人手不足，飲品供應及服務品質大打折扣。每個城鎮都充斥星巴克門市，到頭來竟然還為了招攬客人而供應披薩，以至於店裡飄散的不是咖啡香，而是起司香。這樣的星巴克，已不再是那個讓人覺得「待在裡面就覺得很美好的第三空間」。

到了 2008 年，既有門市的營收成長率竟跌到了－3％。

▶為了持續守護價值而打的戰役

於是，舒茲決定回鍋擔任執行長。他在 2000 年時，曾一度將執行長位子交棒給後進，但要度過這個難關，還是非得由老闆親自出馬才行。舒茲上任後，立刻停賣了披薩類的餐點，還安排旗下所有門市停業一天，以便召集員工，進行咖啡沖煮的特訓。此外，舒茲為了也在設備上和對手做出差異，還收購了一家咖啡設備製造商。而星巴克在 2009 年新開設的門市數量，是負 45 家。

舒茲已做好加碼投資和營收衰退的心理準備，才大刀破斧推動價值重建。

2019 年底，星巴克旗下已超過 3 萬家門市，其中一半設立在美國以外的國家。日本的門市數量也已達到 1,458 家。[8]

日本的第一家門市位於銀座松屋通店。開幕當天氣溫高達 32.4℃，連特別趕來參與開幕的舒茲都不禁感嘆：「這麼悶熱的天氣，熱咖啡怎麼可能賣得出去呀！」結果當天賣出的第一杯飲料，是熱的中杯雙份濃縮拿鐵（Tall Double Latte）。星巴克提供的價值，竟連日本高溫潮濕的環境都能打敗。

習題演練 19 │ 請畫出日本星巴克的商業模式圖

	傳統咖啡館	星巴克
目標族群 （顧客）	上班族男士	
價值 （提供價值）	能喝杯咖啡 小憩的地方	
能力 （營運／資源）	・門市：二流地段 咖啡：個人技術 店員：OJT？	
獲利模式 （利潤）	客單價：偏低～偏高 翻桌率：偏低	

39 黃金地段、咖啡半價的羅多倫

▶鳥羽博道在早晨的香榭大道上,用心觀察

1960 年代,日本的咖啡館數量也開始攀升,轉眼間就從原本的 2 萬家,成長到突破 15 萬家。不過,這些店給人的印象,卻是「不健康又黑暗」的。因為這些幽暗的店裡,瀰漫著燒乾的臭咖啡味和菸霧。

日後成為羅多倫(Doutor Coffee)創辦人的鳥羽博道高中輟學,於 17 歲時投入餐飲業,開始在咖啡館工作,因而與咖啡豆結緣。鳥羽在 19 歲時被提拔為店長,工作可說是風生水起,但他卻覺得有些空虛,便飛往巴西,成了咖啡園的現場主管。回國後,鳥羽開始自己做生意,卻碰上員工捲走了他原本要開設咖啡館的資金等,簡直倒楣到了極點。然而,鳥羽並沒有氣餒,還是堅守工作崗位。不過,他也感覺到傳統咖啡館和咖啡豆專賣店等事業形態發展,已到了極限。

1971 年夏天,鳥羽和 20 位同業組團到歐洲考察。期間他拚命找尋

圖表 5-4　巴黎咖啡館的收費方式[9]

「通往下一個業態的靈感」，在巴黎那幾天，他甚至沒和同業在飯店吃早餐，早上 8 點就在香榭大道上四處逛來逛去。

他一路往凱旋門的方向走去，發現很多人從地鐵站出來後，就直接走進最近的咖啡館，簡直就像是被吸進去似的。他再往店裡仔細一瞧，竟看到大家都站在店裡的吧檯前，圍成兩、三圈喝咖啡。

「明明店裡還有座位，為什麼他們要站著喝呢？」

這可從店家的收費方式找到答案。相較於有服務生服務的店內座位（若 1 杯 500 日圓）和露天雅座（550 日圓），站在吧檯邊喝（250 日圓）便宜許多。再吃個可頌或法式巧克力麵包，一天早餐就解決了。

▶成功擴大客層的科羅拉多咖啡館

回國後，鳥羽旋即開設了科羅拉多咖啡館（cafe COLORADO）。

追求「能聚集健康活潑的男女老幼」的一號店，開幕後半年內的營業額不見起色，只能慘澹經營。不過，由於科羅拉多咖啡館成功擴大客層，所以店內座位 1 天已可翻桌 12 輪。一大早是商務客，接著為在地商家老闆，中午又回到商務客，下午還有自由業和家庭主婦，店內氣氛

圖表 5-5　科羅拉多咖啡館

擴大客層之後，一天之中就不再有尖峰、離峰時段的落差

時段	傳統咖啡館	科羅拉多咖啡館
早上	商務客	商務客
上午		在地商家老闆、大學生等
中午	商務客	商務客
下午		自由業、家庭主婦等
傍晚	商務客	商務客
來客數／座位數	4～6 輪	12 輪

總是熱鬧。相較於 1 天只做 6 輪生意的傳統咖啡館，簡直是門庭若市。

於是各地紛紛表示歡迎科羅拉多來開店。驀然回首，科羅拉多竟在幾年內發展成了有 250 家店的連鎖品牌。

▶客層更聚焦的羅多倫，好喝的咖啡只要半價

到了 1980 年，鳥羽做足準備後所推出的品牌，就是羅多倫。

他的目標是希望在日本複製香榭大道的咖啡館光景！羅多倫以早、中、晚各時段忙碌的民眾為目標族群，提供「便宜好喝的咖啡為首要」的價值主張，而且還必須開在離車站近的黃金地段才行。於是，羅多倫的第一家門市，選擇開在東京的原宿車站前。

儘管店裡並不提供全桌邊服務，而是自助式服務，但羅多倫極力縮短接單到供餐的時間。還有，顧客停留時間很短，不需要配置太舒適的椅子或沙發。不過，羅多倫對於咖啡的品質非常講究，還提供當年咖啡館裡沒有的現烤麵包，所以店內總飄散著現磨咖啡香和美味的麵包香。

為了讓顧客能輕鬆來店消費，羅多倫將當時 1 杯要價 300 日圓的咖啡，設定為 150 日圓。此舉成功虜獲了相約見面的顧客。

不過，問題的癥結在於實現上述內容的能力。要在黃金地段，用平常的一半價格迅速供應好喝的咖啡，還要在狹小的店裡烤麵包。

▶培養能力的祕訣：自動化、規模化、講習、座位安排

首先，羅多倫把最需要用人力的主要操作，包括沖咖啡、烤麵包和清洗餐具等都改成自動化，也就是引進最新式的自動咖啡機、國外的自動烤麵包機和自動洗碗機。為了壯大整體規模，羅多倫採取加盟制，在日本各地募集有意出資者。

發展連鎖店時，員工的服務能力與店長的門市經營能力是關鍵。羅多倫為門市員工準備了標準作業手冊和講習課程，還為了讓店長接受特

第4章 獲利模式　第5章 案例研究　第6章 商業三大必修學分　第7章 經濟基礎知識

別的研習，打造了學院（IRP 經營學院）。

羅多倫鎖定以吃早、午餐的客人，以及相約見面的顧客為主要客群，所以座位設計以吧檯和單人座位為主。這都是希望能在短時間內提高輪轉翻桌，而不鼓勵顧客久留。為了讓咖啡喝起來更美味，還是在杯子上砸了大錢，選擇每個要價 2,000 日圓的骨瓷杯[10] 為標準用品。

「在黃金地段、供應半價咖啡」的羅多倫因此誕生了。

走都會路線的羅多倫，後來仍持續成長。截至 2018 年底，總店數已達 1,119 家（其中加盟店占 925 家），加盟總部的營業利益更高達 46 億日圓。

羅多倫培養出這些難以實現的能力，才催生出日本最具代表性的咖啡連鎖品牌。

習題演練 20 ｜ 請畫出羅多倫的商業模式圖，尤其詳加描述價值與能力部分

		傳統咖啡館	羅多倫
目標族群（顧客）		想消磨時間的上班族、大學生	
（提供價值）**價值**	咖啡品質	講究	
	客戶服務	全桌邊服務	
	店面區位	二級地段	
	供應時間	慢（數分鐘～10 分鐘）	
	停留時間	長（坐著）	
	價格	300 日圓	
（營運／資源）**能力**	員工訓練	OJT（一對一）	
	沖煮咖啡	人力	
	烤麵包	不提供	
	收拾整理	人力	
	用品	沙發／餐具較廉價	
	店面	各自為政	
	店面經營能力	低	
獲利模式（利潤）		高單價低輪轉（4~6 輪）	

|40| 用咖啡一較高下的藍瓶咖啡

▶ 梅利塔追求一杯咖啡好滋味

13 世紀時，懂得先烘過咖啡豆後，再煮出黑色液體，催生「咖啡」飲料的是以色列人。後來，咖啡傳入歐洲，萃取法在當地經過持續的改良。18 世紀後半時，法國人打造出用布過濾的絨布[11] 手沖咖啡壺。1840 年，蘇格蘭人則發明了虹吸式咖啡器具。

到了 1908 年，咖啡萃取法發生一場大革命。德國家庭主婦梅利塔·本茨（Melitta Bentz，1873〜1950）創造了咖啡濾杯。當年，35 歲的梅利塔為了找出在家沖出不帶雜味、又不苦澀的好喝咖啡方法，試了很多種素材，最後發現兒子筆記本的紙張，效果最好。當時的筆記本為了讓鋼筆墨水一寫就乾，用的是吸水力很強的紙張。

梅利塔取得專利後，隨即找先生和兩個兒子幫忙、創辦公司。如今遍布全球 150 國的咖啡機製造商「美樂家」（Melitta）就此誕生。多虧有梅利塔的努力，才孕育出了咖啡「逐杯手沖」的文化。

▶ 日本孕育出的自家烘豆手沖咖啡名店

在 1950 年代暴增，後來持續減少的日本咖啡館（喫茶店，請參閱第 269 頁），多半給人一種「又暗又煙霧瀰漫，很不健康」的印象。其中自詡為咖啡專賣店，不斷追求極致滋味的，是自家烘豆和手沖的咖啡專賣店。

同樣是手沖，其實也有不在濾杯上放濾紙，而是用絨布的法蘭絨。

絨布的網眼比較大，咖啡豆的油脂能通過，據說口感比較好。絨布手沖最早是供大量萃取使用，後來也有人用來萃取少量的一杯咖啡。再者，咖啡豆只要一磨碎，風味就會立刻變差，因此在店內烘豆、磨豆的「自家烘豆」最理想。不過，絨布手沖和自家烘豆都需要具備相當專業的技術，且生產力很低，店家要維持獲利很不容易。

而結合這兩種元素的自家烘豆絨布手沖咖啡專賣店，有幾家知名的老字號。例如，在東京銀座的「琥珀咖啡」（CAFE DE L'AMBRE）和十一房咖啡店，澀谷的茶亭羽當、大坊咖啡店（2013 年歇業）等。

圖表 5-6　梅利塔濾紙式手沖咖啡器具[12]

| 1914 爆發第一次世界大戰 | 1935 經濟大恐慌時期 | 1939 爆發第二次世界大戰 |

1900　1925　1950　1975　2000

1908 美樂家公司誕生　1919 陶瓷製濾杯誕生　1950 梅利塔·本茨過世　1963 單孔濾杯誕生

1908 梅利塔·本茨設計出全球第一個濾杯：在黃銅容器底下打出無數個孔洞，再鋪上一張圓形紙，最後蓋上一個有洞的蓋子，讓熱水能均勻淋到咖啡上。

1910 改良自己設計的濾杯並商品化。美樂家首度推出鋁製原創濾杯。

1932 時，濾杯底部已改成一個大洞。此變化成圓錐形，並首度在濾杯內側加上溝槽。

1936 這個時期的濾杯底部有四個洞。

1954 首度加上顏色。這個時期的濾杯底部有三個洞。

1963 時，還確立像「1×2」的萃取杯數標準。從這個時期起，杯底統一做成一個洞。同

1998 推出美樂家限定版濾杯。

現在 現行的單孔濾杯。

▶藍瓶咖啡掀起的第三波浪潮

詹姆斯・費里曼（James Freeman）19 歲第一次造訪日本。當時他還是一位專業的單簧管演奏家。費里曼嗜咖啡成癮，無法滿足於星巴克之流的滋味。於是，他於 2002 年開創「高級咖啡豆的少量烘豆和直售」的事業，並命名為藍瓶咖啡（Blue Bottle Coffee）。然而，這項從 17 平方公尺車庫起步的烘豆直售、直送事業，很快就碰到瓶頸。費里曼不得不調整方向。

2007 年，費里曼再次來到日本，在朋友的建議下，走訪了多家咖啡館。一天逛了 9 家咖啡館之後，費里曼大受感動。

「每一家店都各有風格和店東獨特的想法」「即使很花時間，還是堅持逐杯手沖，這種款待精神令人感佩。」

從大坊咖啡店、琥珀咖啡店到巴哈咖啡館（Cafe Bach）都是這樣的店家。費里曼回到家鄉舊金山之後，用自家車庫和帳篷，開起了自家烘豆的手沖咖啡店，堅持選用特殊的咖啡豆自己烘，並逐杯手沖。

・講究產地，透過公平交易從全球各地採購咖啡豆。專屬生豆（Green Bean）採購會，依季節斟酌品選當令咖啡

・展店前先從開設烘豆坊做起。為了呈現咖啡豆特色，依咖啡豆種類擬訂不同烘焙方法。烘焙後的咖啡豆也會依種類，在最佳風味期[13] 內使用完畢

・磨豆後，會在規定時間內萃取、出杯。藍瓶咖啡將萃取技術標準化、機械化，[14] 就算不是專業大師，也能沖出好咖啡。但員工仍需經過至少 50 小時的培訓

・於全球各地供應相同的最佳滋味。在品管機制上，各地都設有專責的品管經理，每天早上進行杯測（試喝），並每月一次交換測試（確認每個據點的咖啡滋味是否相同）

・門市選址重視地價和租金便宜。例如，工業區和住宅區混合的地

段等（日本第一家門市位在江東區的清澄白河）

・門市裡<u>沒有 Wi-Fi，也不提供電源</u>。因為，藍瓶咖啡不是工作場所，也不是休息區

藍瓶咖啡後來吸引了美國西岸多位懂得賞識咖啡滋味的投資人，籌措到 4,500 萬美元資金，被譽為<u>第三波咖啡的龍頭</u>[15]。

第一波｜即溶咖啡問世，咖啡因此普及到家庭與職場（大量生產、大量消費）
第二波｜星巴克等西雅圖系的咖啡連鎖品牌，把咖啡館當成第三空間來推廣（深焙的高品質咖啡豆）
第三波｜品嘗咖啡本身的滋味（最高品質的稀有咖啡豆）

面對第三波咖啡勢力的興起，星巴克開始發展選用稀有咖啡豆，調整萃取方法，還在顧客面前提供服務的「星巴克典藏咖啡系列」（Starbucks Reserve）。該系列目前在全球已有 1,500 個據點，甚至還有附設烘豆坊的超大型門市，[16] 堪稱第二波咖啡浪潮再度捲土重來。

圖表 5-7　藍瓶咖啡門市[17]

習題演練 21 | 請畫出藍瓶咖啡的商業模式圖

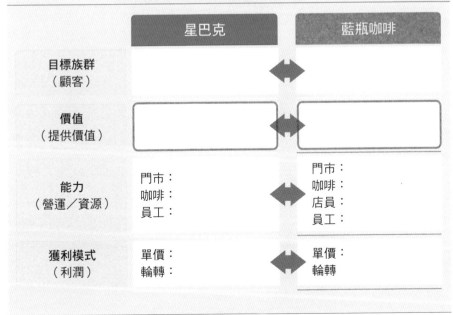

	星巴克		藍瓶咖啡
目標族群 （顧客）		⬌	
價值 （提供價值）		⬌	
能力 （營運／資源）	門市： 咖啡： 員工：	⬌	門市： 咖啡： 店員： 員工：
獲利模式 （利潤）	單價： 輪轉：	⬌	單價： 輪轉

41 五度挑戰市場才成功的 SEVEN CAFÉ

▶SEVEN CAFÉ成功搶市！

日本 7-11 自 2013 年 1 月開始於門市導入 SEVEN CAFÉ，至 9 月時，全日本所有門市（當時有 1,600 家門市）的咖啡機都已安裝完畢。中杯咖啡售價 100 日圓，冰咖啡則賣 150 日圓。

日本 7-11 當初設定的銷售目標，是日銷（平均每家門市的單日銷量）60 杯，孰料 1 年後竟成長到 100 杯，<u>2018 年更增加到 130 杯之多</u>，等於年銷量 10 億杯。根據日本雀巢的統計，日本 1 年的咖啡消費量是 480 億杯。而 SEVEN CAFÉ推出後才僅 1 年，就搶攻了將近 1%的市場大餅，5 年後更取得逾 2%的市占率。

其他還有好幾個可喜的現象。例如：

・<u>回購率達 55%</u>：便當的回購率是 40%。SEVEN CAFÉ養成顧客固定來店消費的習慣

・<u>女性顧客占 50%</u>：門市整體的顧客性別比例為女性 35%，在購買罐裝咖啡的顧客當中，女性更僅有 30%。SEVEN CAFÉ在開拓女性市場上，貢獻卓著

・<u>合購率達兩成</u>：購買 SEVEN CAFÉ商品的顧客，會一併購買三明治、甜麵包或甜點

・<u>罐裝咖啡銷量持平</u>：並未互相侵蝕[18]

就門市而言，SEVEN CAFÉ的機器購置、維修保養和銷售人事費是

1 天 2,000 日圓，100 日圓熱咖啡的進貨單價則是 50 日圓。

對門市加盟主而言，SEVEN CAFÉ的日營業額約 1 萬日圓，是一項能多賺進 3,000 日圓利潤的商品。

就整體門市而言，SEVEN CAFÉ推出第一年，估計就創造了逾 5 百億日圓的營收。這個數字相當於麥當勞飲料總營收的 1/3，更是星巴克飲料總營收的一半以上。

然而，走到這一步之前，SEVEN CAFÉ可是歷經了多次的失敗。

▶30 年的慘烈挫敗史

起初 7-11 是在 1980 年代推出了「賽風壺預煮咖啡」。原本照規定應該是每小時重煮新咖啡，但門市並未落實，導致它們淪為「難喝咖啡」。接著，在 1988 年推出「手沖現泡咖啡」，7-11 研發了專用咖啡機，並導入旗下 3,500 家門市，結果門市裡竟瀰漫焦香。

到了 90 年代，7-11 記取前次教訓，推出了「匣式」咖啡，但因為不是現磨咖啡豆，所以口味不佳。進入 2000 年代之後，日本 7-11 以「咖啡師的咖啡館」為名，供應自助式的義式濃縮咖啡和拿鐵咖啡，結

圖表 5-8　SEVEN CAFÉ的 BEP 分析：100 日圓的咖啡賣 100 杯

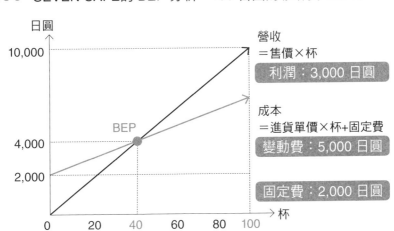

果日銷卻只有 25 杯，以慘敗收場。況且機器本身太龐大，很占空間，所以引進的門市數量只停留在 2,000 家上下。

累積了四次失敗之後，SEVEN CAFÉ其實是 7-11 的五度挑戰，終於成功。

習題演練 22 | 請用加盟總部的觀點，畫出 SEVEN CAFÉ的商業模式圖

	SEVEN CAFÉ（總部觀點）	
目標族群 （顧客）	顧客	加盟主
價值 （提供價值）		
能力 （營運／資源）		
獲利模式 （利潤）		

42│憑咖啡膠囊大發利市的雀巢咖啡

▶咖啡王者挑戰會員制直售事業

雀巢成功將即溶咖啡推廣到全球所有家庭裡，但在 1980 年代以後，也曾因品牌力下降而傷透了腦筋。就像《取捨》中所探討的，雀巢很難兼顧「超便利」（convenience，便宜、到處都買得到）和「高質感」（quality）。

1986 年，雀巢推出劃時代商品Nespresso 膠囊咖啡機。他們將現磨咖啡豆封裝進特殊的膠囊裡，飲用時再用超小型義式濃縮咖啡機萃取，企圖重現正宗義大利咖啡館（咖啡吧）的滋味。然而，這個事業碰到的首位敵人，竟出現在公司。

這項產品的提案人是艾瑞克・法弗爾（Eric Favre）。主管聽了之

圖表 5-9　使用 Nespresso 膠囊咖啡機[19] 3 年後……

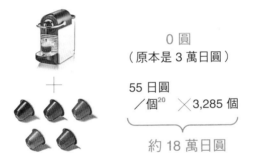

1 天喝 3 杯，持續 3 年

0 圓
（原本是 3 萬日圓）

＋

55 日圓
／個[20]　×3,285 個

約 18 萬日圓

後，很冷淡地說聲「這會和雀巢咖啡互相侵蝕」，連准他研發的機會都沒給。法弗爾私下持續研發，終於熬到上市。距離他提報那天，已經過了 11 年。

下一堵高牆則是初期投資。當初研發的高性能機器，可配合咖啡的種類和配方，調整 11 ～ 15 氣壓，但要價高達 3 萬日圓。這樣的價格當然賣不動，於是就輪到刮鬍刀模式登場了。

雀巢不只找喬治・克隆尼（George Timothy Clooney）拍宣傳廣告，還鎖定高級飯店和辦公室等<u>企業法人</u>，推出直售的會員制方案，採取<u>「免費出借咖啡機，再憑後續的原廠膠囊（1 個 60 日圓）賺取利潤」</u>。這項策略推出之後，想輕鬆營造高級形象的法人客戶，反應相當熱烈。

雀巢也和吉列一樣，動用 1,700 個專利保護咖啡機和膠囊，努力排除其他非原廠的相容膠囊。然而，自 2012 年基本專利到期之後，雀巢在訴訟上持續面臨苦戰。

不過，後來雀巢在日本成功搶灘個人顧客市場，讓 Nespresso 膠囊咖啡機成為營收 5,000 億日圓、市占率 50％的高獲利事業。

▶以垂直整合模式，安度環境問題

Nespresso 膠囊咖啡機成功轟動全球，也引發了問題。就是<u>使用膠囊後製造的垃圾</u>。由於民眾大量丟棄只能掩埋處理的特殊膠囊，德國政府憤而祭出鐵腕，下令「把 Nespresso 膠囊咖啡機趕出公共設施」，雀巢面臨重大危機。

不過，後來雀巢這樣因應：自行回收、處理使用後的膠囊。他們在配送時順便回收廢膠囊，再送到專門工廠處理。就這樣，<u>雀巢打造出了從栽種咖啡豆，到採購、生產、銷售和回收處理，全都包辦的垂直整合模式</u>。

▶收購品牌能突破專利問題的窘境嗎?

2017 年 9 月,雀巢砸下逾 4 億美元,收購藍瓶咖啡 68％的股權,成功將它納入旗下。對於想讓品牌朝高級化路線發展的雀巢,和希望藍瓶咖啡在全球展店的創辦人費里曼,以及期盼收回資金、獲利下車的投資人而言,這應該對三方來說,都是最理想的選擇吧。

為了結合星巴克的品牌價值,雀巢後來又在 2018 年時,砸下 8,000 億日圓,取得星巴克的商品銷售權,在全球星巴克銷售 Nespresso 膠囊咖啡機的咖啡膠囊。

這樣做究竟會不會成功,讓我們拭目以待。

接下來在第 6 章當中,我們還要再學習在事業經營上不可或缺的三項元素——用來向眾人呈現目的地所在的「事業目標」、為日後能力奠定基礎的「共通語言」,以及決定事業成敗的「資訊與人工智慧」。

第
5
章

小
結

35 世界排名第二的飲料──咖啡問世

關鍵字
咖啡、茶、飲料
滴濾式手法萃取、
咖啡店

企業、事業、商品
NA

---

36 咖啡館最早為特定顧客服務

關鍵字
咖啡屋
咖啡館、印象派
茶沙龍

企業、事業、商品
普羅柯佩咖啡館
格爾波雅咖啡館
拉杜蕾商行
巴黎風馬卡龍
瑪黑兄弟

---

37 從勞依茲咖啡屋發展成勞依茲保險社

關鍵字
針對貿易商、船長和船員的專業報
刊《勞依茲報》
海上保險
保險業務員

企業、事業、商品
勞依茲咖啡屋

---

38 目標成為第三空間的星巴克

關鍵字
「只要待著，就會有美妙體驗」的
劇場
第三空間
西雅圖式咖啡

企業、事業、商品
義式濃縮咖啡吧
星巴克

主要參考
書籍

1.《咖啡的世界史（戰譯）》（珈琲の世界史），旦部幸博，講談社，2017 年。

2.《從一杯咖啡裡學策略（戰譯）》（戦略は「1 杯のコーヒー」から学べ！），永井孝尚，KADOKAWA/中 出版，2014 年。

39 黃金地段、咖啡半價的羅多倫

關鍵字
咖啡館的無座吧檯
透過擴大客層消除尖峰、離峰時段的落差
鎖定客層，以提高輪轉次數
營運的自動化、規模化

企業、事業、商品
早晨在香榭大道上的咖啡館
科羅拉多咖啡館、羅多倫咖啡

40 用咖啡一較高下的藍瓶咖啡

關鍵字
手沖、自家烘豆
公平交易、稀有咖啡豆
第三波咖啡

企業、事業、商品
美樂家
藍瓶咖啡
星巴克典藏咖啡系列

41 五度挑戰市場才成功的 SEVEN CAFÉ

關鍵字
日銷、損益平衡點
回購率、合購率

企業、事業、商品
日本 7-11、日本 SEVEN CAFÉ

42 憑咖啡膠囊大發利市的雀巢咖啡

關鍵字
取捨、超便利與高質感
義式濃縮咖啡機與特殊原廠膠囊、專利、相容膠囊
環境問題、垂直整合模式、品牌價值與收購

企業、事業、商品
雀巢、Nespresso 膠囊咖啡機
藍瓶咖啡
星巴克

3. 《**STARBUCKS** 咖啡王國傳奇》（*Pour Your Heart Into It: How Starbucks Built a Company One Cup at a Time*），Howard Schultz，1999 年（繁體中文版由聯經出版公司於 1998 年 3 月 10 日出版）。

本章註釋

1　依發酵等級分為綠茶（不發酵茶）、烏龍茶（半發酵茶）、紅茶（全發酵茶）、普洱茶（後發酵茶）。

2　artsandculture.google.com/asset/at-the-caf%C3%A9-au-caf%C3%A9-1st-version/wgGn15AABOz0kw?hl=pt-BR。

3　此名稱源自莫內創作的〈印象・日出〉作品。不過，最早具揶揄意味，批評人士認為他們「這一群傢伙，畫的東西只留下印象，沒有內容，就像在素描」。莫內等人卻很喜歡這個稱號，於是後來便以印象派自稱。

4　www.tripadvisor.jp/LocationPhotoDirectLink-g187147-d4786908-i154471158-Laduree-Paris_Ile_de_France.html。

5　指「瑪黑兄弟公司」，由亨利（Henri Mariage）和愛德華（Edouard Mariage）兄弟創立，是法國第一家茶類進口商。

6　保險費的英文是 premium（預付），就是這樣發展而來的。

7　據說光是米蘭市區就有 20 萬家咖啡吧。

8　星巴克在 1996 年進軍日本。當年星巴克曾委託大型顧問公司，評估能否發展日本事業，結果對方提供的報告，寫著「日本人不會接受外帶」、「要是禁菸，顧客就不上門」、「大概只有東京能做得起來」等否定的答案。即便如此，舒茲卻還是義無反顧地到日本展店。

9　srdk.rakuten.jp/entry/2015/10/01/110000。

10　根據日本工業規格（JIS）的定義，骨瓷（bone china）是「在瓷土原料中，骨灰含量達 30% 以上的瓷器」。「China」則是陶磁的別名。

11　絨布（Nel）本來是法蘭絨（flannel，一種輕軟的毛織品）的簡稱。沖煮咖啡時會使用的是棉絨（只有單面起毛的棉織品）。

12　www.facebook.com/MelittaJapan/photos/a.774599562590348/2174694379247519/?type=3&theater%25ED%25AF%2580%25ED%25B9%25B9%25ED%25AF%2580%25ED%25B9%25B9%25ED%25AF%2580%25ED%25B9%25B9。出自日本美樂家官方網站。

13　最能沖出絕佳滋味的時期。例如，海斯谷義式（Hayes Valley Espresso）的最佳風味期是烘豆後的第 4~7 天之間。

14　濾杯：由一群麻省理工學院畢業的研究人員原創開發。咖啡濃度計（TDS Meter）：每天早上測量咖啡濃度。Acaia 電子秤：在注入熱水時可同時量測重量與時間。

15　主要競爭者包括源自芝加哥的知識分子咖啡（Intelligentsia Coffee）、發跡自波蘭的樹墩城（Stumptown Coffee Roasters），以及北卡羅萊納州起家的反文化咖啡（Counter Culture Coffee）。

16　星巴克典藏咖啡烘焙工坊（Starbucks Reserve Roastery）。先是在西雅圖、米蘭、上海、紐約展店，緊接著也在 2019 年 2 月底插旗東京，門市是由隈研吾設計的四層樓建築。

17　shigoto100.com/2018/07/bluebottlecoffee-2.html。

18　cannibalization，意指是自家產品彼此競爭，互相侵蝕營收。語源來自 cannibal，意指互相侵蝕的動物（或人）。

19　www.amazon.co.jp/dp/B00TRDDQS4。

20　使用個人咖啡大使專案訂購 6 箱以上，即享 8 折和免運費。

6章

商業三大必修學分：
事業目標、共通語言、
資訊與人工智慧

43 事業目標：事業需要 願景與成就目標

▶所謂的事業經營，是「擬訂事業目標，並力求實現」

「經營事業」是指擬訂應達成的目標，並為實現目標準備方法、付諸執行。這就和中世紀義大利水手為求一攫千金而冒險航海一樣。

這句話後半說的方法，就是我們在前幾章探討的商業模式。而我們還需要了解此句話的前半，也就是包括願景在內的事業目標。

・事業經營＝事業目標 × 商業模式

此事業目標可分為抽象（軟體）和具體（硬體）兩種。

軟體｜包括願景（vision）、使命（mission）和價值觀（values）等抽象的「將來理想樣貌」、「該成就的使命」和「應懷抱的價值

圖表 6-1　事業經營與事業目標

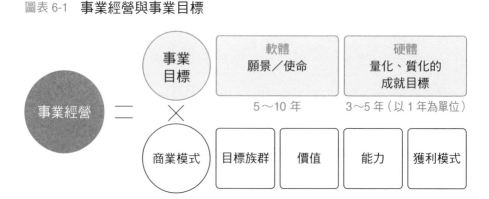

觀」。時間軸以 5～10 年為單位

硬體｜將事業上的重要元素，轉為量化、質化的成就目標，包括營收、獲利、市占率與顧客數等。時間軸以 1 年為單位來安排，約 3～5 年達成

不知道為什麼，近來大企業的願景似乎都變得大同小異，就是「為社會發展、進步做出貢獻」之類的內容。願景必須是企業深自企盼「該事業體最終想到達的」憧憬境界（《感動經營》高津尚志，2007）。空有大同小異的願景是沒有意義的。

味之素（Ajinomoto）整體所設定的「以成為為全球健康貢獻己力的企業集團為目標」，也是模糊的願景。不過，味之素在集團旗下的三種事業領域中，又分別設定了更明確的願景。舉例來說，在「精緻生技」（biofine）[1] 領域的願景，是「以全球第一的胺基酸技術，成為對人類有所貢獻的跨國胺基酸科學企業集團」。在這段話當中，其實設下了諸多限制。

A）「以胺基酸技術」：整體事業發展以技術為核心；而技術則是以胺基酸為主

圖表 6-2　味之素在精緻生技領域的事業發展

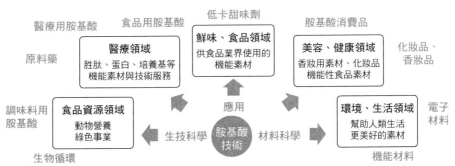

高附加價值化、市場創造型的胺基酸用途研發

　　B）「全球第一的」：技術水準要維持在全球第一

　　C）「人類」、「跨國」：以全世界每個人當為目標族群，不偏重部
　　　　分地區或客層

　　這樣的策略性限制不可或缺。味之素以這些限制為基礎，在精緻生技領域發展醫療及飼料用胺基酸、生物循環、食品及化妝保養用的機能素材，以及電子材料等。乍看之下範圍很廣，但都沒有跳脫 A、B、C 三者的框架，而這就是願景的功能。

▶成就目標只是先暫訂，先用顧客觀點研擬

　　好的願景能決定企業發展事業的大致領域和目的；但光有願景，還不足以形成事業目標。**企業還需要能引領眾人走向憧憬境界的路標，也就是具體的成就目標**。在量化目標方面，要是一次擬定 10 年份，之後恐怕只會不斷更動，所以先擬訂中、短期的目標也無妨。

　　如果是新事業或新創公司，為了籌措資金，當然必須算出事業最成功時可賺進多少獲利，並供人檢視。然而，它充其量也只不過是理論上的極限值，並非事業發展的目標。要是我們拿這種數字來當目標，恐怕馬上就會把資金燒光、倒閉。

　　反之，也有可能低估過多原先預估的最大值。例如，當初誰也沒想到 Google、Facebook 會壯大到如今規模。若在追求急速成長的過程中確有必要，就必須忽略當初所設定的目標，繼續籌募資金。對新事業、新創公司而言，量化目標其實就是這樣的東西，**重點在於要懂得先擬出暫訂目標，後續再逐步修正**。

　　假如我們要一次擬訂好幾年份的營收和獲利目標，也有很多擬訂方法。例如，**擬訂營收目標最簡單的方法，是「市場 × 市占率」**，也就是預測該事業在幾年後的市場規模，再約略設定自家公司的市占率，兩者相乘即可。

不過，請您試著回想前面介紹過的商業模式（第 1～4 章）：營收和獲利究竟怎麼創造出來？

營收取決於「目標族群」（target）和「給顧客的價值主張」（value）；而獲利則應該取決於營收多寡，和培養「能力」所需的成本高低，也就是看「獲利模式」而定。既然如此，那麼事業的營收目標，不妨就先從顧客的觀點，並根據商業模式來擬訂。若非如此，日後當企業沒達成目標時，就會搞不清楚自己的商業模式究竟哪裡不好，或有哪裡值得肯定。既然搞不清楚，自然也就無從修正了。

至於「從顧客觀點擬訂營收目標的方法」，例如：

・營收＝潛在顧客總數×顧客數占有率×客單價

客單價當然還可進一步拆解成「商品單價 × 平均每位顧客購買的數量」。企業要認清事業會在何時轉虧為盈、何時是企業組織的成長極限，還要考量商業模式，再訂定出上述的數值目標。

絕不能只用「營收＝商品銷量 × 商品單價」來擬訂營收目標，因為當中沒有任何顧客觀點。

還有另一個值得留意的就是以股東價值（對股東而言，企業在財務上的價值）作為目標的風險。

圖表 6-3　量化目標的定位（示意）

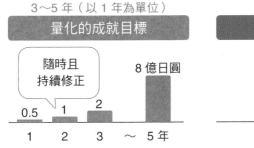
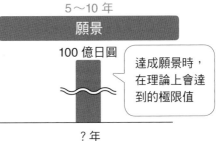

3～5 年（以 1 年為單位）

量化的成就目標

隨時且持續修正

0.5　1　2　8 億日圓

1　2　3　～　5 年

5～10 年

願景

100 億日圓

達成願景時，在理論上會達到的極限值

？年

▶ 1970 年代後半，美國開始興起一股偏重股東價值的風潮

　　<u>企業究竟屬於誰</u>？若是股份有限公司，則（通常）股東具有股東大會的表決權，公司會依股東大會的決議內容經營，也就是說，「經營者是體現股東意見的代理人」。[2] 那麼，股東對企業又有什麼期望呢？是股價大漲，還是配息大方？是希望炒短線，還是要看長期？

　　自 70 年代後期起，美國所有機構投資人[3] 都開始握有企業股票，並強烈要求企業在短期內要推升股價、創造獲利。因此，企業付給經營者的酬勞也不再是現金，而是改發自家公司股票。[4] 於是獲利多寡、股東權益報酬率（ROE）、資產報酬率（ROA）、本益比（PER）等財務指標，成了經營者僅有的行為準則。這些經營者當然會覺得：與其拚命擬訂新策略，推動艱鉅的能力改革，<u>還不如裁員減人，在短期內推升獲利或賣掉潛力事業換錢變現，就能輕鬆（搭股價上漲的便車）推升酬勞</u>。美國企業的執行長酬勞就這樣暴漲到一般員工的好幾百倍之多。[5]

　　儘管這股風潮走到最後，我們看到曾風光一時的時代寵兒安隆（ENRON）和世界通訊（WorldCom）因做假帳而解體，還有因次級房貸風波所掀起的雷曼風暴（2008）。<u>從更早之前開始，企業就曾努力，想導正</u>「<u>偏重股東價值、財務價值</u>」<u>的歪風</u>。

▶ 串聯所有業務、衡量狀況的「平衡計分卡」

　　諾朗諾頓研究所（Nolan Norton Institute）的大衛・諾頓（David Norton）長期懷抱問題意識，認為「既往使用財務指標管理績效的方法，是根據過去的資訊判斷。21 世紀的經營已不合時宜。」

　　於是，他成立「未來組織績效衡量方法」專案小組，和羅柏特・科普朗（Robert Kaplan）持續研究此議題，並於 2 年後，亦即 1992 年時，發表了「平衡計分卡」（BSC）方案。BSC 這套架構不僅有「財務觀點」（過去），還要從「<u>顧客觀點</u>」（外部）、「<u>企業內部流程觀點</u>」（內

部）、「學習與成長觀點」（未來）這四大構面，為企業經營打分數。

在這套機制中，首先要循策略（換言之，經營策略是給定的），將企業在四項觀點下的活動項目排列組合，讓它們彼此串聯（畫出策略地圖）。接著，再設定每個項目的數值目標與評比指標，並進行監測，同時也敦促內部流程改善與個人技能提升，以推動企業改革。

即使是在幾乎完全以財務指標掛帥的美國1990年代，科普朗等人以「改變偏重財務指標的經營」、「串聯當前的企業活動與長期策略」為目標，不斷努力，後來終於獲得肯定。在1997年的調查當中，有64%的受訪企業表示，已採用同BSC的「多面向績效衡量工具」。

後來，BSC經過各種改良、修正，迄今仍廣為各方運用。

▶沒達到目標時，該怎麼辦？

所謂的目標正是為追求達成，才稱為目標。不追求達成的目標，或是無法達成（難度太高）的目標是沒有價值的。不過，萬一真的沒有達成目標呢？

光是痛罵部屬或藉酒澆愁，績效都不會變好。當初目標怎麼訂定，在這種時候就會呈現鮮明的落差。倘若當初不是空有衝勁或毅力，而是

圖表6-4　平衡計分卡的範例

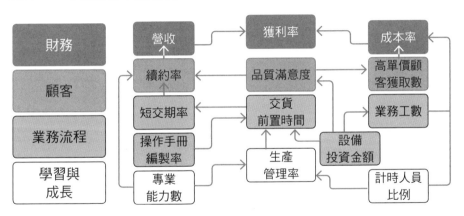

用有邏輯、量化的方式來擬訂目標，就會明白擬訂計畫時的預期，和實際情況究竟有何落差。分析這些落差發生的原因，修正該修正的地方，再調整有待改善之處即可。

不過，對於新事業或創業之初所設定的第一版目標、計畫，則可不必太過拘泥。畢竟當初既沒經驗，又挑戰未知的領域，目標當然無法設定得非常精準。

維傑・高文達雷簡（Vijay Govindarajan）和克里斯・特林博（Chris Trimble）在著作《創新 3 力：策略性創新的致勝關鍵》（*Ten Rules for Strategic Innovator*）曾說過：「既有事業裡的必達文化，會扼殺新事業。」在新事業當中，我們要反省的，不是目標與實務發生細微落差的原因何在，而是整理這次學到的收穫，並重新檢視擬訂目標的方法，再挑戰下一個目標。

44 | 共通語言：讓事業高速運轉的基礎

▶巴別塔為什麼會崩塌？

很久以前，據說人類只講一種語言，還接近全能。人類對自己的能力沾沾自喜、志得意滿，竟開始興建一座直通天際的塔，以便挑戰住在天上的眾神。而這座塔就是「巴別塔」。

上帝動了怒，於是便設法讓這座塔崩塌。

不過，實際破壞這座塔的，並不是雷電風雨等外力。根據《聖經》記載，神只是「弄亂了人的語言」而已。所以，人類的語言才會像現在這樣「各說各話」，人開始因為出身國、居住地、立場等差異，而使用不同的語言。巴別塔的興建工程就這樣慢了下來，柱子偏移、地板歪斜，不久後塔就自己垮了。[6]

<u>語言沒統一，眾人便無法同心協力完成任務</u>，於是就只能等它自己分崩離析了。

《聖經》透過〈巴別塔〉這則寓言，斷言當今世界存在諸多困難的原因，在於「彼此的語言有落差」。

要讓企業組織化為一套系統，自律自主地採取行動，還需要第二個零件「共通語言」。<u>企業組織裡的成員要懂得妥善運用同一套思考架構，否則溝通就會淪為無效的枉然，願景、事業目標和商業模式也都無法發揮該有的威力</u>。

至於該妥善運用哪些共通語言，這裡我介紹的是「設計思考」和「邏輯思考」。

▶為方便快速嘗試錯誤而生的設計思考

1991 年，由三家企業合併而來的設計公司 IDEO 應運而生，其中的核心人物是史丹佛大學教授大衛・凱利（David Kelley）、他的弟弟湯姆・凱利（Tom Kelly），以及提姆・布朗（Tim Brown）。1980 年代，他們打造出了一套產品研發手法「設計思考」（Design thinking），其特色就是「高速循環流程」。

「設計思考」的概念，是根據「唯有從『以使用者為中心的嘗試錯誤』之中，才能催生更好的解決方案」的判斷標準（哲學），匯集 T 型（具備極深的專業造詣、見多識廣與溝通能力）和 π 型（於 T 型基礎上再多加一項專業的類型）人才，不斷產出各種試做、打樣，可說是以「嘗試錯誤」為核心的手法。因此，這裡所謂的「流程」，並非直線型的單行道，而是柔軟的反複型流程。

IDEO 將設計思考的執行流程分為五循環步驟（EDIPT）：①Empathize：同理心、②Define：定義問題、③Ideate：創意發想、④Prototype：建立原型、⑤Test：測試。組織團隊要迅速、持續執行這個循環，直到找出理想的解決方案為止。

首先，我們要從目標族群中選出使用者，進行深度訪談與觀察。

圖表 6-5　「設計思考」的循環流程：EDIPT

在這個過程中，我們想知道這位受訪者的個人故事與實際行動。因為人會願意購買（使用）一項商品，其實包含各種因素。而布朗等人認為，如果我們無法對這些因素發揮「①同理心」，就提不出好的創意發想（解決方案）。接著要「②定義問題」，再提出解決問題所需的「③創意發想」。至於創意發想的方法，則是以腦力激盪、「奧斯朋檢核表」（Osborn's checklist），[7] 以及反向腦力激盪法[8] 等為主。

然後是「④建立原型」，並且利用原型進行「⑤測試」。<u>尤其「建立原型」在每個階段都可套用，是最具威力的「思考」工具。</u>

在設計思考的過程中，我們要運用原型來了解狀況，然後提出創意發想，再從中篩選。我們要請使用者直接體驗，而不是問卷，所以請務必準備實物（的原型打樣）。

▶「觀察」才是發想的起點，不是「提問」

以「無印良品」品牌聞名的良品計畫公司，都是由商品部、設計室和品質保障部三位一體，共同開發新商品。訂定出開發主題後，設計室會提供的資訊之一，竟是「照片」。包括雷同商品、競品的照片，以及長銷商品的照片，還有<u>目標使用者數百個家庭的家中照片，由整個開發團隊一起仔細觀察照片中的問題出在哪裡，再共同思考解方</u>。

某次在開發收納商品的專案當中，原本眾人考慮的是「椅子兼收納

圖表 6-6　良品計畫的收納家具專案

用的置物櫃」，但目標族群年輕人的意見卻是：「想要多一點收納」、「可是已經沒地方放了！」

看過使用者家中的照片後，就會發現他們真的已經沒有地方擺放新家具了。不對，還有一個地方空著，那就是牆上。仔細觀察使用者家中的照片，可看出和室的長押[9]，都被當成了「收納家具」，上面掛著掛在衣架上的衣服、有掛鉤的小東西，甚至還有雨傘……

從這個觀察中，催生出無印良品的熱銷系列「壁掛家具」。

人的行為約有八成都是出自無意識的舉動。就算問當事人：「這些你都是怎麼處理？」「有沒有什麼不方便？」他們也答不出個所以然。與其如此，不如透過照片、影片或實地考察，先觀察他們的實際行為。

企業組織若想推動當代版的高速嘗試錯誤，就要讓這種設計思考，成為團隊所有成員共通的一套思維架構。已經沒那麼多閒功夫讓我們摸著石頭過河了。

▶邏輯思考是一切的基礎（關鍵思考）

每次向日本企業做問卷調查，詢問「希望社會新鮮人具備哪些能力」時，不論文組還是理組，第一名都是「邏輯思考能力」（logical thinking）。

想必這一定是因為它在「執行業務上至關重要」，但新鮮人還是「缺乏」相關能力的緣故。要是邏輯思考能力沒那麼重要，應該就不會被當一回事；如果新鮮人的邏輯思考能力已很充裕，就不會事到如今還總是「希望具備」。

「logical」（有邏輯的）是來自「logic」（邏輯）的形容詞。它本來究竟是什麼意思呢？這個詞來自希臘文的「道」（logos），亦指統治這個世界的真理和辯證的語言。和「道」（logos）相對的是「神話」（mythos），指的是人類口耳相傳的故事，例如神話、寓言和悲喜劇等，是個充滿愛恨情仇的豐富世界。不過，希臘的賢者認為，在這樣的

世界當中，根本沒有理性的真理存在。

從「道」所衍生出來的理則學，後來也成了數學的一部分，如今更是所有電子計算機和電子零組件背後的基本原理，非常嚴謹且理智。而人的思路，就如神話所呈現的，是很曖昧且非理性的。不僅帶有許多偏誤，還有一些當事人沒有察覺的潛意識（下意識）。所以，人在一天當中，真正「經過有意識、有邏輯的思考後，才做出的決定」，其實根本沒出現幾次。

那麼，所謂「有邏輯」又是怎麼一回事呢？在邏輯思考的教科書上，大概都會出現如下的描述：

・所謂的邏輯思考，就是釐清命題，再排列成金字塔結構（結論在上，原因和證據在下），並以論點版塊填滿所有縫隙

・邏輯思考的金字塔可由上往下排列（演繹法），或由下往上堆疊（歸納法）。而用來排列、堆疊的方式，則有邏輯樹（issue tree）和 MECE[10]

呃……我又不是埃及國王，要是每次與人談話，就要拼湊出這麼精巧縝密的金字塔，恐怕天都要黑了吧。況且要是能在大腦裡如此快速處理這些資訊，我就不必這麼辛苦了。

日常生活中最基本的邏輯概念，其實沒那麼複雜。只要聚焦在最「有分量」的部分（關鍵之處），並思考如何從中創造「差異」，僅此而已。因為這是一套聚焦關鍵之處的思考方法，所以我把它命名為「關鍵思考」（Focus Thinking）。

▶如何推動全公司降低成本的討論？

假設我們正在討論全公司如何降低成本。

說不定有高層得意洋洋地大喊：「我們公司的用電效率是其他公司

的兩倍欸！」不過，在整個事業成本當中，電費的「分量」究竟多重呢？如果只占總成本的 1%（＝沒什麼分量），那就表示電費並非關鍵。

這樣說或許很無情，<u>但如果不是關鍵，其實好壞根本無所謂</u>。

只占總成本 1%，就算用電效率是別人的 2、3 倍，甚至 10 倍，對總成本的影響幾乎微乎其微。

假設「我們公司採購零件的成本，比其他公司便宜一成」，就僅僅一成而已。可是，在事業總成本當中，零件費占多少分量呢？假使占六成的話，那可就非常關鍵了。因為雖然在價格上的「差異」只有一成，但以結果論來看，整體成本就能領先敵人 6 個百分點（因為占比 6 成，便宜 1 成）；要是便宜兩成，就能領先 12 個百分點。既然如此，零件成本的議題，絕對值得公司徹底調查、討論。

▶用「關鍵思考」的概念說明，大家就會動起來

人總是只顧著說自己想說的話，所以不管是討論或談話，溝通常會出現落差。<u>如果真的有心讓對方聽懂自己想表達的內容，甚至還希望對方採取行動的話，不妨先把「這個行動為什麼如此關鍵」告訴對方</u>。

圖表 6-7　認清事項關鍵與否的「關鍵思考」

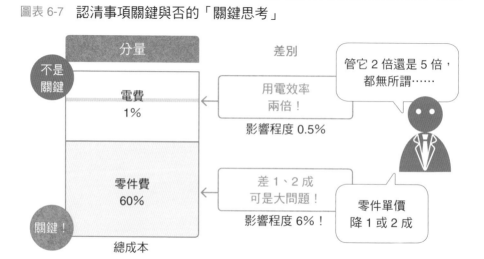

　　舉例來說，我們不該劈頭就催「快把那份文件交上來」，而是要先簡潔、明瞭地告訴對方「為什麼那份文件很重要」（圖表6-8）。

　　若能做到這一點，企業組織裡的溝通與決策效率就會大幅提升。更重要的是溝通、決策都能有明確的定論。對企業而言，置身在這個必須高速嘗試錯誤的時代裡，「有定論的溝通、決策」應該是必備的基本能力才對。

圖表 6-8　用「關鍵思考」來溝通

> 年假消化率太低的部門，快把休假計畫表交上來！

不是這樣。要先說明「這個很關鍵」、「這個也很關鍵」！

> 本公司員工年假消化率偏低，是社會新鮮人婉拒內定、員工離職原因的第一名，已成為公司網羅人才時最大的阻礙。

> 不容易請年假的最大原因，是因為找不到職務代理人。因此，要鼓勵大家請年假，最有效的方法就是請各部門擬訂休假計畫。

> 所以請年假消化率太低的部門，盡快提交休假計畫表……

專欄
04

儘管大家都很喜歡 SWOT 分析，但是……

▶SWOT 矩陣只不過是一套整理工具

史丹佛研究中心（Stanford Research Institute，簡稱 SRI）的亞伯特‧韓福瑞（Albert Humphrey），設計出「SOFT 分析」，是分析企業長期計畫為何失敗的架構。後來主軸與內容稍有變化，發展成「SWOT 矩陣」。

而成功讓 SWOT 聲名遠播的，是哈佛大學商學院（HBS）的招牌教授肯尼斯‧安德魯斯（Kenneth Andrews）。他最大的成就是釐清了過去一直很模糊的「企業、事業等級的計畫擬訂手法」。流程本身並不複雜，基本上就是「外部環境分析」、「內部環境（人、組織）分析」、「策略研擬」和「執行計畫」。

不過，我又將各步驟中該進行的作業，更具體、詳細地彙總，好讓經營高層（和其部屬）也能如法炮製。而我運用的分析工具之一，就是

圖表 6-9　SWOT 矩陣

SWOT 分析。這一套工具相當受到歡迎，在最近的一份調查當中，也顯示企業的 SWOT 分析使用率突破七成。[11]

SWOT 矩陣可以整理如下：把屬於內部（組織）因素，且對企業達成目標有正向助益的元素[12]，稱為「優勢」（strength）；負向元素則稱為「劣勢」（weakness）；屬於外部（環境）因素且正向的元素，稱為「機會」（opportunity），負向元素則稱為「威脅」（threat）（圖表 6-9）。

切斯特·巴納德（Chester Bamard）等人提出了一套論述（請參閱第 337 頁），認為所謂的企業策略，是結合在外部環境中的「機會」，和在內部環境中的「優勢」而來。SWOT 矩陣正是將此想法具像化的一套分析工具。

在美式英文當中，SWOT 的發音與「斯沃特」相近，更與 SWAT（Special Weapons And Tactics，特種武器和戰術部隊）相同。然而，其實 SWOT 本身並不是什麼不得了的武器。

SWOT 矩陣只不過是一套用來整理的工具。即使我們填妥 SWOT 表格，也不會從表格中直接得到任何結論。在邏輯思考流程上，它不會再有任何延伸發展，也不會篩選聚焦。換句話說，SWOT 矩陣就只是一張整理圖，並不是「分析」，沒有更多，也不會更少。

有一家我熟悉的中堅企業，公司總經理很用功。幾年前，他就曾感嘆：「大家在會議上，拿出來的企畫書和簽呈，格式都亂七八糟。於是我就下令：『都給我附上 SWOT 分析！』」，還說「連內部的讀書會都要比照辦理」。結果，「員工什麼資料都只附一張 SWOT 分析圖，就突然跳到結論了」「大家都變得比以前更不動腦思考了……」

SWOT「分析」就是這麼危險、會讓人停止思考的工具。請大家千萬別以為用 SWOT 就是分析，要把它明確歸為整理工具。

▶TOWS 分析可用於許多情境，協助列出選項！

不過，SWOT 的變體體 TOWS 分析[13]，倒是可以運用的工具。它

是舊金山大學教授海因茲・韋里克（Heinz Weihrich）在 1982 年發表的論文〈TOWS 矩陣：一套情境分析的工具〉（The Tows Matrix: A Tool for Situational Analysis）中，所提出的論述。

　　此分析要做的事情很簡單，就是把在 SWOT 當中找出的機會和威脅，逐一拿出來和優勢、劣勢搭配、比較（圖表 6-10）。

　　<u>排列組合四元素，就能針對企業應祭出的策略，找出各種可能的</u><u>「方案」。</u>

- ・機會搭配優勢，就能找出「積極攻勢」策略的想法
- ・機會搭配劣勢，就能找出「弱點強化」策略的想法
- ・威脅搭配優勢，就能找出「差異化」策略的想法
- ・威脅搭配劣勢，就能找出「防守／撤退」策略的想法

　　舉例來說，假如我們對優勢、劣勢、機會、威脅各給 5 個定義，那麼各象限就會出現 5×5 種搭配組合，因此總計能創造出多達 100（25×4）個「方案」（交互矩陣，interaction matrix）。

　　當然其中也會出現沒有意義的組合，但即使剔除這些，還是能留下

圖表 6-10　TOWS 矩陣

許多「策略」上的想法。

然而，<u>這裡會出現的，只是一些和策略措施有關的創意發想</u>，我們還是無法直接得到想要的答案（該祭出的措施，以及整合各項措施後的策略），<u>因為這當中並沒有考慮「分量」輕重、取捨與否</u>。

TOWS 矩陣終究只是一項工具，用來搭配、組合各項事業元素，以便找出「多一點」策略措施的可能方案，因此千萬別貿然高呼：「這些就是 TOWS 分析的結果，所以我們應該積極推動這個和這個！」

▶SWOT 分析，已到了該召回的時候？

1997 年，有人發表了名叫〈SWOT 分析：該是召回它的時候了〉（SWOT analysis: It's time for a product recall）的論文，震撼各界。

兩位論文作者泰瑞・希爾（Terry Hill）和雷・衛斯特布魯克（Roy Westbrook）調查了 20 家使用 SWOT 分析的企業，發現<u>沒有任何 1 家公司把 SWOT 分析的結果用在策略擬訂上</u>。論文中還提到「SWOT 分析只是列出 1 份初選清單，再做很普通（也就是沒什麼意義）的解釋，

圖表 6-11　交互矩陣（機會×優勢）

	優勢 Strengths			
	S1	S2	S3	S4
O1	—	—	S301	—
O2	S102	—	S302	—
O3	—	S203	—	S403
O4	—	—	—	S404

機會 Opportunities

不排列優先順序，也不檢驗問題」「所以這種東西，還是趕快召回吧」。

　　想必對韓福瑞和安德魯斯而言，這絕對是意想不到的結果。每個分析架構和工具都有它們原本的使用目的和定位，而 SWOT 矩陣本來就是用來整理的工具。在使用 SWOT 矩陣整理過後，自行檢驗問題正確與否，進一步篩選問題，並排列出優先順序，是使用者該做的努力。

　　不過，會出現這種批評，也是因為很多人覺得 SWOT 分析無所不能，導致浮濫使用的結果，畢竟它的確是非常簡明易懂。

　　若能將 SWOT 矩陣搭配 TOWS 分析的話，使用上應該綽綽有餘了。不過，此舉的目的終究還是為了多增加一些策略方案，沒有更多，也不會更少。請特別留意這一點。

45 | 資訊與人工智慧：進化與其真意

▶資訊與人工智慧的運用能力，決定事業成敗

網際網路與電腦等資訊科技（IT）的進步一日千里，如今，第三代人工智慧（AI）已接連打破既往無法跨越的重重高牆。透過機器學習與深度學習等手法，AI 不僅已可辨識圖像、解讀文章，在許多方面都已取代了人類的智慧。

交易員｜知名投資銀行高盛證券（Goldman Sachs）日前總公司原有的交易員編制，從 600 人縮減為 2 人。改由 200 位系統工程師打造、操作的程式，用比人力處理更快好幾百萬倍的速度，處理此業務

焊接師傅｜過去 20 年來，焊接師傅是中國的明星職業。這項工作需要精湛且純熟的技術，數百萬人因此賺進可觀的薪資。近幾年來，搭載 AI 的焊接機器人，已逐漸搶走師傅的飯碗。走進生產大型船舶零件的焊接工廠，已看不到人影；供焊接師傅住宿的宿舍，也已人去樓空

自動駕駛｜由 Google（公司名稱為字母控股〔Alphabet〕）領先群雄的汽車自動駕駛技術，已達「行駛 1,000 公里，需人力介入的次數低於 1 次」「行駛 537 萬公里，才發生 1 次交通事故」的水準，堪稱已比人類自駕更安全

AI 擁有如此卓越的能力，運用範圍幾可說是無限寬廣。能否運用

AI 將左右今後的社會發展與企業經營，這一點已毋需贅述。然而，如果只因此就一味增加 AI 工程師人數，到頭來恐怕也只是在紅海裡掙扎罷了。

或許可以從<u>既往資訊創新的歷史當中，學到一些教訓</u>。首先，就讓我們從摩斯電報機的故事開始說起。

▶教訓 1：抓住追求創新的顧客（鐵路公司）

薩繆爾・摩斯（Samuel Morse）和艾弗瑞・維爾（Alfred Vail）所發明的<u>摩斯電報機</u>，在 1844 年迎接了決定性的轉機。

曾在歐洲習畫的美國人摩斯，有一天聽說了通訊系統，他覺得很有興趣，便在教美術的同時，埋首研發電報機。不過，真正將摩斯發明改良到實用等級的，其實是維爾。

摩斯和維爾由於種種因素，加上其他更早投入市場的競爭者阻撓，起初未能順利在英、法取得專利。直到 1842 年，兩人才爭取到在巴爾的摩與俄亥俄鐵路（Baltimore & Ohio Railroad）沿線 64 公里（華盛頓與巴爾的摩之間），拉設電報線的核准與預算。因為，<u>當時的鐵路公</u>

圖表 6-12　摩斯電碼是由點、劃和停頓所組成

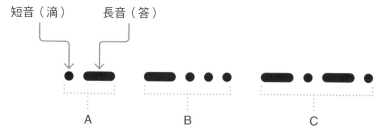

· 用短音（滴）和長音（答）來表達語言
· 以 1 個「短音」的長度為最小單位
· 長音為 3 個「滴」的長度

· 每個音之間的停頓為 1 個「滴」的長度
· 每個文字之間的停頓為 3 個「滴」的長度

司，對於如何管理列車行駛安全而傷透腦筋，對於電報線「可迅速將資訊傳達到遠處」的能力寄予厚望。到了 1944 年，他們因緣際會成功將在巴爾的摩舉辦的民主黨總統候選人黨內初選結果傳到首都華盛頓，速度比任何一家報社都還要快，讓世人見識到摩斯電報機的威力。

幾個月後，摩斯透過正式啟用的電報線，拍出第一封傳給維爾的電報，電文內容是「上帝的傑作」（What hath God wrought）。10 年後，也就是 1854 年[14] 時，美國拉設的電報線總長已達 6 公里，約當年的 4 倍。1958 年，歐州和美國兩地透過海底電纜串聯。到了 1965 年，英國和印度之間也完成了電報線的拉設；1970 年則是串起了英國和中國；1971 年時，日本和中國之間也有了電報線相連。

▶ 教訓 2：勇於挑戰風險（海底電纜）

1851 年，全球第一條海底電報電纜，串聯起英國的多佛（Dover）和法國的加萊（Calais）。隔年，愛爾蘭、比利時和丹麥，也都透過海底電纜，跨海與英國本島相連。到了 1881 年，也就是 30 年後，串聯世界各地的海底電報電纜總長已逾 21 萬公里，其中竟有多達七成都是由英系資本的企業所鋪設。

因為打造海底電纜需要卓越技術能力，拉設海底電纜需要專業知識，運輸需要大型專用船隻，更要有勇於挑戰風險的企業家精神。而當年具備這些條件的，就只有英國而已。

英國憑自己的力量，建立起了遍布全世界的資訊網絡，可比其他國家提早 2～3 個小時取得重要情資。正是這項看不見的武器，撐起了維多利亞時代的大英帝國。[15]

電報事業原本因民間資金投入而開始萌芽，而搶先運用的則是報社和路透社等通訊社。他們不僅報導社會事件和意外事故，也傳達時間、氣象預報等資訊，逐漸改變了社會的樣貌與民眾的生活。不過，真正改變民眾生活的，是不需要專家（摩斯電碼報務員）協助的電話。

▶教訓 3：不嘗試永遠不知道（電話）

亞歷山大‧貝爾（Alexander Bell）取得專利（1976）後，才正式開始發展的電話系統，後來在幾年內出現了相當劇烈的進化。

1977 年 4 月，貝爾最早爭取到的一批顧客是電器行老闆。他們在自家和店舖之間，拉了一條「專線」，費用是每年 40 美元。到那年秋天之前，貝爾接到了 600 張申裝訂單，但大概就只有這樣的水準。專線 1 天只會用到幾十分鐘，還不到打給別人的程度。

然而，自從開始使用聯結兩部電話之間的「交換機」之後，大幅改善了電話線的使用效率和播打給別人的方便度。

後來，有人編製了一本介紹已申裝電話者的「電話簿」，並分配給每人一組「電話號碼」，用來識別日益增加的電話申裝者。

電話原本是商用的「專線」事業，後來反應熱列的程度超乎預期，還在幾年內追加了「交換機」、「電話簿」和「電話號碼」，造就了今日的電話系統應運而生。包括貝爾在內，誰也沒想到電話居然會進化到這個地步。「電話」這一套網絡強大的外部性（愈多人加入，這個網絡提供給參與者的價值就愈高），便開始發酵。

圖表 6-13　網絡的各種類型

完全聯結型　　　　　　　星型　　　　　　　　高速公路型

需要 10 條專線，　　　只需要 5 條專線，　　　不需要交換機
10 個人就需要 55 條專線　10 個人也只需要 10 條　（網際網路）
　　　　　　　　　　　　　　（電話）

　　貝爾在與其他競爭者之間的專利大戰中勝出，電話申裝者也從 1878 年 6 月的 1 萬多部，到 1981 年初已達 13.3 萬部，堪稱爆炸性的成長。在民間企業自由競爭的美國，電話的普及率更是獨步一時，到了 19 世紀末，全球已有 75％的電話機都在美國。

　　包括貝爾在內的電話業者都提供了多樣的服務和內容（用電話轉播電影院實況、播放音樂等）。<u>沒想到最吸引人之處，竟然只是「和朋友閒聊」</u>。電話業者長期都將此視為發展的絆腳石，但對一般民眾而言，電話當年最厲害的價值就是（談話內容幾乎沒什麼意義的）「閒聊」。

　　網際網路發展到最後，可說幾乎呈現了相同的趨勢。因為，民眾在網路上花最多時間做的事，就是閒聊（社群網站）、消磨時間（玩遊戲、看影片）。

▶教訓 4：對技術潛力仍要抱持假設（留聲機）

　　湯瑪斯‧愛迪生（Thomas Edison）在電話的發明、研發和商用化上，被貝爾打得落花流水。但在過程中，他從「記錄聲音的電話」得到靈感，又進一步想到留聲機創意。

　　幾年後的 1877 年，錫箔圓筒型留聲機終於完成。它的造型精巧，是全世界第一款可錄音播放的機器。但由於可錄音的時間很短，就連愛迪生自己都還沒確定用途。

圖表 6-14　貝林納式留聲機「Gramophone」[16]

　　於是他列舉出了十種留聲機的可能用途：①代替寫信或速記、②視障者專用書、③說話方式教學、④音樂播放、⑤記錄回憶或遺言等。

　　就結論而言，最後是第4個用途假設發展成功。這可說是因為愛迪生沒有從一開始就設下既定方向，多方探索各種可能的結果。

　　不過，愛迪生的圓筒留聲機，最後還是輸給了一位曾與貝爾共事的技師——艾米爾‧貝林納（Emile Berliner）所發明的圓盤式留聲機「Gramophone」。因為此款設計採圓盤式，只要先製作出原版片再壓製，就可輕鬆量產，很適合用來製作播放音樂專用的唱盤（就是所謂的唱片）。儘管愛迪生在發明競爭中落敗，但他的用途假設卻發光發熱。只不過如果他更早專注在「④」的研發上，或許就能下定決心拋棄圓筒型設計了吧？

　　貝林納當年成立的留聲機公司（Gramophone Company），後來轉為勝利唱片公司（Victor）和英國EMI唱片公司，並延續至今。

▶教訓5：高層與中階主管主動學習運用新技術所需的基礎知識

　　第二次世界大戰後，拯救日本的是製造業。而當年製造業發展的基礎，就在於全員參與推動的「改善」（Kaizen），以及支持「改善」發展的統計學。因為戴明所打造的統計製程管制[17]（statistical process

圖表6-15　戴明的老師蕭華德，提出的品質管理手法（例）

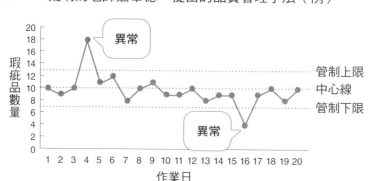

control，簡稱 SPC）手法，將以往想「兼顧高品質與低價」的不可能任務，化成了可能。

　　日本最早受戴明薰陶的是企業經營者和管理職人員。1950 年 6～8月，戴明在日本舉辦的「統計品質管制 8 日課程」，總計有數百位工程師、管理職與學者共襄盛舉。在箱根舉辦的「給經營者的品質管制研習 1 日課程」，則有日本主要製造業的經營高層等共 45 人參與。戴明對高層學員說：「各位在 5 年之內，絕對能與西方勢力抗衡」。

　　3 個月後，有一家當初來參與高層研習的企業，向主辦單位回報「公司生產力提高了 30％」。接下來幾個月，其他企業也陸續傳回捷報。據說後來戴明大感詫異，覺得「日本人才花了兩年，就達到了自己說的水準」。

　　為活用埋藏在生產現場裡的大量製程、品質資訊，關鍵就在於統計學，也就是統計品質管制的概念。而就是因為企業高層與中階主管願意率先學習，這套觀念才能在企業組織裡迅速擴展。

▶ 教訓 6：先將 AI 運用在小團隊，從解決內部課題做起

　　在廣泛運用 AI 的時代裡，企業組織究竟該做什麼準備呢？1848～1855 年，美國加州掀起了一股淘金熱。當時真正大發利市的不是去挖金礦的人，而是為湧入當地的數十萬淘金客，供應耐穿工作褲的利惠公司[18]。

圖表 6-16　Levi's 原本是為金礦工人設計的工作褲[19]

1850 年代，李維・史特勞斯從金礦工人的不滿當中，想到用帆布做成耐穿的工作褲，並製成商品銷售。後來他們改用丹寧材質，顏色則改採靛藍色。1873 年，一位與利惠公司合作的裁縫師「雅各・戴維斯」（Jacob Davis）突發其想，提出在褲子上加鉚釘補強的想法，並與史特勞斯共同取得該項設計的專利，於是現在的「牛仔褲」就此誕生。

在個人電腦領域也是一樣，獲利最豐厚的，不是電腦製造商，而是供應作業系統「Windows」和泛用型應用軟體「Office」的微軟公司。想必在 AI 領域當中，也會出現相同的趨勢。

不過，對絕大多數的企業組織而言，AI 並不需要自行研發，而是需要妥善運用的工具。今後隨 IoT 發展，企業內、外部的數據資料必定會爆炸性激增。而企業真正需要的能力是，為解決課題，將 AI 妥善與資料結合，除此別無其他。

其實就連知名的軟體銀行，也是到 2015 年才成立相關的專責團隊（AI ／平台整合部），況且初期還只有區區幾個員工而已。這個團隊原本的任務，是要「用 IBM 的 AI——華生（Watson）[20] 開發新事業」，結果找來的人都不是 AI 專才，而是解決商務課題和系統開發的專家，且以公司內部人力為主。於是，他們決定先試著使用 AI 解決公司內部的課題，期望能在 AI 擅長的問題理解與解決方案上，多累積一些技能知識。還有一個最重要目的，就是要培育人才。因為「要多給實務機會，讓員工一次又一次動手操作，才學會新技能」。而把這些 AI 運用推廣到外部，其實是後來的事。

▶教訓 7：成為能培育 AI 人才的企業

AI 人才與一般的 IT 人才不同。IT 人才主要講求的專業能力，是為了建立蒐集、管理資訊用的系統；AI 人才則是要從這些資訊中找到新發現，或運用 AI 工具解決問題。因此，靈活的應用能力，以及敏捷的嘗試錯誤能力，會比理解技術細節更重要。由於 AI 工具本身的進化也一日千里，因此在這裡最有用的不是經驗，而是實務操作的量，因此正是最適合年輕人發揮的領域。

空調大廠大金工業（DAIKIN）就決定要透過培訓新進員工的方式，自行培養 AI 人才。他們在 2017 年年底，宣布開辦「大金資訊科技大學」（DICT），並從 2018 年度錄用的社會新鮮人當中，挑選百人

參加培訓。在兩年的培訓期間，員工只要專心受訓，不必工作。大金在 2017 年錄取了 283 位社會新鮮人，2018 年則增加到 430 人。換算下來，在多錄取的 150 個名額當中，有 2/3 都被送進了培訓專案，未來每年挹注在他們身上的教育投資，絕不亞於 10 億日圓。以集團營收 2 兆日圓、員工總數 7 萬人（光是總公司就有 7 千人）來看，這個投資的規模並不大。問題反而是大金能否為這些人才備妥大顯身手的舞台。

就像早期日本企業主管學習戴明的品管概念，現代企業主管該學的就是這些。他們需要的並不是 AI 技術方面的知識，而是要明白 AI 和 IoT 的能與不能，了解如何推動「AI 運用專案」，活用 AI 人才等方面的相關知識和原因，進而思考這些內容如何套用在各自部門裡。

企業若再不思改變，蛻變成能讓年輕 AI 人才成長茁壯，進而大顯身手的組織，未來將會一片黯淡。而這樣的改變，就要從經營高層與中階主管的決心與學習開始。

本書主要部分在此告一段落，感謝您的參與。您是否度過了一段愉快的學習之旅？習題演練都試著作答了嗎？運用同一套表格，不僅可依循其架構，累積彙整資訊的實力，還可學會如何找出不足之處，進而培養自行查找不足資訊的心態與能力。

在接下來的篇章當中，我會說明近年來實用性不斷攀升的「個體經濟學」，以及「策略管理全史」的相關內容——而它其實也是定位學派與能力學派之間的一場百年戰爭。

有意厚植管理學素養的讀者，請務必一讀。

第 4 章 獲利模式

第 5 章 案例研究

第 6 章 商業三大必修學分

第 7 章 經濟基礎知識

第
6
章
小結

| 43 | 事業目標：
事業需要願景與
成就目標 | 關鍵字
事業經營＝事業目標×商業模式、
軟體（願景、使命和價值觀）、硬
體（成就目標）、憧憬境界、策略
性限制、顧客觀點的營收目標、偏
重股東價值、雷曼風暴、平衡計分
卡（BSC）
必達文化會扼殺新事業

企業、事業、商品
味之素、精緻生技領域 |

關鍵字
事業經營＝事業目標×商業模式、
軟體（願景、使命和價值觀）、硬
體（成就目標）、憧憬境界、策略
性限制、顧客觀點的營收目標、偏
重股東價值、雷曼風暴、平衡計分
卡（BSC）
必達文化會扼殺新事業

企業、事業、商品
味之素、精緻生技領域

44　共通語言：
讓事業高速運轉
的基礎

關鍵字
巴別塔、共通語言
設計思考、以使用者為中心的嘗試
錯誤、EDIPT、奧斯朋檢核表、反
向腦力激盪法、觀察
邏輯思考、關鍵思考、分量與差異

企業、事業、商品
IDEO
良品計畫（無印良品）、壁掛家具

專欄
04　儘管大家都很
喜歡 SWOT
分析，但是……

關鍵字
SOFT 分析、SWOT 矩陣與分析、
優勢與劣勢／機會與威脅、TOWS
矩陣與分析、交互矩陣、列出選項

企業、事業、商品
史丹佛研究中心、HBS

主要參考
書籍

1.《感動經營：電裝的經營理念滲透故事會》（感じるマネジメント），RECRUIT HC SOLUTION GROUP，英治出版，2007 年（繁體中文版由先鋒企管出版部於 2008 年 11 月 15 日出版）。

2.《創新 3 力：策略性創新的致勝關鍵》（*Ten Rules for Strategic Innovator*），Vijay Govindarajan 和 Chris Trimble，Harvard Business Review Press，2005 年（繁體中文版由天下雜誌於 2006 年 3 月 27 日出版）。

45

資訊與人工智慧：進化與其真意

關鍵字
第三代人工智慧、機器／深度學習、自動駕駛、摩斯電碼、閒聊、留聲機、網路的外部性
改善、統計品質管制、給經營者的品質管制研習
培育人才、大金資訊科技大學

企業、事業、商品
高盛證券、Google
鐵路公司、海底電報電纜
貝爾、貝林納式留聲機
Levi's、軟體銀行、
大金工業

3. 《**IDEA** 物語：全球領導設計公司 **IDEO** 的秘笈》（*The Art of Innovation: Lessons in Creativity from IDEO, America's Leading Design Firm*），Tom Kelley、Jonathan Littman，Currency，2012 年（繁體中文版由大塊文化於 2002 年 1 月 4 日出版）。

4. 《說話有邏輯，上司客戶聽你的》（一瞬で大切なことを伝える技術），三谷宏治，Kanki 出版，2011 年（繁體中文版由三悅文化於 2012 年 12 月 6 日出版）。

5. 《**IT全史**：解讀資訊科技的 **250** 年（暫譯）》（IT 全史－情報技術の250 年を む），中野明，祥傳社，2017 年。

本章註釋

1　應該是指「機能性或高附加價值產品」，類似用法還有精緻化學品（fine chemical）。

2　即所謂的「代理理論」（agency theory）。

3　包括年金基金、保險公司、投資銀行、證券公司，以及投資或避險基金等。

4　於是只要股價一漲，股東和經營者都開心。

5　根據 Equilar 公司的調查，2017 年的執行長薪酬比（pay ratio，執行長薪資報酬÷一般員工薪資報酬的中位數）是 140 倍。推估日本應為 30 倍左右。

6　出自《舊約聖經》〈創世紀〉第 11 章。文中雖無巴別塔崩塌的描述，但提到「上帝為了干擾興建進度，弄亂了人的語言」。

7　所有內容均出自曾任廣告公司高層的艾力克斯・奧斯朋（Alex Osborn）手筆。腦力激盪是讓所有參與者當場提出創意想法的操作，而奧斯朋檢核表則是讓參與者回答借用、放大、替代等方面的問題，進而從中催生創意的方法，內容包括 71 個提問。

8　由哥倫比亞大學的威廉・杜根（William Duggan）所提出。這是於開會前將主題告知與會人員，請眾人在開會前詳加思考的創意發想催生手法。

9　譯註：和室拉門軌道（鴨居）旁，與軌道垂直的橫板。

10　彼此獨立，互無遺漏（Mutually Exclusive and Collectively Exhaustive）的縮寫。要是能隨口就說出這種詞彙，別人可能會很吃驚地認為，你該不會是外商企管顧問吧！？

11　根據 The Global Benchmarking Network 在 2008 年針對 22 個國家，450 家企業、團體所做的調查顯示，SWOT 分析的使用率為 72%，排名第二。而使用率第一的則是顧客調查（Customer Survey，77%）。

12　在最原始的版本當中，橫軸是「對達成目的是 helpful 或 harmful？」

13　在海因特・韋里克的原版版本當中，縱軸是「機會、威脅」，橫軸是「優勢、劣勢」。這個概念當初引介到日本時，被命名為「交叉 SWOT 分析」，但目前絕大多數看到的，都是縱、橫軸與原版相反的版本，原因不明。

14　馬修・培理（Matthew Perry）在前一年 7 月首度來到日本浦賀（Uraga），於 1954 年 2 月再次來到日本，強力要求幕府開國。當時他獻給幕府的 140 項進貢品當中，除了有原尺寸 1/4 大小的蒸汽火車頭模型之外，還有摩斯電報機。

15　出自丹尼爾・海瑞克（Daniel Headrick）著的《看不見的武器》（*The invisible weapon*）。

16　www.cottoneauctions.com/lots/expanded/6244 commons.wikimedia.org/wiki/File:BerlinerDisc1897.jpg。

17　在製程中頻繁採取少量標本抽檢，以維護產品品質的品管手法。這種做法比成品全檢更有效率。

18　李維・史特勞斯（Levi Strauss）在 1853 年成立了販賣生活雜貨、布料的「利惠公司」（Levi Strauss&Co.，簡稱Levi's），拿原本用來製作幕帳或帆的素材帆布，製作專為勞工設計的工作褲來銷售。

19　www.levi.jp/levis-history.html。

20　華生擅長辨識自然語言。它原本其實就是以辨識（recognition）為賣點，而不是 AI。

7章

經濟基礎知識：

基礎個體經濟學與
策略管理史

46｜個體經濟學基本詞彙

▶ 經濟學變實用了！

以湯姆斯・孟（Thomas Mun）的《英格蘭財富與對外貿易》（*England's Treasure by Foreign Trade*，1630 年前後）和亞當・斯密（Adam Smith）的《國富論》（*The Wealth of Nations*，1776 年）為嚆矢的經濟學，正如名稱所示，是研究經濟活動的學問。然而，經濟學長期以來，都飽受「派不上用場」的抨擊，所以才會有人說它「只是列出一堆難懂的算式」、「無法實驗或反證」，甚至是「似是而非的（假）科學」。[1]

不過，近年來，世人開始重新評價經濟學（的手法），認為它對社會貢獻良多。儘管風向轉變，都是拜「賽局理論」（還有從賽局理論衍生的配對理論）和「行為經濟學」之賜。不過，我們還是先從古典經濟學開始看起。只不過，這裡解說的是用來處理市場議題的個體經濟學，不是談國家議題的總體經濟學。

首先，從「需求與供給」、「不完全競爭」和「比較優勢」談起。

▶ 需求與供給①：均衡點

經濟學上所謂的「需求」，指的是消費端；「供給」則是指生產端。基本上都只探討價格和數量。

在總體經濟學當中，商品和價格都是在國家範圍下討論，所以看的是「物價」和「GDP」[2]；個體經濟學關心的是商品與服務市場，所以探討的是「價格」、「銷售、產量和交易量」。

假設某項商品的使用價值（請參閱第 86 頁）很高，各地接連傳出缺貨消息，價格（交換價值）因而水漲船高。要是有機會賣個好價錢，

出貨量就會增加（供給曲線）；倘若價格實在太貴，消費意願會降低，銷量便跟著減少（需求曲線）；價格既然下跌，供給量也會下滑，可這樣一來，需求就又會回溫，帶動價格上揚。

如此一再反覆之後，會在某處達成平衡。而這個概念，就是需求與供給中的均衡點（均衡價格、均衡數量）（圖表 7-1），也可以說是使用價值與交換價值達成均衡的狀態。

也就是說，即使為政者不多管閒事（管制價格，或為了刺激需求而發放消費券），放任市場發展，市場機制還是會啟動運作，於是需求和供給就會在某個價格和數量穩定下來。亞當・斯密將此稱為「看不見的手」（invisible hand）[3]。

▶ 需求與供給②：邊際成本、邊際利潤和損益平衡點

企業為供應某項商品所花費的成本，大致可分為兩種：固定費和變動費。不論供給量是增是減，金額多寡都不會受到影響的是固定費；至於金額會與數量增減成正比的，則是變動費。

假設 7-Eleven 的門市花 50 日圓採購咖啡，再以 100 日圓賣出。若不考慮滯銷、剩餘等問題，那麼平均每杯咖啡的變動費是 50 日圓。要

圖表 7-1　需求與供給的均衡點

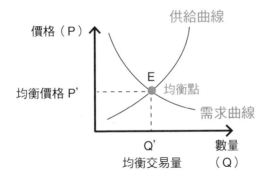

是某天門市的咖啡銷量為 Q 杯，那麼咖啡的營收就會是 100Q 日圓，而當天的變動費則是 50Q 日圓。不過，由於銷售咖啡必須向總公司租借咖啡機，平均 1 部咖啡機租 1 天要花 2,000 日圓的租金。如不計算其他任何開銷（人事費用等），那麼不論店裡 1 天賣出幾杯咖啡，咖啡機的租借費用都一樣，所以固定費就是 1 天 2,000 日圓。

我們以上述條件為前提，來計算平均 1 天的獲利。假如 1 天連 1 杯都賣不出去，2,000 日圓的固定費就是完全虧損。平均賣 1 杯可賺 50 日圓毛利（售價－進貨成本），所以只要賣 40 杯就能打平成本。這就是所謂的損益平衡點。**只要銷量超過這個數字，之後就是賣出愈多、獲利愈多**（請參閱第 202 頁）。

不過，固定費不會永遠都是固定費。咖啡的產能並非無窮無盡，假設 1 天的產能上限是 100 杯，而門市想賣第 101 杯，就必須再租 1 台咖啡機。如此一來，這家門市 1 天要賣 200 杯都沒問題。可是，第 101 杯的咖啡，究竟能為門市貢獻多少利潤呢？（圖表 7-2）

圖表 7-2　銷售咖啡的損益平衡點與邊際利潤

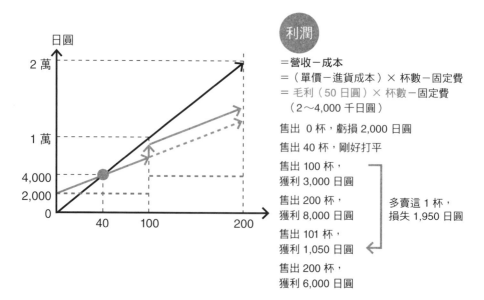

　　多賣出 1 個商品能增加的利潤稱為邊際利潤[4]。在這個案例當中，賣出 99 杯的總利潤為 2,950 日圓，100 杯是 3,000 日圓，101 杯則是 1,050 日圓（成本多了 2,000 日圓＋50 日圓），140 杯時是 3,000 日圓，200 杯時則有 6,000 日圓。換言之，第 100 杯的邊際利潤是 50 日圓，但到了第 101 杯時，邊際利潤竟會變成－1,950 日圓。若想超過賣 100 杯時的獲利水準 3,000 日圓，銷量就必須達到 141 杯才行。

　　要是沒有把握賣出那麼多杯，不妨維持 1 台咖啡機就好。邊際利潤的計算能協助諸如此類的決策。

▶ 寡占與規模經濟：現實世界裡的市場，多數都「不完全」

　　前述的供需均衡，是以市場上有許多競爭者，且價格等資訊完全透明的「完全競爭」狀態為前提。各家廠商拚得你死我活，根本沒有利潤可言。不過實務上，市場往往處於「不完全競爭」狀態，所以業者都能確保一定的利潤。

　　假如市場趨近完全競爭狀態，許多公司會陸續倒閉。不過，只要規模經濟效應[5]在這個業界發酵，不久後市場上就只會剩下幾家大企業穩定生存。這就是所謂的寡占狀態。

　　假如市場上只剩下一家公司，進入獨占狀態時，該業者在市場上的訂價能力就會攀升到異常水準，而買方也只能被迫接受。因此，為政者會企圖透過反壟斷法等手段來防止這種情況發生。然而，若是規模和密度經濟效益[6]極高的事業，同意業者獨占的做法比較划算。所以，為政者通常會選擇放行，再把該事業視為公共服務，嚴加管制。早期日本的鐵路、電信和郵務都如此。可惜後來因為管理不善，走向分拆、民營化的道路。

　　稍後我會介紹賽局理論。在寡占狀態下，賽局理論就會發酵，進而引發各種行動（權謀策略）。然而，既然這種狀態讓小規模參與者完全無法生存，就表示背後潛藏著強大的規模經濟效益。這種情況多半

需要投入龐大資金，進行高風險研發。例如，半導體相關業界，尤其CPU、記憶體、液晶面板和 OLED 面板等，更是如此。日本企業原本是這些市場的先行者，卻在投資大戰上敗給了韓國企業。

不過，<u>在現實世界中最常見的既非獨占</u>，也不是寡占，而是前幾大企業瓜分過半市占率，剩下再由其他數十、甚至數百家企業爭奪的「類」寡占市場。

為什麼大企業能所向披靡？是因為有規模經濟的效益。至於中小參與者能在市場上生存的原因，則是因為市場上還有許多規模經濟無法發揮效果的領域，又或者是大企業擁有某些大型業者才能創造的價值（差異化），而不是因為其低成本而取得競爭優勢（成本領導）（請參閱第102 頁）。<u>深入探究其中成因，就能洞悉事業的本質與未來。</u>

▶ 比較優勢：明明自己會做，為什麼還要外包？

1817 年，大衛・李嘉圖（David Ricardo）[7] 提出了「比較優勢」（Comparative Advantage）的概念，顛覆了當時的常識。

在此之前，一般認為絕對生產力[8] 較高者（國家），總能在貿易中取得優勢地位。不過在現實世界裡，已開發國家和開發中國家之間的雙向貿易是成立的。

這是因為即使已開發國家所有商品的生產力都偏高，但若集中火力在自己生產力最高（比較優勢）的商品上，就能賺更多。所以，儘管已開發國家的<u>生產力高於開發中國家，還是不能把人力和財力都投注在低生產力的產業上。</u>

在個體層級——也就是企業、個人層面也一樣。套一句保羅・薩繆爾森（Paul Samuelson）[9] 說的話：「律師聘請助理，不是因為祕書的打字技術比律師高明，而是因為律師知道：就算打字真的不如祕書，更該專注在原本的律師業務上，才能讓團隊整體的獲利更豐厚。」

將企業的業務委外，還有將雙薪家庭的家事外包，都是一樣的道

理。專注經營<u>自己最擅長的事，才能賺最多</u>，就是比較優勢的概念。

▶ 賽局理論：囚犯的兩難

<u>賽局理論</u>（Game Theory）<u>是以「決策」為主題的理論</u>。在個體層級的每一項經濟活動當中，都會有市場，也有某些規則，還有競爭對手和自己。在這樣的條件下，人們究竟怎麼決策？該怎麼做才盡善盡美？1944 年，絕世數學大師約翰・馮・紐曼（John von Neumann）和經濟學家奧斯卡・摩根斯坦（Oskar Morgenstern）在共同著作《賽局理論與經濟行為》（*Theory of Games and Economic Behavior*，1944）當中，向世人提出了一套思考此問題的架構。

而賽局理論最有名的例子，就是「囚犯的兩難」（圖表 7-4）。<u>每個人都做最合理、合宜的決策，到頭來竟為整個團隊帶來最差的結果</u>，是很悲哀的故事。

假設現在有 A、B 兩名囚犯（判刑尚未確定，所以應該都是嫌犯）。實際上他們兩人是共犯，但因檢方掌握的證據薄弱，所以後續如何裁量，就要看他們是否認罪。

假如這兩名囚犯可得到的<u>好處</u>（payoff），只有以下三種情況：

①若兩人都認罪，則雙方都會被判處有期徒刑 7 年
②若兩人都保持緘默，則證據不充分，都會被判處有期徒刑 2 年
③若只有一人認罪，則認罪者可獲釋，只有保持緘默者會被判刑 10 年

如此一來，A 和 B 究竟會採取什麼行動呢？假設兩人情緒都沒有過於激動，可合理判斷。不過，因為兩人不能找對方商量，彼此的信任基礎也很薄弱。

這時，我們要使用的並不是賽局理論，而是「償付矩陣」（payoff

matrix，圖表 7-3），<u>這能呈現在每一種情況下，他們各自會得到什麼好處</u>。

在囚犯的兩難當中，「好處」意味著有期徒刑，所以是負面的。而矩陣中的「合作」代表「緘默」；「不合作」則代表「認罪」。此時 A 一定會這樣想：「要是 B 保持緘默，那我就要認罪才划得來（刑期可減 2 年）；如果 B 認罪，那我當然也該認罪（刑期減 3 年）……什麼嘛！原來不管 B 怎麼做，我都應該要自白才划算啦！」（下圖右下）

兩人都打同樣的如意算盤，<u>結果最後兩人都認罪了</u>。

在償付矩陣當中，每個人能得到的好處有各種不同的形式，所以無法一概而論，不過，大多數情況底下，都會有「<u>根據合理判斷找出的均衡點（已不會再變動的位置）</u>」，這就是所謂的「<u>納許均衡</u>」（Nash Equilibrium）[10]。

而會顧全整體利益的最佳狀態，則稱為「<u>柏拉圖最適境界</u>」（Pareto optimality）。若它能與納許均衡一致，就是最理想的結局，眾人自然會皆大歡喜。不過，在囚犯的兩難當中，事情就沒有這麼圓滿了。畢竟柏拉圖最適境界是「雙方合作保持緘默」，納許均衡則是「彼此不合作的認罪大戰」（圖表 7-5）。

圖表 7-3　賽局理論裡的償付矩陣

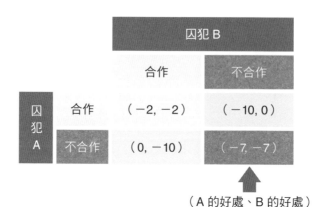

（A 的好處、B 的好處）

　　這種狀態就是所謂的「不合作賽局」。<u>一般社會當中，在無法讓每個人都成為贏家的情況下，幾乎都會演變成這樣。升學考試、求職，還有在市場上銷售商品、投標等</u>。

　　例如，公共工程的招標案（有上限和底標），因為只有一家公司能得標，所以如果大家都認真投標，那麼價格一定在伯仲之間（底標附近）。若是到達柏拉圖最適境界，則所有投標人會互相合作，以接近招標人可接受的價格上限來投標。不過，這是一場不合作賽局，所以「囚犯的兩難」會發酵，而納許均衡應該會落在底標，也就是無利可圖。

　　要打破這樣的局面（讓納許均衡朝柏拉圖最適境界靠近），所有投標人必須於事前共享資訊、協商，彼此還要有信任基礎。如果能具備這些條件，就可由一家廠商依上限金額投標，其他廠商則用較高或較低金額投標；到了下次招標時，再換另一家廠商依上限金額。若情況如此就

圖表 7-4　囚犯的兩難

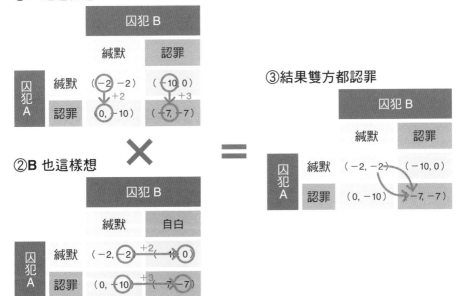

①**A 是這樣想**

②**B 也這樣想**

③**結果雙方都認罪**

太完美了！只不過很可惜，因為此舉已構成「圍標」，屬犯罪行為。

像這樣事前經彼此協商，且承諾內容具強制力的賽局，就是所謂的「合作賽局」，可達到柏拉圖最適境界。其實賽局理論不只可以應用在「囚犯」、「圍標」這種爾虞我詐的議題，[11] 還能應用在現實社會的許多問題上。

比方出版業界的未來策略，或許會是個不錯的主題。為什麼雜誌、書籍的銷量分明已經腰斬，市場上新出版品的數量卻沒有減少？與其粗製濫造，精選優質企畫，確實做好精緻的內容和設計裝訂，認真促銷，書應該會賣得比現在更好才對，可是大家卻沒有做到，因為出版社都陷入囚犯的兩難。既然如此，業者究竟該怎麼做，才能跳脫兩難呢？

配對理論：設計社會制度

哈佛大學的艾文・羅斯（Alvin E. Roth）和加州大學洛杉磯分校（UCLA）的洛伊德・夏普利（Lloyd S. Shapley），則是想到可以將「賽局理論」的數學、經濟學概念，帶進社會議題。夏普利身為數學家，在 1960 年代初期，將男女結婚的問題設定為「數學問題」，並找出可求得男女間「穩定配對」的演算法。

20 年後，羅斯很詫異地發現，他在不斷嘗試錯誤後，好不容易打

圖表 7-5　不合作賽局裡的柏拉圖最適境界與納許均衡

		囚犯 B 合作	囚犯 B 不合作
囚犯 A	合作	柏拉圖最適境界	
囚犯 A	不合作		納許均衡

造出的「全國住院醫師配對計畫」（圖表 7-6）機制，本質上竟與夏普利的演算法相同（1984）。

由於羅斯改良了「全國住院醫師配對計畫」，並於 1993 年起廣受全美各地採納，院方和實習醫生的不滿因此大幅降低。後來羅斯又把「賽局理論配對法」應用到各種社會議題上。例如，公立學校的選校招生系統，還有腎臟移植的配對等。

2012 年，夏普利和羅斯以「配對理論的發展，與機制建立上的應用」獲頒諾貝爾經濟學獎。他們將過去大家對經濟學的印象「運用需求和供給的概念，粗略了解後，向社會提出警告而已」改頭換面，變成「可設計在現實世界、有用的新機制，並且向社會提案」的學問。

▶ 行為經濟學：利用人類非理性特質的策略

所謂的行為經濟學，就是將經濟學手法應用在消費者或企業決策（行為）上的學問，此理論最早是批判古典經濟學（需求和供給等）而提出的。人或企業的決策絕對非理性，更不是憑一條簡單曲線（如需求曲線等）就能表現的。[12] 此領域由赫伯特·賽蒙（Herbert Simon）等人所開拓，自 90 年代起快速蓬勃發展。

行為經濟學者丹·艾瑞利（Dan Ariely）是《誰說人是理性的！》（*Predictably Irrational*，2008）的作者。有一天，他發現了很詭異的廣

圖表 7-6　住院醫師配對計畫[13]

住院醫師

配對計畫
志願院所
清單

配對
（反覆）

住院醫師
受理院所
清單

醫院

8,300 人

DA 演算法

1,375 個計畫
員額 10,500 人

告：[14] 訂閱商業雜誌《經濟學人》（*The Economist*）線上版的價格是 59 美元，紙本則是 125 美元，而紙本加線上版的合購價竟是 125 美元。

這太奇怪了！既然合訂價 125 美元，根本不可能有人選擇用相同價格訂閱單本（只買紙本）。這個選項的存在本身就是無用、矛盾的。不過，艾瑞利試著實驗、調查過後，發現人其實很不理性。（圖表 7-7）

・在「線上版 59 美元」、「紙本加線上版的合訂價是 125 美元」這兩個選項當中，選合訂者僅 38％，超過六成讀者都認為「只要有線上版」就夠了
・再加入「訂閱紙本版 125 美元」選項，形成三選一之後，選擇合訂者便彈升到 84％

人們聽到：「只訂紙本也是 125 美元，合訂組合也是！」就會覺得合訂組合絕對比只訂紙本划算。這是行為經濟學當中的相對性問題之一，也就是「誘餌效應」（Decoy Effect）。

人無法判斷「絕對價值」的優劣。舉凡薪資、餐廳品質和新聞價值等，大多是以「相對的」好壞評估。因此，只要刻意在目標商品旁邊放 1 個「差勁的比較對象」（誘餌），人就會產生一股錯覺，因而高估目

圖表 7-7　合訂版在不同選項組合當中的獲選率[15]

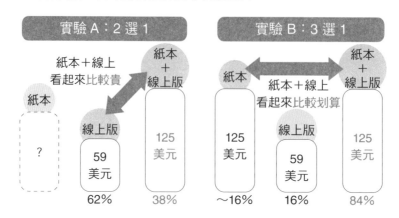

標商品的價值，所以才會買下自己根本用不著的合購商品。[16]

多虧有明顯很差勁的選項（與合購同樣價格的單一商品），專家才能從中找出人性的本質（在這個例子當中，是「誘餌效應」經濟上的非理性行為）。您是否常覺得：「怎麼會有這種商品？」「這種店還真有辦法活到現在！」「我實在搞不懂，這個品牌到底是想賣給誰？」

這些都是很好的洞察，對您自己而言，更是彌足珍貴的「發現」。不過，千萬別在這裡止步。或許事情的本質就潛藏在這樣的表象之下。讓我們多用心發現乍看毫無價值、全不合理，卻仍存在現實中的事物，並試著去探索它背後的原因吧！

▶ 但可對人或企業的非理性，做出合理的說明

行為經濟學理論也可說是用經濟學上的合理邏輯，來解釋人或企業的非理性行為。

經濟學家提姆・哈福特（Tim Harford）在《誰賺走了你的薪水》（*The Logic of Life*，2008）中，分析：人所有愚蠢行為的原因，都源自於動機的設定。人就是依循這些動機，做出理性的行為；只不過結果很愚蠢罷了。

例如，美國企業發給執行長高得離譜的薪酬就是一種動機。麥可・艾斯納（Michael Dammann Eisner）擔任迪士尼的執行長 20 年，總共賺進了逾 7 千多億美金的收入。乍看之下，這個金額一點也不合理。[17] 就算績效獎金腰斬一半，甚至只有 1/10，想必都能激勵他卯足全力付出。

不過，哈福特看透了真相。他認為：「在企業經營管理上，此舉非常合理。」（圖表 7-8）

・企業的人事制度，是採取「勝者留下」單淘汰制，許多員工都把晉升當成驅策自己努力的動機

・另一方面，人事考核是依員工的表現（成果）與能力來核定，而

不是看誰比較努力。要正確評比能力，難度相當高；成果則比較容易衡量，但實際上受運氣影響的成分很大。換言之，升職與否其實有九成都是靠運氣

　・不過，為了吸引優秀人才，鼓勵全體員工努力工作，企業只能在員工晉升時大幅加薪。因此，對副執行長以下的所有人員來說，執行長的高薪是莫大的前進動機

　　為了吸引全體員工拚命工作、全力以赴，所以「付執行長高薪」有其價值。不過，執行長的高薪就算和公司業績連動，仍無法鼓勵執行長本人毀力奉公。這分析還真是諷刺。

　　如今經濟學已走進社會的各個領域，期望能對制度設計發揮影響力，而其中之一，便是經營管理。

　　接下來，我要花 3 節的篇幅，講解策略管理理論的發展史，內容包括：策略管理理論的確立（第 47 節）、日本企業異軍突起（第 48 節），以及晚近的策略管理理論（第 49 節）。

圖表 7-8　為什麼美國的執行長，薪酬都高得離譜？[18]

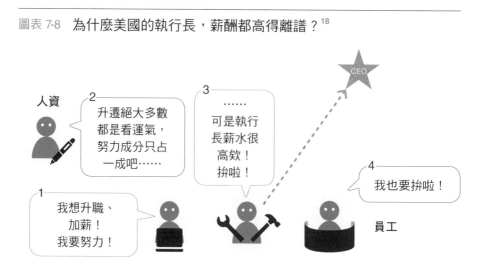

47 策略管理理論的確立：至 1970 年代前

▶ 泰勒管理工廠，還提升生產力和薪資

泰勒出生於 19 世紀中期的美國，當年正值工業革命蓬勃發展。蒸汽機掀起了動力革命，創造出大型工廠、工程和採礦工地。**然而，工廠中卻充斥著「怠工」、「猜忌」和「恐懼」。**當時薪資體系是單純的計件制，只要做愈多，薪資應該成長。可是，當管理方認為薪資增加過多時，就會調降計薪費率[19]，以至於工人最後領到的金額還是沒變。於是「做再多也沒用」的組織性怠工心態到處蔓延，工人甚至還要承受「努力工作的人就是在扯後腿」等的同儕壓力（peer pressure）[20]。面對這些問題，管理者（工頭）也只能以斥責和解雇的形式訴求「精益求精和獎勵」而已。

年輕時的泰勒在現場目睹了這些現象，認為如此一來大家都不幸福，因而萌生「設法改善」的念頭。

為了提高工廠的生產力，泰勒做了各式各樣的研究與實驗，包括用

圖表 7-9　泰勒的鏟掘研究

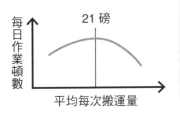

優化搬運量

每日作業頓數

21 磅

平均每次搬運量

優化工具

亂七八糟

在每台搬運車上標明鏟子編號

礦砂　灰與沙礫

礦砂　灰與沙礫

碼錶分析作業時間，拿尺測量移動距離，也調整了既往那種「目測方式」（rule of thumb method）的業務安排，改經詳細計算後再分配作業。

例如，在工人個別作業的伯利恆鋼鐵（Bethlehem Steel），泰勒做了鏟掘作業研究，發現計畫與管理業務的重要性，也找出工人下鏟的速度、高度，甚至是拋擲時間的最佳方案。而在薪資結構上，也改為「作業量超過標準，即調升計薪費率」的差別計件工資制。

為了方便依當天作業內容調度人力，並將鏟鍬發放給每位工人，企業需要設置管理部門。此角色並不是單純的現場領班，而是需要用到計畫職能。既然職能需求增加，成本自然會隨之上升。不過，泰勒推動改革的結果，成功讓伯利恆鋼鐵改頭換面。工人的平均營運噸數大增 3.7 倍，平均薪資成長了 63％，工廠整體成本減半，勞資雙方都大享其利。

泰勒 55 歲出版的《科學管理原理》（*Principles of Scientific Management*，1911）[21]，是彙整其研究內容與執行成果的集大成之作。

▶ 梅奧活化人力，提高了生產力

喬治・艾爾頓・梅奧（George Elton Mayo）出生於澳洲阿德萊德（Adelaide），是醫師之子。梅奧學習過醫學、邏輯學和哲學；31 歲時當起了老師，展開教學生涯。自 42 歲起，梅奧移居美國，先在華頓商學院參與了「職場心理衛生研究」，後來又應聘前往哈佛大學商學院，並於 1927 年在電話機製造商「西方電器公司」（Western Electric）旗下的霍桑工廠，進行實驗。

這是接力組裝作業的實驗。梅奧從原本百位員工當中，挑出 6 位[22]測試，調整了她們的工資、休息、點心、室內溫度和濕度。然而，不論梅奧調整什麼項目，如何調整，或甚至再調回原狀恢復，不管條件怎麼更動，這 6 人的生產力就是不斷攀升。她們的榮譽感和團隊精神，戰勝了一切（姑且不論實驗的目的為何）。

1928～1930 年，梅奧針對西方電器全體員工 2 萬人，進行了大規

模的面訪調查。一開始先由研究員根據事前訂定的提問內容進行訪談，途中再改由基層主管接手，以非誘導性的自由對話進行。簡言之，就是「閒聊」。

正當梅奧等人望著 2 萬人份的閒聊報告，不知該如何是好時，這項調查竟隨即展現了出人意表的成果。僅僅進行過一場面談（什麼內容都無妨）而已，部門的生產力竟然提高了。

綜合其他實驗結果，梅奧做出結論：人活著不是單靠食物[23]。

· 比起經濟上的對價，人更重視社會需求的滿足

· 人的行為受情感影響甚鉅，並不理性

· 相較於正式組織，人更容易受非正式組織（職場上的派系、交情深厚的小團體）影響

· 因此，職場上（和主管、同事之間的）人際關係對工作意願的影響，會比職場客觀環境優劣的影響更深

相較於把公司設定的機制、規範強加在員工身上的嚴屬主管，在願意傾聽團隊與個人狀況，並給予部屬些許裁量權限的主管帶領下，員工的士氣更高昂，生產力也提升了。因為，在同事之間關係良好，正式與非正式組織方向一致的職場，生產力才會轉好。

泰勒開創了很有邏輯的方法論，能促使生產力大增。而這一套方

圖表 7-10　梅奧「誕生的成果」

梅奧和羅斯里士伯格[24] 等人所建立的人際關係理論

| 小團體活動 | 提案制度 | 諮商研究 | 領導研究 | 動機研究 |

法，是 19 世紀希望讓工廠產線擺脫被恐懼、怠工和貧窮宰制的狀態所必需的。然而，20 世紀員工的生活已轉趨豐足，對他們而言，泰勒的方法已不充分。他們需要的是以梅奧為始祖的「人際關係理論」。而此理論後來也成功發展至領導理論、企業文化理論等各種不同領域。

▶ 費堯：創造出一套用於整體企業的管理流程

費堯[25] 是法國企業家，幾乎可說是與泰勒同時代的人。他很年輕就在礦業公司當幹部，更於 47 歲時出任總經理一職，把瀕臨倒閉的公司改造成優質企業，並扛起重任，持續帶領公司 30 年。

自 50 多歲後半起，費堯將豐富的管理經驗，彙整成一套獨家的經營管理理論，並致力於教學、推廣。在《一般管理與工業管理》（*General and Industrial Management*，1917）中，費堯整理了企業「不可或缺的活動」[26]，分類為六大領域：技術（研發、生產）、商業（銷售、採購）；財務（財務）、安全（人事、總務）、會計（會計）、管理（經營企畫、管理）。其中，「明確定義管理活動」的做法，更堪稱劃時代的新概念。舉凡訂定事業發展的方向與經營管理方針，還有在各項事業活動之間協調等，都被費堯歸類為管理活動。

圖表 7-11　費堯的「經營管理程序：POCCC」

‧①規畫、②組織、③領導、④協調、⑤控制

經營、管理企業，就是要持續推動「POCCC 循環」。費堯主張這是通則，並不限於某些組織才有效。費堯在提出論述前，本來就是專業的經營者，他在管理理論中著眼的對象，是整體企業、事業；既不像泰勒以工廠為主，也不同於梅奧以人為本。

費堯以「administration」一詞來表示「管理」的意涵。[27] 他沒有等到後來梅奧的人際關係理論問世，就已體認到理解他人與關係管理的重要。他要求主管必須「隨時留意員工和團隊的狀態」，更在知名的「14點管理原則」（14 Principles of Management）中，特別將「原則 11」訂為「公正：公正（equity）是指蘊含關懷的公平（justice）」。在遵循規則的同時，也要懂得秉持關懷之心，顧慮周全，才能把企業管理妥當。這是費堯身為經營者所學到的教訓。

不過，理論發展至此，在關鍵的「規畫」上，仍非常模糊。究竟世上有沒有「活用這個策略一定會贏」的解答（＝策略管理理論），或在計畫擬訂上通用的程序（這樣擬訂，就會是很好的策略）呢？

▶ 催生策略管理理論的巴納德與安索夫

1929 年 10 月 24 日，美國股市重挫（黑色星期四），引發全球經

圖表 7-12　巴納德提出的企業成立要件

共同目標
＝策略管理

貢獻心力的意願　　相互溝通的能力

濟大恐慌。這 10 年期間，企業經營者祭出什麼發展方向、如何因應變局，決定了企業日後的命運。其實這正是費堯提出的「規畫」概念，也就是「策略管理」。

巴納德釐清了這個概念。自 1927 年起，巴納德擔任貝爾電話公司旗下子公司的總經理長達 20 年。他在《行政主管的功能》（*The Functions of the Executive*，1938）定義企業為「系統」，而不是單純的「組織」，並提出企業成立的三要件：「共同目標」、「貢獻心力的意願」、「相互溝通的能力」，還將共同目標稱為「策略管理」。

到了 1936 年，18 歲時赴美的俄羅斯裔移民安索夫，在累積學識與實務經驗後，為策略管理賦予了形貌。他在《企業策略》（1957）中，提出差距分析（gap analysis）、3S 模式[28] 和安索夫矩陣，更闡明了成長策略、多角化策略的樣貌。後來，他在《策略管理》（1979）一書中，提出結論「企業應視外在環境的『動盪程度』，[29] 將策略和組織做『同等級』的調整」，打造出策略管理理論的原型。

▶ 安德魯斯讓以 SWOT 分析為基礎的策略擬訂手法聲名遠播

彙整巴納德、安索夫和錢德勒提出的概念（再加上新工具和洞察），並廣為宣揚的是 HBS 的招牌教授安德魯斯。他創設了以企業策

圖表 7-13　安索夫的差距分析

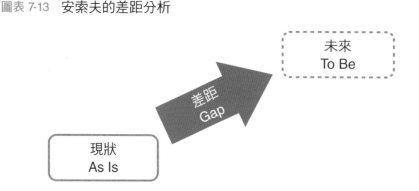

略理論為主軸的講座，非常轟動，後來還出版成《企業政策：教材與案例》（*Business Policy: Text and Cases*，1965）。[30]

本書內容介紹了由「外部環境分析」、[31]「內部環境（組織、人）分析」、「策略研擬」和「執行計畫」等組成的正統企業策略擬訂手法，孰料其中的核心概念「SWOT 矩陣」竟一炮而紅。巴納德等人曾主張：所謂的**企業策略，就存在「外部環境的『機會』」與「內部環境的『優勢』」此兩者的搭配組合中**。而 SWOT 矩陣就是用來將此概念具象化的分析工具。

許多商學院不約而同把這本書選為教材，安德魯斯（彙整、打造）的概念，轉眼間成了美國高階經理人的共同認知和共通語言。

▶ 科特勒是「行銷界」的杜拉克

同樣自 1960 年代起迅速普及的，還有「行銷」（marketing）概念。彼得・杜拉克（Peter Drucker）洞悉管理學本質，留下名言**「企業就是創造顧客」**；而在行銷學中也有一句**「行銷的目的，在使銷售成為多餘」**。這句話可說是行銷活動最精準的定義之一，迄今各界仍廣為使用。

不過，讓行銷學理論得以普及的功臣，則是科特勒。他所撰寫的《行銷管理》一書，在 1967 年發行初版後，每隔幾年就會改版，成了

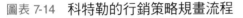

圖表 7-14　科特勒的行銷策略規畫流程

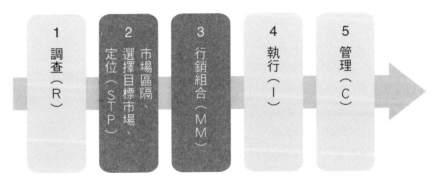

全球行銷學習者及實務從業人員的《聖經》。

科特勒起先以「行銷的系統化」為目標。事實上，在《行銷管理》中，並非所有行銷概念都是由他所創。不過，以往散落各處的行銷學理論，因本書問世而得以系統化，並廣為普及，這的確是不爭的事實，這無疑是科特勒的功勞。尤其是當中的「行銷組合」（marketing mix，簡稱 MM），如今已是人人信手拈來的概念。其實此概念建議讀者，要妥善整合運用4P（商品、價格、通路、促銷），不可偏頗失衡。

安德魯斯擬訂了一套策略管理程序，而科特勒也同他般，訂定了「行銷策略規畫流程」。這一套流程又被稱為「R、STP、MM、I、C」，由上圖的五步驟組成（圖表 7-14）。

STP 是將市場依自己有利的方式劃分區隔，再選擇目標市場，並訂定出要和競爭者做出哪些差異。而 MM（＝4P）則是將 STP 具體化的工具（請參閱第 58 頁）。

▶ 錢德勒促成以「事業部制」，管理多項事業的普及

讓我們再往回看到 1920 年代。當時杜邦公司（DuPont）發明了一種組織架構，用來管理複雜的企業體，也就是所謂的「事業部制」。

杜邦公司運用本業——人造纖維「嫘縈」領域的研發、生產能力，

圖表 7-15　杜邦：事業部制的誕生與發展

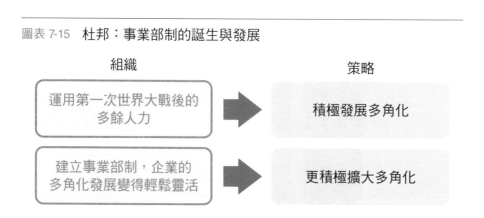

成功切入截然不同的防水玻璃紙膜市場，成績斐然。後來，杜邦又持續將事業版圖擴大到尼龍、壓克力纖維、聚酯纖維。這是因為他們發現：<u>發展一項新事業，只要成立一個新的事業部就行了。</u>

多虧設立事業部制，讓企業的多角化經營變得相當輕鬆靈活。第二次世界大戰後，大企業紛紛在地理上、產品線上擴大事業版圖。這就是企業組織結構改變了他們的策略。其中，祭出五大事業部制，一舉打倒福特，成為全球汽車製造業龍頭的通用汽車，就是這樣的案例（請參閱第 61 頁）

艾爾弗雷德‧錢德勒（Alfred Chandler）在《策略與結構》（*Strategy and Structure*，1962）中，舉杜邦、通用汽車、紐澤西標準石油（Standard Oil Co. of New Jersey，現改為埃克森美孚）和西爾斯‧羅百克公司（Sears Roebuck）為例，稱這四家企業是「掀起組織創新的代表性企業」。

對於那些被迫走向分權的大企業而言，這本著作詳盡解說了「事業部制」的細節，儼然成為「事業部制的教科書」。許多企業（在借重麥肯錫等管理顧問公司助力的同時）群起仿傚，彷彿高呼著：「要推動多角化經營，就給我改成事業部制！」

▶ BCG：打造出在企業策略層級「派得上用場的工具」

可是，當 1960 年代的併購熱潮退去，繼起的「非相關多角化」旋風也席捲過後，<u>一家大企業底下有好幾十個事業部，總公司和事業部高層之間的溝通中斷，公司整體的管理瀕臨崩潰邊緣。</u>

於是，企業開始篩選與重組事業。然而，當時對於一般經營者而言，世上並不存在任何「派得上用場的工具」。

錢德勒的策略理論（事業部制以外的部分）寫得太模糊；而安德魯斯的策略規畫，則是在 SWOT 分析之後要考驗真功夫。

至於安索夫的策略管理理論，（很可惜）實在是太難理解。[32] 於是

麥肯錫把心力投入到組織策略領域。

1963 年，布魯斯・韓德森（Bruce Henderson）成立的BCG從中找到了致勝機會，成功為企業提供「派得上用場的工具」。

　　經驗曲線│可預測未來，衡量競爭力

　　產品組合矩陣（PPM）│可於各事業間妥善分配資源

　　永續成長方程式│聯結財務與成長

而受惠這些工具最多的，就是當時各大企業的經營者。

經營者不可能交辦部屬——各事業的主管，去安排各事業之間的資源分配問題（抽掉哪些事業部的人力和資金，投注到其他事業等）。<u>為了回答經營者的公司層級煩惱，並非只針對特定功能（行銷、製造、財務等），而是提供整合性的答案</u>，所以 BCG 的「產品組合矩陣」（或其他類似工具），成為半數大企業選用的經營管理工具。

圖表 7-16　BCG 的經驗曲線

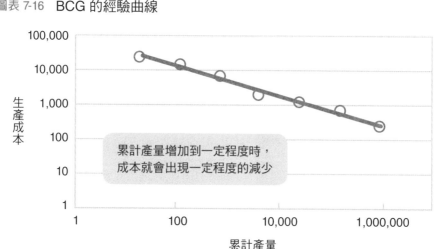

圖表 7-17　BCG 的產品組合矩陣

48 日本企業異軍突起與時基競爭策略：1970~1980 年代

▶ 佳能挑戰「絕對王者」全錄

1970 年，佳能（Canon）終於跨越了全錄（Xerox）築起的專利高牆，以 88 萬日圓的價格，推出使用獨家技術的普通紙影印機「NP-1100」。[33] 自從 1962 年佳能發表第一次長期經營計畫，並高呼要發展多角化經營。[34] 之後，僅由幾位員工投入相關研究，歷經 8 年臥薪嘗膽，總算成就壯舉。

佳能選擇迴避全錄的主要顧客，也就是大型企業；加強耕耘中型企業，並於 1982 年時，為了搶攻小型、微型企業的客戶，以 24.8 萬日圓的售價，推出墨水匣形式的三色影印機「MiniCopier PC-10」。

全錄在 1962 年時，握有多達 600 項影印機專利，並採取以量計價的出租做法（需要雄厚的資本），在普通紙影印機市場建立的商業模

圖表 7-18　MiniCopier PC-10[35]

全球第一款墨水匣型普通紙影印機「MiniCopier PC-10／20」

式，形同築起了一道號稱「20 年不倒」的銅牆鐵壁商業模式，全世界沒有任何一家企業妄想正面突破。因為，**當年普通紙影印機市場雖有望大幅成長，「有利可圖」，但業者卻「占不到賺錢的位置」**。

所以，看在定位學派眼中，佳能的「挑戰」，只不過是一家魯莽的日本企業，發動了「有勇無謀之舉」罷了。然而，這項挑戰竟然成功，還讓佳能從相機製造商變身為事務機器製造商，躋身國際大廠之列。

據說當年佳能的幾位經營高層這麼想：「既然全錄獨占市場，那可是個大好機會。因為其他競爭對手都不進去搶市，如果只有我們一家切入，不就可以拿到 50％的市占率嗎？」

▶ 只憑技術單挑三大車廠的本田

1959 年，以機車打進美國市場的本田，在經過一番曲折之後，竟傳來超乎想像的捷報（請參閱第 347 頁）。接著，到了 1963 年，本田跨足汽車製造領域。1970 年起，更開始將汽車銷往美國本土。

然而，當時 T 型福特（1908）在市場屹立 60 年，美國的「富裕大眾」已熟悉福特、通用和克萊斯勒（後被美國汽車公司收購），和這些車廠的經銷商也持續很長時間的交情，以至於幾乎完全無法接納包括喜美（Civic）在內的日本製小型車款。畢竟它們的品質也還不夠精良，屬於「便宜沒好貨」型的商品。

況且以本田汽車進軍美國車市時的企業規模來看，通用是本田的68 倍，三大車廠中規模最小的克萊斯勒，都還與本田有超過 13 倍的差距。就常理而言，本田想切入美國市場，根本就是天方夜譚。

可是，本田沒有放棄，因為他們早已決定，既然在日本贏不了豐田、日產，就要在規模更大的美國市場，和這兩家大廠一較高下。

正巧當時美國議會通過了《馬斯基法》（Muskie Act，1970），[36] 強制規定汽車製造商必須「在 5 年內，讓汽車廢氣所含的有害成分降到1/10」。

美國三大車廠異口同聲地高呼「不可能」，於是本田宗一郎心想：「這正是我們的大好機會。」[37]

於是，<u>本田技術團隊精銳盡出</u>，由久米是志[38] 領軍，集結入交昭一郎[39] 等人，<u>研發環保引擎 CVCC，風光成為全球第一個（不經排氣管等裝置淨化處理）符合《馬斯基法》規範的汽車製造商，向全世界展現了本田的技術實力</u>（圖表 7-19）。

接著，爆發石油危機（1973）。於是本田既省油、廢氣排放量也低的小型車款，便在此時受到各界關注。至此，本田才總算築起了能在美國市場生存的灘頭堡。

▶ 突破「在地生產」的難關！

1977 年，本田在俄亥俄州投資了 65 億日圓，成為第一家在美國設立機車製造廠的日本企業。5 年後，也就是 1982 年時，本田更在公司內、外皆對品質表示強烈疑慮，質疑「在美國生產真的沒問題嗎」的聲浪中決定，開始在美國生產汽車。

本田旗下負責製造的公司 HAM 由入交昭一郎領軍。公司裡對員工不叫「工人」，而稱為「夥伴」。他們還將本田公司的哲學與生產理念用當地思維重新整理，編寫成「HONDA WAY」，造就了 HAM 無與倫

圖表 7-19　本田的 CVCC 引擎[40]

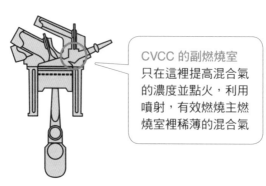

CVCC 的副燃燒室只在這裡提高混合氣的濃度並點火，利用噴射，有效燃燒主燃燒室裡稀薄的混合氣

比的精良品質與卓越生產力。

本田汽車在美國的勝算，早在 1976 年時就已萌芽。當時福特找上本田談合作，本田便派幹部前往福特的主要生產據點視察。幹部們在對福特令人望塵莫及的規模大感詫異之餘，也感受到福特的生產思維與方式已顯陳舊。因為，當時本田已由機器人負責焊接，再加上迅速的模具更換等，打造出一貫化生產，進而逐步實現不需仰賴大量生產的卓越生產力。於是，他們相信：「本田在美國也絕對行得通！」

本田華麗地突破了「規模」和「經驗曲線」兩項既有的難關。

▶ 本田機車成了定位學派的典範

日本企業屢次顛覆定位學派既有的常識，成功運用不受看好的「策略」。其中，「本田為何能在美國的機車市場打響名號」的議題，掀起激烈的辯論。

在日本國內的機車市場中，本田雖是後進者，卻憑著雄厚的技術實力一路力爭上游，登上龍頭寶座。而排氣量 50cc、搭配四行程循環引擎的「超級小狼」（Super Cub），正是將本田機車事業推向高峰的原動力。蕎麥麵店的外送小弟能托著外送托盤單手駕駛（無離合器車型），穿裙子的女性也能騎乘（油箱設計在座椅下方），是一部能讓人說走就

圖表 7-20　本田的 NICEEST PEOPLE 宣傳活動（部分）[41]

走、價格實惠且性能卓越的機車。當年在雜誌廣告上那句「媽，蕎麥麵也很好……」的文字躍然紙上。在 1959 年進軍美國之前，本田的機車就已達年產 28.5 萬輛，[42] 成為日本首屈一指的製造商。

不過當時在美國，只有 500cc 以上的中大型機車在街上跑，而且幾乎都是國產的哈雷機車，還有部分的歐洲進口車。本田在這樣的環境下引發革命，名符其實地創造了小型機車市場。

在空前成功的宣傳活動「NICEEST PEOPLE」[43] 的推波助瀾下，超級小狼賣翻天。況且在日本市場的量產效應支持下，超級小狼在價格和品質上，都拉開了一段讓競爭對手望塵莫及的差距。推出僅 5 年後，也就是在 1964 年時，美國市場上售出的機車，水準已經達到「每 2 台就有 1 台是本田」。

小型車的熱賣效應，後來也外溢到中大型機車。本田中、大型機車在美國的市占率也開始攀升，先是超越了當時的進口車王者——英國凱旋機車（TRIUMPH），接著又把血統純正的哈雷[44] 擠下美國市場的龍頭寶座。

此時，英國政府對自家機車產業的發展萌生了危機感，便委託 BCG 進行分析。BCG 在 1975 年提出的報告中，用經驗曲線分析和市場區隔、小型與中大型機車的共同成本分析等手法，鮮明地呈現本田在美國攻城掠地的機制（圖表 7-21）。

圖表 7-21　BCG 的本田分析[45]

哈雷・
戴維森

驅趕

中大型

經驗曲線

小型

開創市場

‧本田根據經驗曲線祭出成本導向策略，成功創造出了新市場（美國的小型機車）。後來，本田又運用前述的經驗曲線，席捲了既有市場（中大型機車）

可惜的是，這樣的分析並沒有拯救英國的機車產業，凱旋機車公司黯然退場。[46] 不過，這份報告被視為定位型企業、事業策略的經典，成了各大商學院廣為選用的教材。

▶ 帕斯卡的「本田效應」，為能力學派開啟了一扇門

然而，到了 1984 年時，竟出現了一篇震撼各界的論文，就是由麥肯錫的李查‧帕斯卡（Richard Pascale）所寫的《策略觀點：本田成功背後的真實故事》（*Perspectives on Strategy: The Real Story Behind Honda's Success*）。

致力於研究日本企業的帕斯卡，在訪問過當年本田的 6 位經營主管後，歸納出了令人驚奇的結論：

‧本田當時並沒有明確的策略。<u>他們的策略是從失敗經驗的累積中，創發性地萌生的</u>

從這個觀點出發，帕斯卡更進一步指出：「BCG 的分析，呈現出把現實過度單純化，並試圖直線式解說的西方思維。」他還把這個現象命名為「本田效應」（HONDA effect）。因為，他認為 BCG 被本田的成功（結果）所蒙蔽，連他們成功的原因和流程，都覺得特別精彩耀眼。因為有「月暈效應」（halo effect）[47]，所以才這樣取名。

在《策略觀點》中，清楚剖析了本田的嘗試錯誤，以及非經分析、未經計畫的行為。

‧為什麼會想在美國開創小型機車市場？→「起初是因為不想被美國人瞧不起，所以才打算以中、大型機車為主力，切入美國市場。沒想到銷售成績欠佳，況且美國人騎車的方式和日本人不同，機車很容易故障。」「沒想到<u>員工騎出去跑業務的超級小狼竟然很受歡迎</u>，才決定要認真拿來當商品銷售」「結果一推出就大賣」

‧營收目標怎麼訂定？「<u>憑直覺訂的</u>」「就覺得應該可以從歐洲進口車那邊搶個 10%」

‧為什麼選擇美國市場，而不是歐洲？「<u>當時根本沒有策略，就只是想在正宗機車大國美國試試身手，看看我們有多少能耐而已</u>」

<u>帕斯卡表示，「本田效應」呈現了「人為因素」、「創發性更勝計畫性」的重要</u>。這個論點對既往定位學派視為理論根據的大泰勒主義（只要分析就能了解一切），也構成了威脅。

▶ 佳能決定從能力派轉向定位派

另一方面，當時佳能有意發展多角化經營，也有長期計畫。不過，佳能選擇市場的方法，並不是找出「看來有利可圖的市場」、「搶占賺錢的位置」等的「市場定位」，而是挑選「看似很難切入，但規模龐大的市場」，接下來就看自己的造化。若具備足以跨越那個難關（進入障

圖表 7-22　佳能的同步閱讀器與 AE-1[48]

同步閱讀器　　　　　　　　　　　　　　　　AE-1

電子工程師
100 人

一敗塗地　　　　　　　　　　　　　　　　一舉成功

礙）的「能力」，那當然最好。其他競爭者進不來，所以應該可以在這種領域賺到相當可觀的營收；反之，如果發展失敗，整個事業就毀了。

不對，順序一定是反過來的。當時佳能已具備五花八門的「能力」，他們去找尋既可運用自身能力，又有機會切入的事業領域之後，找到影印機市場。是「能力」決定了佳能的「定位」。

所謂的影印機，其實說穿了就是電子照相，需用到光學、電子、機械和化學等領域的專業。佳能本來是相機製造商，光學和機械技術是他們的看家本領。而具備電子方面的技術，則是因為以往在推動「同步閱讀器」這項「一敗塗地」的新事業時，錄用了 100 位電子工程師。佳能沒有解雇這些人員，反而繼續把他們留在團隊裡。後來，這群電子工程師成了全球第一台自動曝光單眼相機「AE-1」（1976）的開發核心，是幫助佳能成為全球頂尖相機大廠的幕後功臣，也是這場佳能大戰全錄的主力戰將。

帕斯卡的「本田效應」因為前述訪談等內容而獲得印證。對此，BCG 分析報告的共同作者麥可・庫德（Michael Gould）提出反駁。而管理學大師亨利・明茲伯格（Henry Mintzberg），又再度反駁了庫德的論述。

▶ BCG 裡的生產研究狂人──史托克訪日，向洋馬學習

1988 年，一套以取法日本企業經驗為基礎，重視能力的策略（事業）管理理論問世，就是「時基理論」[49]。而催生出這套理論的推手則是 BCG 的喬治・史托克（George Stalk, Jr.）和菲利浦・伊凡斯（Philip Evans）等人。

史托克在 1979 年時，受全球最大農機製造商強鹿（Deere）之託，造訪位在日本的合作廠商洋馬。他在洋馬看到的工廠情況，是比強鹿「生產力高出一大截，產品品質精良，庫存顯然處於低水位，占用空間也小，生產所需時間更縮短許多」。

　　幾年後，史托克把當時這段他被驚人生產效率震懾住的經驗，告訴了 BCG 的智者伊凡斯。

　　伊凡斯表示：「史托克照例大談一些令人難以置信的冷闢專業知識，例如壓鑄、成型等」、「不過在他的描述當中，卻隱含著『<u>用更快的速度做事，就能與人競爭</u>』的小巧思」、「於是我對他說：『你就只講這個就好，其他事都刪掉』，他才恍然大悟。」

▶ 伊凡斯的慧眼，加上史托克追根究柢的精神——量「時間」！

　　到這裡為止，是伊凡斯慧眼的成就。自此之後，便為史托克對研究追求求源揭開了序幕。

　　不過，企管顧問可不是只強調技術很重要，或要別人模仿成功者的流程就好。史托克在 BCG 的東京辦公室研究豐田汽車，一邊和同事湯瑪斯·郝特（Thomas M. Hout）思考本田的問題。

　　於是他編擬出了一套「<u>以時間為基礎的策略</u>」，和「<u>所有事物都以時間（而不是成本）衡量</u>」的手法。

　　‧要提高公司的附加價值，就要縮短「從顧客提出需求到獲得處理」的時間（前置時間）

　　‧要降低公司的成本，就要縮短每一項流程所需的時間

圖表 7-23　1980 年代左右的強鹿和洋馬[50]

強鹿　　　　　　　　洋馬

生產力高出一大截
產品品質精良
庫存顯然處於低水位
占用空間小
生產所需時間縮短許多

「省時」是企業提升價值、強化能力、改善獲利模式的魔法關鍵字。

當時豐田和本田已具備能用福特、通用一半時間，開發新車款的研究開發能力，以及數萬種商品可迅速交貨、成本又低的生產能力。豐田、本田開發新車款只要用 36 個月（3 年），美國企業則要花 60 個月（5 年）。

產生這種差距的原因，並非是因為員工的鬥志、毅力和長時間工作使然。最根本性的差異，在於日本企業「運用時間的方法」（圖表7-24）。所有相關部門（企畫、研發、生產、原料供應商、零組件廠商等）都要盡可能提早分享資訊，以便消除業務上的浪費；可同時進行的作業，一定同步進行。

這個時基策略，就是為了以更快的速度，提供顧客更新穎、更多樣、更實惠產品的一套策略。至於史托克的日本企業研究和後續發展，則是先在 1988 年時，於《哈佛商業評論》（HBR）上發表了〈時間：競爭優勢的下一個來源〉（Time：The Next Source of Competitive Advantage，1988 年 7-8 月號）的論文；接著又有 1990 年出版的《時基競爭》（*Competing Against Time*），並於此時達到巔峰。

圖表 7-24　透過作業同步並行節省時間

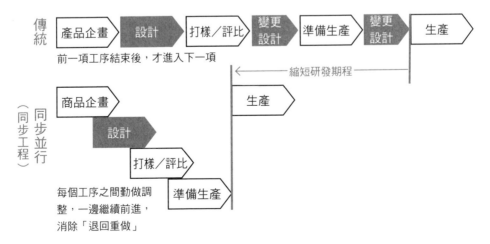

▶ 可測量的能力策略：時基策略

　　正如波特主張的，<u>提高附加價值（差異化）與降低成本（成本導向）其實並非二元對立，可透過縮短時間來同步實現</u>。

　　昔日美國汽車業界排名第三的大廠克萊斯勒，接受了時基策略，成功在後來開發四種車款時，縮短開發期間 25％（15 個月），節省了 30％的開發投資。而這四種車款成了克萊斯勒睽違已久的熱賣商品。

　　時基策略適用的有效範圍，不只包含製造業。瑞典的卡羅林斯卡醫學院（Karolinska Institutet）附設醫院，導入時基策略後，術前檢查的時間從好幾個月縮短到幾天，可以更細緻地安排手術日程安排。此舉讓病人相當滿意，也讓醫師處理工作更順暢，況且還大幅降低了醫院負擔的成本。

　　<u>企業要做的，就只是從顧客和能力觀點，確實測量過去在哪些業務上花了多少時間，接著再從耗時最多的項目著手，逐一解決即可</u>。而當年的日本企業裡，就充滿了各種解決耗時問題的巧思。

　　30 年後，憑著獨步天下的省時功夫，改變業界競爭態勢，讓日本企業望塵莫及的，竟是 ZARA 等外商。然而，如今日本企業復活的關鍵，恐怕也還是在於時間。

49 晚近的策略管理理論：2000年以後

▶ 來自歐洲的熱銷商品與藍海策略

2005年，前所未有的策略形式，從歐洲傳到了各地，那就是《藍海策略》（*Blue Ocean Strategy*）（圖表7-25）。

此概念強調，企業應積極創造具有新價值、新成本、沒有競爭對手的「藍海」，而不是死守在一片猛將勁旅彼此廝殺，到處染遍戰爭鮮血的「紅海」。這也等於否定了波特一直以來，訴求「企業必須在附加價值和成本之間做取捨」的主張。

此書作者是歐洲工商管理學院（INSEAD）[51]的金偉燦（Chan Kim）和莫伯尼（Reńee Mauborgne）。此後，兩人在（兩年一度）評比全球五十大管理思想家的「Thinkers 50」當中，連年名列前茅。

歐洲工商管理學院的校本部座落在法國郊區，以其國際化為賣點（學生來自全球近百國），研究對象也不會獨厚美國。兩位作者花了好

圖表7-25 藍海 vs. 紅海[52]

幾年研究全球 30 個業界中的 150 個策略案例，而且不是只注意「勝利者」，更認真檢視了「失敗者」研究究竟是什麼因素，決定了這些企業的勝敗呢？

▶ 不是「差異化」或「成本導向」二選一，兩者都能實現才是價值創新

波特斷言：「所謂的策略，就是要在競爭中獲勝」、「競爭方式除了『要不要篩選市場』之外，就只有『要選擇以高附加價值一決勝負的差異化策略，還是用低成本來一較長短的成本導向策略』而已」、「換言之，策略就是在『追求高附加價值，還是追求低成本』之間取捨」。然而，金偉燦和莫伯尼反駁這樣的論述。

「所謂的好策略，是要創造沒有敵人的新市場（藍海）」

「高附加價值和低成本不見得一定要取捨，新的高附加價值和低成本可以兼顧」

「換言之，<u>策略就是要設法想出新的市場概念，並創造能實現此市場概念的能力</u>。」

他們舉出了成功創造藍海的案例，包括 Apple 的 iPod、太陽劇團、星巴克，還有日本的 QB HOUSE 等。

不過，愈是成功的藍海市場，愈會快速引來競爭者投入戰局，廝殺

圖表 7-26　呈現新價值組合的「策略模式圖」

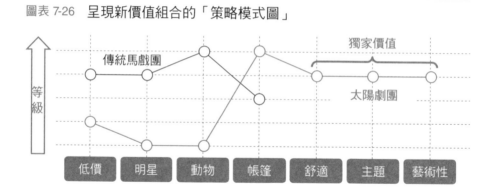

成一片紅海。因此，<u>藍海策略要求的「探索新市場」和「定位與能力的創造及融合」，是永遠不可或缺的元素</u>。為了無止境地探詢新藍海，金偉燦和莫伯尼打造了創造藍海策略需要的多項工具（圖表 7-26）。

▶ 專為新創公司設計的顧客開發與精實創業

史蒂芬‧布蘭克（Steve Blank）的職涯當中，參與過 8 個新創事業（startup）的成立，並帶領其中 4 家成功上市，堪稱是新創界的魔術師。他在《創業的四個步驟（暫譯）》（*The Four Steps to the Epiphany*，2005）中，為我們揭開創業奇蹟的祕密。這是一套由 4 個步驟、17 個階段和 64 個項目所組成的「顧客開發」（Customer Development）模式。

4 個步驟分別是：①發現顧客（傾聽並發現需求，Customer Discovery）、②驗證顧客（銷售並驗證，Customer Validation）、③拓展顧客（驗證接觸，Customer Creation）、④建立企業組織（正式擴大，Company Building）。假如在②步驟發現行不通，就先「修正路線」（pivot），再回①步驟重來。

布蘭克直截了當地說：「<u>新創公司裡只要有『商品研發』和『顧客開發』兩個團隊就好，行銷、業務和事業開發都還暫時不需要</u>。」他還明白表示，創辦人和執行長要先好好專注在這兩個領域上。

他在史丹佛大學、加州大學柏克萊分校，還有加州理工學院等多所美國西岸的大學院校，以及一些創業輔導的非營利組織（NPO）推廣這個觀念。而在布蘭克的眾多學員當中，有一位被譽為「前所未有的秀才學生」，就是後來闖出名號的艾瑞克‧萊斯（Eric Ries）。

萊斯以優異成績畢業於耶魯大學資訊科學系。他在學期間就開始參與創業，但第一家公司很快就倒閉，於是又重回大學上課。畢業後他移居矽谷，在創辦第二家公司時結識布蘭克。29 歲時，萊斯打造出「精實創業」的手法，獲得許多科技新創選用，後來美國政府也積極推動這一套手法的運用和普及。

　　萊斯將布蘭克的觀念發揚光大，還把豐田汽車打造的「精實生產」思維融入新創管理之中，發展出《精實創業》（2011）。而它的核心概念，就是「不做無謂的東西」。

　　萊斯從他的許多失敗經驗中，學到了「做就對了」（Just do it）的精神會把公司搞垮。工程師會覺得：「要是不知道會怎麼樣，那就先做做看。」於是便一股腦拚命寫程式。萊斯心想：「要是無法驗證成果的話，就算程式寫得再快，一切都是枉然。」因此他認為：

· 無法為顧客提供價值的東西，都是做白工
· 無法驗證是否有價值，又無法帶來收穫的，都是做白工

　　萊斯把這個驗證假設的程序，稱為「建構（Build）、測量（Measure）、學習（Learn）」循環，並將用來驗證的打樣品命名為「MVP」。這指的可不是最有價值球員，而是「最小可行性產品」（Minimum Viable Product）（圖表 7-27）的意思。

　　工程師很排斥被別人看到「不完整的東西」，認為既然要做，就想把五花八門的東西全都加進去。然而，這樣是不行的。只要把該驗證的想法放進打樣品，做最低限度的變更即可，否則它就無法構成對照實驗，淪為時間和人力的浪費。

圖表 7-27　用 MVP[53] 來「精實創業」

哲學：不浪費時間和經營資源

只做能提升顧客價值主張的東西	⬌	「Just do it！」的精神，會把公司搞垮
只做可驗證、有收穫的東西	⬌	
用 MVP 快速運轉建構、測量、學習的循環	⬌	要做出完整的東西，才徹底驗證

說得更直接一點，其實 MVP 根本不必是產品（Product），<u>只要有個螢幕畫面，後面用手工組裝也無妨，能驗證概念即可</u>。萊斯在自己公司，就相當迅速地持續操作「建構、測量、學習」的嘗試錯誤循環，多的時候一天甚至可高達 50 次！

▶ 財捷向客戶與失敗學習

在美國的個人報稅軟體（產品名稱 Turbo Tax）與資產管理軟體（產品名稱 Quicken）市場上，市占率讓其他業者望塵莫及的財捷（Intuit）[54]，發展迄今一路勇渡許多驚濤駭浪。

財捷創立於 1983 年，是少數從個人電腦萌芽期起，就一路存活數十年，迄今仍屹立不搖的企業之一。曾於寶僑任職的史考特・庫克（Scott Cook）為了創業，延攬了史丹佛大學的湯姆・普拉克斯（Tom Proulx）來當工程師。兩人隨即開設公司，挑戰了許多事業，正當以為報稅軟體總算要成功時，卻又面臨軟體巨人——微軟以 Microsoft Money 切入市場，還殺出了線上版軟體的競爭者，讓財捷的生存之路走得格外辛苦。

<u>財捷對外大膽收購競爭對手，同時對內落實「商業民族誌」</u>（business ethnography，行為觀察）<u>開發，完整保護核心商品</u>。他們認

圖表 7-28　財捷為什麼能贏過微軟？

把寶僑的做法帶進軟體業界

以顧客為出發點的商品開發	行銷的「創新」
・以家庭訪問[55]調查使用狀況 ・易用性測試 ・消費者座談會	・運用電視廣告 ・發放折價券給消費者 ・派發免費試用版

為光是「傾聽顧客的需求」，已無法產生創新。於是，便派出數 10 位工程師（不是行銷人員），三人一組前往各種使用者家中拜訪。最驚人的是，他們在每一戶竟會待上整整兩天，調查使用者過什麼「生活」，甚至還會拍攝影片，滴水不漏地研究使用者在什麼情況下，抱持什麼心態使用財捷的商品，以及使用時會發生狀況等。財捷開始進行這項市調活動之後，顧客滿意度便大幅彈升。

畢竟「創新就是要改變人的行為準則」。

正因為財捷敢挑戰創新，所以經歷了很多失敗。例如 2005 年時，財捷為了拓展年輕族群的顧客，成立了 rockyourrefund.com 的網站。在這個鼓勵「把退稅拿出來搖滾吧！」的活動網站上，洋溢著搖滾和爵士樂，並提供商品折價券給網站使用者。

此創新做法的結果。竟然一敗塗地。網站幾乎沒人造訪，績效據說僅達「捨入誤差」的水準。

不過，財捷的行銷團隊徹底分析了這次失敗，寫成了一份報告。這樣做是為了不讓苦澀的經驗就這樣被模糊帶過，以免日後重蹈覆轍。

這份失敗分析報告，後來得到了庫克董事長的表揚。

他說：「唯有不懂得從挫敗中學習時，才是真正的失敗。」（It is only a failure, if we fail to get the learning.）

▶ BCG 催生的五大分類與適應型策略

最後，要為策略管理史劃下句點的，是 BCG 的〈適應型策略〉（《哈佛商業評論》，2011）。提出這個概念的核心人物，是曾於 BCG 東京辦公室任職，興趣是吹奏日本傳統樂器「尺八」的英國人馬丁・瑞夫斯（Martin Reeves）。

一開始，團隊就展現了 BCG 的風格。先從「分類」開始切入主題，指出「並非所有事業都要用同一套策略，或者都適合嘗試錯誤型的經營」。的確，安索夫也這樣說過（請參閱第 207 頁）

瑞夫斯團隊先將商業環境分為五大類（圖表 7-29）。

・若環境相當嚴峻，就使用「生存策略」。如果不是的話……
・環境可以預測，但無法掌控時，就用「經典策略」
・環境可以預測，且可以掌控時，就用「願景策略」
・環境難以預測，但可以掌控時，就用「塑造策略」
・環境難以預測，且無法掌控時，就用「適應策略」

這裡的主軸「可掌控性」[56]（企業行為對環境的影響力）是新鮮的觀點。也就是把以往用競爭上的定位，或者相對市占率去處理的問題，改以「企業能否自行（或與盟友合作）改變環境」的觀點，來當成商業環境分類的基準。

換言之，企業要先冷靜認清自己，目前處於五類位置中的何處，以及今後要往何處移動，再依觀察結果選擇合適的策略，並著手準備。

舉例來說，網路相關企業向來採取的是塑造策略。業者雖然很難預測科技會如何進化，但可透過共同商議（也稱為統一規格），設法型塑將來的樣貌。不過，即使發展的事業相同，商業環境也可能因為業者

圖表 7-29　BCG 的五大商業環境分類與適應策略

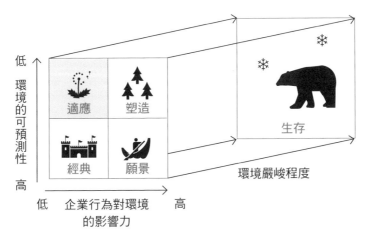

設定的對象區域不同而有所差異。例如，在新興國家發展的業者，就是
「商業環境更加難以預測，掌控的可能性更低」。

　　而所謂的適應策略，就是把「面對難以預期的商業環境變化，仍能
迅速做出因應」，視為企業「競爭力」來源的策略。

　　根據瑞夫斯等人的分析，專賣零售業。例如，流行成衣等行業，就
是環境難以預測，也無法掌控的業界，所以業者只能採取適應策略。舉
凡 ZARA、H&M，以及迅銷集團（UNIQLO）等，就是這樣的市場參
與者（請參閱第 171 頁）。

　　執行適應策略需具備幾種能力，其一是「實驗能力」。

　　瑞夫斯在適應策略的「實驗能力」項目最後，特別強調「面對失
敗」的觀念。「嘗試錯誤」（一如名稱所示）必然會伴隨著失敗，就像
財捷那樣（請參閱第 359 頁）。

　　組織要具備「接納失敗，並懂得從中學習」的能力，否則就只會淪
為「錯誤」的經營管理，而不是嘗試錯誤型的經營管理了。

　　儘管適應策略的名稱是「適應」（adaptive），但並不表示企業要一
味順應或適應。它其實是推動企業「進化」的詞彙。

　　進化的相反詞並非退化[57]，而是停滯。而進化（通常）不會只在一
個世代裡發生，是透過變異和淘汰所引發的非連續性的動態適應。

　　策略管理理論的始祖為這項理論奠定基礎後，經過百年的發展，總
算走到現在這個境界。

　　「不試試看不知道。」

　　不過，其實更有策略的做法，就在眼前。

本章註釋

1 近來有些政治人物把自己的名字和經濟學（economics）湊在一起，例如「雷根經濟學」（reaganomics）、「安倍經濟學」（Abenomics）等，更讓人對經濟學存疑。

2 國內生產毛額（Gross Domestic Product），意指在國內產出的附加價值總額，主要分為家計、企業及政府部門這三大部門。若就分配面來看，GDP 有 2/3 會分配給勞工，1/3 分配給股東、地主等資本家（先進國家的情況）。

3 通常會稱為「看不見的神之手」，但原文中其實並沒有「神」的意思。

4 marginal cost、marginal profit 的直譯，marginal是邊緣的意思。

5 意指生產、銷售規模比競爭者大的業者，成本會變得比較低。通常當規模擴大到兩倍時，成本多半就可以下降兩成。

6 密度經濟效益是指在某一地區內的規模。例如，便利商店若選擇在同一地區內密集開設數 10 家門市，就能提高宣傳效益，同時物流成本也會下降，所以他們會採取這種提高展店密度的策略，又稱為優勢策略（dominant strategy）。

7 因宗教問題而劍橋肄業，後來成為傑出的證券交易員。他與亞當・斯密、卡爾・馬克思和約翰・梅納德・凱恩斯，都被視為經濟學黎明期的泰斗，還被譽為「近代經濟學創始人」。

8 生產力＝產出（output）÷投入（input）。

9 於 1970 年獲得第 2 屆諾貝爾經濟學獎，獲獎原因是「在經濟學理論發展上的功績」值得肯定，可見他對經濟學有相當廣泛的貢獻。

10 約翰・納許（John Forbes Nash, Jr.）在研究所時期發表的論述。不過，對於納許這位數學家而言，它只是一件「小事」。

11 在《蘋果橘子經濟學》（*Freakonomics：The hidden side of everything*，2007）中，作者從經濟學的角度分析、解說了許多爾虞我詐的議題。例如，比賽作弊、老師鑽漏洞、毒販、交友網站的自我介紹、犯罪率與死刑制度、墮胎合法化等。

12 主要原因在於認知心理學當中所謂的各種認知偏誤（經驗法則、事後諸葛等）。

13 數字為日本在 2013 年的實際數字，DA 為遞延接受（deferred acceptance）。

14 詳情請參閱《誰說人是理性的！》第 1 章。

15 表格由作者三谷根據《誰說人是理性的！》（2008）所編製。

16 所以儘管絕大多數顧客都不單點，麥當勞還是要把單項商品的原價高掛在菜單上。

17 艾斯納是微觀管理（Micromanagement）派，凡事都以由上而下的方式下指導棋。儘管他對重振迪士尼各項事業的業績表現貢獻良多，卻和創辦人家族嫌隙甚深。此外，他缺乏創意設計方面的才華，造成迪士尼動畫電影的品質每況愈下。最後由於公司業績衰退，股東遂伺機發動罷免投票，迫使艾斯納請辭下台。

18 作者三谷根據《誰賺走了你的薪水》（2008）的內容所編製。

19 每小時的平均薪資，即「時薪」。

20 在特定族群（同儕團體）當中，一股會在有形或無形間迫使人配合多數意見的力量。

21 他主張的科學管理，包括以下五大面向：①任務管理；②工作研究；③工作指導書（manual）；④差別計件工資制；⑤職能式組織。

22 梅奧先選出兩位技術純熟的工人，再由她們選出剩下的 4 個人。

23 這是《聖經》裡的一段話（Man does not live by bread alone），意指人生於世，不會只以追求物質滿足為目的，也需要情感上的歸屬。

24 譯註：Fritz J. Roethlisberger，美國管理學者，哈佛大學教授。

25 有人翻成法約爾，但在法文發音上較接近費堯。

26 幾乎完全和波特在 1968 年後主張的「價值鏈」概念相同。

27 MBA 是 Master of Business Administration 的簡稱。

28 譯註：3S 分別是策略（strategy）、組織（structure）和系統（system）。

29 他將業界環境分為五階段：反覆型（repetitive）、擴大型（expanding）、變化型（changing）、非連續型（discontinuous）、突發型（unexpected）。

30 這是一門為說明企業管理而設的綜合性科目。1971 年還開設了「企業策略概念」。

31 包括波特提出的「五力分析」等。

32 在安索夫彙整的策略管理規畫程序當中，應評估的檢核項目就有 57 個。

33 1966 年曾推出運用其他企業授權技術（RCA 提供的靜電複印技術）的商品。

34 多角化經營策略下的第 1 號產品，是 10 鍵式簡易計算機 Canola 130（40 萬日圓）。

35 cweb.canon.jp/corporate/50th/history/details/198210.html。

36 後來因為美國汽車製造商等業者反彈，於是在這項法規正式上路前一年，也就是 1974 年時，又廢止了。

37 這時本田宗一郎非常欣喜，認為「這可是推升營收的大好機會。我們就這樣一鼓作氣，成為全球第一的汽車製造商。」但年輕工程師卻反彈很大，主張「我們是為了這個社會而努力，要留給孩子一片藍天」。

38 譯註：曾任本田技研工業總經理，是日本知名的汽車工程師。為表揚他對日本汽車業界的貢獻，2004 年獲選進入日本汽車殿堂。

39 譯註：精通引擎設計，39 歲就當上本田公司董事，是本田在 1980 年代研發機車產品的總指揮。

40 www.honda.co.jp/50years-history/challenge/1972introducingthecvcc/page04.html。

41 www.honda.co.jp/SUPERCUB/ personal/special/60thspecial/。

42 其中 59% 是超級小狼。

43 在以「YOU MEET THE NICEST PEOPLE ON A HONDA」為號召的廣告當中，「有水準的、體面的人」（NICEST PEOPLE）都面帶笑容，瀟灑騎著機車。這一系列宣傳大受好評，說是「翻轉了美國對機車的印象」。

44 哈雷 1982 年的營收，已跌破 500 億日圓大關，陷入經營危機。後由包括創辦人之孫在內的 13 位經營主管，向私募基金買回了自家公司的股權，成為管理階層收購（Management Buyout，簡稱 MBO）的開端。

45 freedom.harley-davidson.co.jp/touch-the-freedom/product/5097/ autoc-one.jp/news/1967594/photo/0002.html www.honda.co.jp/news/2019/2190226-supercub.html。

46 最後，給凱旋機車致命一擊的，是美國政府為保護哈雷機車，而對進口機車設下高關稅。後來，凱旋機車自 1990 年起，引進川崎機車（KAWASAKI）的技術後，又重新復活。

47 原文的「halo」是指聖像頭部（或全身）後方的光環，也指人的光芒或太陽、月亮的光暈。

48 commons.wikimedia.org/wiki/File:Synchro-reader_1957.JPG?uselang=ja www.lomography.jp/magazine/172951-canon-ae-1-a-heavyweight-champ。

49 Competing Against Time，以時間為準則的競爭策略。

50 www.purplewave.com/auction/161228/item/DA5093 www.yanmar.com/jp/about/

ymedia/article/redtractor.html。

51　MBA 課程以兩個月為一學期、全年共分為五學期的一年課程為主。除了楓丹白露之外，在新加坡也有校區，兩個校區地位對等。學生入學時，要先選擇第一、二學期隸屬何處，之後每學期都可自由更換。

52　kakaku.com/item/K0000168893/images/page=ka_1/ kakaku.com/item/20501510128/images/ japanese.engadget. com/2017/05/31/ps3-11/。

53　最小可行性產品（Minimum Viable Product）

54　日本的彌生（YAYOI）就是財捷在 2003 年要退出日本市場之際，由當時的經營團隊發動 MBO（管理階層收購）後，所誕生的公司。

55　英文為 Follow-me-home Studies。

56　英文為 malleability，原指延展性、可塑性，這裡應該是想表達「能否讓特定事物在經鍛鍊後改變形貌」之意。

57　而退化的相反詞則是發展。

課程尾聲

由我主講的管理學相關課程、研習，學員年齡層的分布很廣，來參加的人從國高中生、大學生到 50 多歲都有。有些是主動籌辦讀書會的高中生，有些是來聽必修科目的女大學生。在研究所的在職專班講課，學生也從 20 多歲的年輕朋友，到期許自己一飛沖天的 30 多歲創業家，還有想跨越停滯高牆的 40 多歲主管，更有著眼人生百年時代，選擇重回校園學習的 50 多歲族群。

想必這本書的讀者也一樣，因為這本管理學的入門書籍，就是寫給每個辛勤工作的人，也包括正在求職的準畢業生和打工族。

人生是「一期一會」[1]。在此，我想寫幾句話，送給每一位正在翻閱本書的讀者。

▶ 給 19 歲的你

19 歲的你，現在身在何處？想朝什麼目標邁進？

建議你不妨啟程尋找目標（夢想），一邊享受面對煩惱苦思的過程。其實這就是所謂的「延期償付時期[2]」，是年輕人才有的特權。

如果你已經有明確的目標，那就好好努力，以期能走出最短路徑去成就夢想。除此之外，應該也有人想創造出世上沒有的事物，也就是所謂的「遠見者」（visionary）。

不論是處於延期償付時期，或是想成為遠見者，你現在為此做了什麼？想到什麼？

---

1. 相傳是日本茶道宗師千利休的名言，「一期」在佛教用語當中是指「一生」。
2. Moratorium，原意是延遲或一次性寬限。艾瑞克・艾瑞克森（Erik Erikson）認為，在自我發展階段當中，「青年期」（12～18 歲）是從幼兒進入成人的銜接期，人會發生認同危機，而社會對此所給的寬限，就是所謂的延期償付。

不必急著出社會，但也不必遲疑卻步。好好四處漫遊，或下定決心奮力一搏、嘗試錯誤即可。只要是你自己認真查詢，並經審慎思考後所做的決定，那麼路要怎麼走，其實都無妨。

還有一點要提醒的是：如果問現在做什麼會對將來出社會有幫助，我給出的答案是打工和當義工。希望你務必親身體驗「投身社會組織的活動」，會帶來什麼價值與責任，也感受被顧客或他人感謝的喜悅、與同事溝通的重要、店長或主管真正的角色、研習或操作手冊準備得充不充分、組織在遇有突發狀況時的能耐等。不論在組織團隊中，站居什麼地位，你一定會有這樣的念頭：「這個機制真巧妙！」「可是這裡為什麼變得這麼怪？」「明明可以表現得更好的呀！」

我們系統性地了解了這些商業機制、問題和解決方案所需的知識與架構，稱為「管理學」。

如果你對自己生活的社會，對社會的最大構成要素——商業或企業組織（包括政府機構和非營利團體）感興趣，請務必看看本書。

想必它能讓你某些模糊懵懂的理解，化為明確的文字描述。也能從中找到一些線索，在你疑惑時，能幫助自己找出答案。還能明白自己平常接觸到的諸多商品、服務，其實都是眾人用意志和努力所建構的。

只要拿出「管理學」觀點，稍微環顧四周，你就會發現這個世界，其實遠比你的想像更博大精深，更有意思。

19 歲的你，主動出擊，勇敢地跨出下一步吧！

▶ 給 29 歲的你

出社會已有 5～10 年，回首過去，這一路是什麼光景？過得還算充實嗎？還是一轉眼，時間就過去了呢？

對了，在和學生時期的老朋友聚會，或者和同期進公司的同事們喝酒時，是否曾懷疑對方以前是這樣的人嗎？讓你感到有些怪怪的？

商場是生猛刺激的環境，人在當中會快速成長，也可能被擊潰。在

這裡打滾 5～10 年，彼此成長幅度差好幾倍，很理所當然。這就是你感到不太對勁的真相，同時這應該也會成為自己回顧個人成長脈絡的契機。

稍微回顧過往，再稍加反省之後，就重新面對前方，迎向未來吧！

聳立在你眼前的高牆，究竟是何方神聖？我想各位心裡應該都很清楚，它就是所謂的「經營觀點」。

網路行銷也好、人事招募也罷，甚至是物流[3]，不論負責什麼業務，只要花幾年時間認真投入，應該都能駕輕就熟。不過，你的成長也就僅止於此。

如果你想做更好的工作，期望追求更高的成長，就必須橫向，也就是和非個人專業領域之間合作。要做到這樣的合作，就必須具備整合不同領域所需的目的與邏輯，也就是更高一等的「經營觀點」。不論你現在是不是經營者，都要先具備事業負責人的觀點，才能對事業做出更大的貢獻。

我想本書必能助你一臂之力。你可從中了解事業整體的全貌，還能學會討論事業發展所需的詞彙。

對 29 歲的你而言，想必現在正是人生的交叉路口。來吧！你要選擇哪一條路？

▶ 給 30 多歲～40 多歲的你

各位 30～49 歲的讀者，現在正處於最豐富多樣的年華。每個人的立場、想法都各有不同。

職涯從中小企業、新創公司或外商開始起步的人，多半在 20 多歲後期就會挑戰下一個職場，並在當時體會到轉換工作的困難與樂趣了

---

3. 英文是 logistics，軍事用語，原意為「後勤」，也就是將武器、彈藥、糧食等補給送達前線部隊的作業或部隊。

吧！其實我也屬於這個族群。27 歲時出國留學，32 歲時從 BCG[4] 跳槽到埃森哲[5] 成為儲備幹部，隸屬於當時在埃森哲還算是新事業的策略管理諮詢部門。在中小企業或外商工作，就是這麼一回事。總是全力挺直腰桿，不斷在經營管理的世界裡挑戰。

偶然進入大企業服務的人，在激烈的內部競爭中不斷淬鍊，也活在諸多煩惱中。不論已經脫穎而出或還在力爭上游的人，大家都一樣。

脫穎而出的人，會撞上「晉升管理層級」這面高牆。它可不是靠一股氣勢、拚勁和溝通能力，就能輕鬆過關的等級。

業務上表現不盡理想的人，會缺乏自信，所以不敢換工作、換公司或請調其他職務。

這兩種人都會在走投無路的情況下，選擇投奔學習。其實這個世代，也是對學習最貪婪的年齡層。有人看書、有人上網蒐集資料，也有人勤跑演講。然而，大家還是覺得懵懵懂懂、混混沌沌。

有人覺得看書、上課，學了邏輯思考或管理學之後，好像突然開竅了，卻不覺得自己能運用自如。有人覺得自己的能力明明提升了，但工作績效卻遲遲不見起色。這究竟是為什麼呢？

那是因為您沒有把自己的知識、技術，傳授給團隊裡的其他成員。各位既然會選擇留在企業裡服務，沒有成為自命清高的藝術家，想必是因為企業組織裡的個人力量加總起來，可以創造出更大成果的緣故。然而，要是主管無法將自己的知識、技術好好傳授給部屬，團隊的實力就無法向上提升，也無法打造出更豐碩的成果。

以往各位學的「管理學」，是由 6～10 個專業領域所組成，學到融會貫通已經很不容易，還要傳授給部屬，那更是艱鉅的任務。

正因如此，這本書更能派上用場。書中已將管理學的基礎知識，依事業發展過程中的不同目的，重新篩選、整理。對於學養豐富的各位而

---

4. 波士頓顧問公司（Boston Consulting Group），全球第 2 大策略管理顧問公司。
5. Accenture，全球最大的綜合諮詢顧問公司，員工總人數為 48 萬人（2019 年 1 月底統計數字）。

言，想必都是您看過、學過的內容。不過，為了管理事業，只需要書中介紹的內容，就綽綽有餘。期盼您能將這些內容，以「事業目標＋商業模式」的系統整理，並學會如何清楚地向部屬、同事，甚至是經營高層說明！

30 多歲那幾年，除了在公司擔任資深顧問之外，也是我積極將知識重新整理和系統化的時期。這是為了能提升團隊實力，向部屬和客戶說明。40 歲之後，我傳授知識的對象，又擴大到教育領域，尤其是小朋友、家長和老師。或許是我對「傳授知識或技術給『眾人』」已建立了自信吧。

這本書便是這一路走來的集大成之作。期盼 30 多歲～40 多歲的各位讀者，學習書中內容，並試著「傳授給別人」。

▶ 給和我同世代的讀者

這裡所謂的「和我同世代」，就先設定在「1960 年代出生」的族群吧。這個世代很了解沒有網路、手機是什麼光景。個人電腦應該是在我們國、高中時期，才走入生活的。出社會之後，我們運用這些科技產品，在職場生存下來。我很喜歡這些數位工具[6]，智慧型手機更是用得嚇嚇叫。

原先應該是在日本企業服務的我，曾幾何時走入了外商。在外商服務之後，又因為亞洲總部搬遷等因素而移居新加坡。我們的人生受盡全球化的擺布。

如今對現代科技進步一日千里，以及社會變化之大，最有切身感受的，就是這個世代了。所以我們很明白：今天和昨天不一樣，明天也和今日不同。過去不會重來，未來卻經常背叛自己的想像，不論好壞皆然。

---

6. digital gadget。具特定功能或用途的設備。附帶一提，我有 14 副無線耳機。

不過，還是有一些「可預見的未來」。例如，在少子化、高齡化的趨勢下，日本社會與經濟將面臨什麼挑戰，還有地球暖化所造成的劇烈氣候變遷。[7] 不逃避、勇於承擔，是我們這個世代的責任。

我們的人生還很長，這些問題會直接影響你我的將來。我們也不希望有一天壽終正寢時，要聽下一代責備「你們到底做了什麼好事」。再拚一下吧！

每個人想「拚」的事當然各不相同。而我已經決定要傳授「不管處於什麼情況下，都能開心過活的能力」給下一代。我不知道自己能做到什麼程度，能傳授給多少人，這並非我的目標。我的目標是希望「竭盡所能，全力以赴」。

你的目標或願景是什麼？為了實現目標和願景，你該如何擬訂目標族群、價值、能力和獲利模式？我衷心期盼您會有精彩的表現，也希望本書能助您一臂之力。

▶ 為了教 19 歲的年輕朋友認識管理學，才有這本書

本書內容源自五大來源：管理方法和經營策略理論來自《經營戰略全史》（経営戦略全史，2013），商業模式架構和案例來自《商業模式全史》（ビジネスモデル全史，2014），重要思維觀念等內容則來自《說話有邏輯，上司客戶聽你的》（一瞬で大切なことを伝える技術，2011），其他則來自我以往擔任策略管理顧問時的經驗。

其中最主要的來源，是我在女子營養大學[8] 飲食文化營養系所開設的「基礎管理學入門」這門課程（2016～）。這是大二女同學首次接觸

---

7. 根據推算，未來只要地球的平均氣溫上升 2 度，超級強烈颱風（風速 67m／s 以上）形成的數量，就會是現在的好幾倍。

8. 此學系的成立，是為了培養推動食品產業與在地飲食文化發展的飲食專業人才。除本系之外，另有實務營業學系（培育管理營養師）、保健營養系（培育營養師、學校護理人員）等科系。

的管理類課程。這門課是系上必修，有 100 多位同學參與課程。

2016 年開課前，我便一直左思右想：究竟該如何將「管理學」的基礎內容，傳授給這些同學。

我想到「不以專業領域分類，改依目的分類教學」的方法教學。每堂課 90 分鐘×16 次課程，都用書中表格講解。內容選用大量案例，且絕大多數都和食品相關。此外，每次課程必定都會加入和咖啡有關的案例。[9] 讀到這裡，您是否覺得這樣的架構有些似曾相識呢（笑）？

在上完第一輪的 4 個月課程之後，她們的迴響很有意思：「走進商店裡，會覺得『我可沒這麼容易被騙』，於是現在沒辦法再隨手買東西了」、「我在（連鎖品牌）的店裡打工，常有總公司的人來談事情，現在總算明白，原來他們這樣做是有道理的」、「果然一家店的好壞，還是看店長的水準。店長不懂的話，我們做什麼都沒用」、「我打算在現在打工的這家店再待 3 年，要是它倒閉，我可就傷腦筋了。所以最近比較閒的時段，我都會對客人特別好。就算是久坐的客人，杯子空了我還是會馬上去幫他加水」。

真了不起！這樣就夠了。我覺得同學們已經（或多或少）明白何謂商業經營，也了解基礎與本質了。太好了，這樣我應該就能教「大家」管理學了。

感謝當初選擇我擔任「基礎管理學入門」課程講師的淺尾貴子女士。我接下這個任務後，還因為擔心「這挑戰太困難」而肚子痛，請幫我保密。此外，我也要感謝在決定將課程內容出版成書後，Discover 21 出版社的原典宏先生、松石悠先生，以及其他同仁的協助。還有這次首度合作的設計師加藤賢策先生，感謝您為本書做了既流行又雅致的設計，松本 SEIJI 先生的插圖也很別致！其他還有圖表設計的小林祐司先生、負責桌上排版（DTP）的 RUHIA 公司的田中志步先生和川野隆行

9.　研究咖啡的書籍很多，我主要參考《咖啡的世界史》（珈琲の世界史）、《從一杯咖啡裡學策略》（戦略は「1 杯のコーヒー」から学べ！）等書。

先生，感謝各位把數量龐大的圖表和複雜的正文文字完美結合。另外，接下這 19 萬字校對工作的鷗來堂，感謝各位幫了我大忙。其餘印刷等工作，就全權交給大日本印刷團隊處理了。

　　啊！出書真是太愉快了！不過我也很清楚，接下來的銷售表現，才是獲利模式上的關鍵（笑）。我會努力配合行銷活動！

　　下課後的閒談，也將在此告一段落。期盼這門課程「管理學，最強商業邏輯養成」，能與更多「勞工」分享。

　　　2019 年 8 月 寫於走過暖冬、長梅雨、盛夏與颱風後 三谷宏治

習題演練解答

習題演練 1 | 請畫出任天堂紅白機的商業模式圖

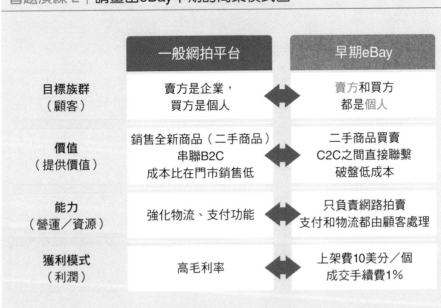

	任天堂紅白機	
目標族群（顧客）	① 小學男生	② 遊戲軟體大廠
價值（提供價值）	平價的遊戲主機 昂貴、但好玩的遊戲	遊戲機的普及 遊戲的粗利
能力（營運／資源）	自家公司的研發能力 （超級瑪利歐兄弟等） ROM卡帶的生產能力	事前審核外部軟體的能力
獲利模式（利潤）	雖然遊戲主機虧損，但憑遊戲軟體 權利金等收入獲利的「刮鬍刀模式」	

習題演練 2 | 請畫出eBay早期的商業模式圖

	一般網拍平台	早期eBay
目標族群（顧客）	賣方是企業， 買方是個人	賣方和買方 都是個人
價值（提供價值）	銷售全新商品（二手商品） 串聯B2C 成本比在門市銷售低	二手商品買賣 C2C之間直接聯繫 破盤低成本
能力（營運／資源）	強化物流、支付功能	只負責網路拍賣 支付和物流都由顧客處理
獲利模式（利潤）	高毛利率	上架費10美分／個 成交手續費1%

習題演練 3 ｜ 請畫出eBay中期的商業模式圖

	早期eBay	中期eBay
目標族群 （顧客）	賣方和買方 都是個人	同左 ＋PayPal使用者
價值 （提供價值）	二手商品買賣 C2C之間直接聯繫 破盤低成本	使用線上付款 安心又安全（保護買方） 且成本相當低
能力 （營運／資源）	只負責網路拍賣 支付和物流都由顧客 自行處理	強化線上付款功能 （收購PayPal） 低價建立基礎設施
獲利模式 （利潤）	上架費10美分／個 成交手續費1%	只有賣方要在PayPal上 支付2%～近4%的手續費

習題演練 4 ｜ 請畫出StoreKing的商業模式圖

	印度的一般電商平台	StoreKing	
目標族群 （顧客）	網路使用者 （4.65億人）	① 鄉下非網路使用者 （6.45億人）	② 微型雜貨店 （數百萬家）
價值 （提供價值）	品項豐富、價格實惠 到處都能下單、配送 需自備上網裝置等	品項豐富、價格實惠 到鄰近的店選購、取貨， 毋需上網設備與銀行帳戶	採購成本低 毛利、攬客
能力 （營運／資源）	廣告能力、採購能力、 配送能力	雜貨店網路化 （業務推廣，提供應用程式 與裝置）採購能力	
獲利模式 （利潤）	規模與密度效應	節省配送成本 降低違約風險／收款風險	

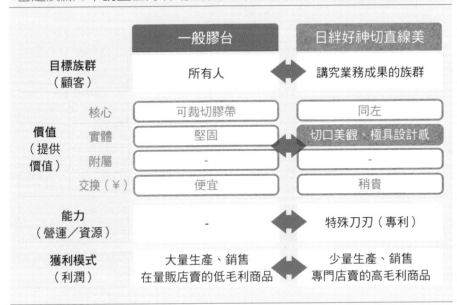

習題演練 5 | 請畫出好神切直線美的商業模式，尤其是價值部分

		一般膠台		日絆好神切直線美
目標族群 （顧客）		所有人		講究業務成果的族群
價值 （提供 價值）	核心	可裁切膠帶		同左
	實體	堅固		切口美觀、極具設計感
	附屬	-		-
	交換（¥）	便宜		稍貴
能力 （營運／資源）		-		特殊刀刃（專利）
獲利模式 （利潤）		大量生產、銷售 在量販店賣的低毛利商品		少量生產、銷售 專門店賣的高毛利商品

習題演練 6 | 請畫出iPod的商業模式圖，特別是目標族群和價值部分

		索尼Walkman		iPod
目標族群 （顧客）		所有人		專業樂迷
價值 （提供 價值）	核心	可在外聽音樂		同左
	實體	音質佳與可攜性 （輕薄短小）		大容量音樂庫，全部帶著走 設計感與感性品質
	附屬	音樂串流服務		音樂管理軟體（iTunes）
	交換（¥）	中價位		偏高
能力 （營運／資源）		音樂技術、獨家零組件、 獨家內容（SME）		對音樂外行 設計實力卓越
獲利模式 （利潤）		大量生產、銷售 在量販店販賣的低毛利商品		大量生產、銷售 高毛利

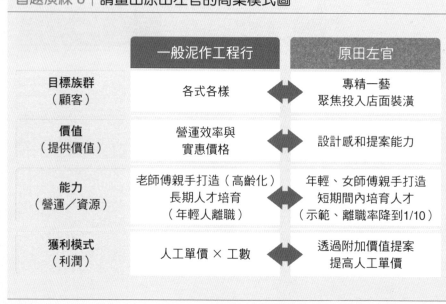

習題演練 7｜請畫出愛電王（DEODEO）的商業模式圖（1995年時）

	一般家電量販店	愛電王（當時的DAIICHI）
目標族群（顧客）	上門的消費者	曾購物的全家人
價值（提供價值）	品項齊全與低價門市的區位	修理迅速（Z服務）時機精準的促銷
能力（營運／資源）	LCO（低價操作）	建置顧客資料簿（資料庫）配置巡迴服務車服務時蒐集資訊迅速的資訊分析能力
獲利模式（利潤）	挾規模經濟的優勢而能低價採購，薄利多銷	以優勢策略（提高在地占有率）降低成本，透過DM推升營收

習題演練 8｜請畫出原田左官的商業模式圖

	一般泥作工程行	原田左官
目標族群（顧客）	各式各樣	專精一藝聚焦投入店面裝潢
價值（提供價值）	營運效率與實惠價格	設計感和提案能力
能力（營運／資源）	老師傅親手打造（高齡化）長期人才培育（年輕人離職）	年輕、女師傅親手打造短期間內培育人才（示範、離職率降到1/10）
獲利模式（利潤）	人工單價 × 工數	透過附加價值提案提高人工單價

習題演練 9 | 請畫出亞馬遜書籍事業的商業模式圖（2000年）

	大型實體書店		亞馬遜書籍（2000年）
目標族群 （顧客）	大都會區	⬌	全國的網路使用者
價值 （提供價值）	品項齊全 （10萬本／店）	⬌	品項齊全（230萬） 配送迅速（送到全美 各地只要1～2天）
能力 （營運／資源）	門市規模與區位 知識豐富的店員	⬌	只有1家網路門市 全美有8個物流中心 員工8,000人
獲利模式 （利潤）	大量採購、銷售 暢銷商品	⬌	依定價銷售 長尾商品

習題演練 10 | 請畫出ZARA的商業模式圖（與GAP比較）

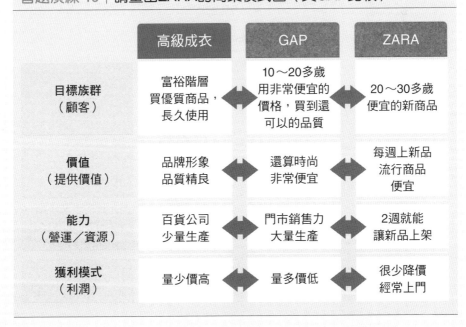

	高級成衣		GAP		ZARA
目標族群 （顧客）	富裕階層 買優質商品， 長久使用	⬌	10～20多歲 用非常便宜的 價格，買到還 可以的品質	⬌	20～30多歲 便宜的新商品
價值 （提供價值）	品牌形象 品質精良	⬌	還算時尚 非常便宜	⬌	每週上新品 流行商品 便宜
能力 （營運／資源）	百貨公司 少量生產	⬌	門市銷售力 大量生產	⬌	2週就能 讓新品上架
獲利模式 （利潤）	量少價高	⬌	量多價低	⬌	很少降價 經常上門

習題演練 11 | 請畫出RIZAP的商業模式圖

	大型健身俱樂部	RIZAP
目標族群 （顧客）	每位都市居民 （搭電車、騎腳踏車） 60 歲以上占 3 成	20～50 多歲的 中高收入者 曾減重失敗者
價值 （提供價值）	健康、減重、體力 全方位健身 高品質、品牌	確實減重成功 （2 個月～長期） 與教練之間的人際關係
能力 （營運／ 資源） 門市區位	車站前（100 店～）	距車站 10 分鐘內
設備	泳池 2 座、高級機器設備	現有大樓樓層一隅，最低限度器材
員工	也有專業教練	個人教練／192 小時研習
獲利模式 （利潤）	持續收費模式 12,000 日圓／月 （平日 8,500 日圓） BEP 為 5,000 人／門市	短期集中模式 35 萬日圓／兩個月 →5 成以上續約， 每年平均90萬日圓／人

習題演練 12 | 請畫出吉列的商業模式圖（初期）

	傳統刮鬍刀	吉列
目標族群 （顧客）	一般男士個人	同左＋軍方配給 針對女性（送禮）
價值 （提供價值）	耐用程度	不必磨刀， 鋒利、舒適
能力 （營運／資源）	大量生產、銷售能力	替換薄刀片的生產技術 專利因應能力／大眾促銷 研發：接頭部分的專利
獲利模式 （利潤）	整組汰舊換新 高價	壓低本體假格 透過替換刀片持續賺取獲利

習題演練 13 ｜ 請畫出谷歌的商業模式圖（初期）

	谷歌	
目標族群 （顧客）	一般網路使用者	B2C／B2B 企業
價值 （提供價值）	各式網站的精準搜尋	個別接觸對特定領域 表示興趣的族群
能力 （營運／資源）	優質的機器人型搜尋引擎 關鍵字廣告的專利（Overture 擁有）	
獲利模式 （利潤）	與搜尋內容連動的關鍵字廣告	

習題演練 14 ｜ 請畫出cookpad的商業模式圖

	免費使用者		付費使用者	廣告主
目標族群 （顧客）	免費瀏覽者每月 5,500萬人試作回 饋[1] 1,600 萬筆？	使用者累計貼出 305萬筆食譜	付費瀏覽者 205萬人	食品、烹調 相關企業
價值 （提供價值）	食譜的質與量 易瀏覽 易評比	易貼文 給貼文的評價與 回饋（試作回饋）	食譜的質與量 易搜尋 儲存功能	鎖定特定興 趣族群 推升需求的效果
能力 （營運／資源）	社群功能（試作回饋限32字以內） 致力檢核貼文與確保食品安全 大容量內容與存取的穩定性、食譜搜尋功能（Ruby）			廣告業務能力 企畫能力
獲利模式 （利潤）	內容製作成本0圓（CGM） 收入來自部分付費使用者的會費（整體的 7 成） （約占每月總使用者的3.7%）			聯名合作廣告[2] 橫幅廣告收入 （整體的 4 成）

1　譯註：「試作回饋」功能的名稱為Tsukurepo（つくれぽ）。
2　食譜大賽、贊助廚房（譯註：特定廠商的專頁，提供使用廠商產品的食譜）等。

習題演練 15 │ 請畫出明亮安心服務的商業模式圖

	銷售燈管	明亮安心服務
目標族群 （顧客）	所有事業單位	著重環保的企業 （ISO14001、SDGs企業）
價值 （提供價值）	使用壽命長 價格便宜	初期成本0圓、低成本 不須負廢棄物排放者 責任
能力 （營運／ 資源） 業務推廣	出貨給零售通路即可	提案型的業務推廣來開發新客戶
處理設施	無	淨零碳排工廠
獲利模式 （利潤）	賣斷	定額長期契約

習題演練 16 │ 請畫出十九世紀末巴黎咖啡館的商業模式圖

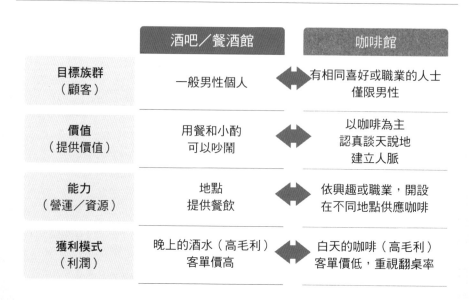

	酒吧／餐酒館	咖啡館
目標族群 （顧客）	一般男性個人	有相同喜好或職業的人士 僅限男性
價值 （提供價值）	用餐和小酌 可以吵鬧	以咖啡為主 認真談天說地 建立人脈
能力 （營運／資源）	地點 提供餐飲	依興趣或職業，開設 在不同地點供應咖啡
獲利模式 （利潤）	晚上的酒水（高毛利） 客單價高	白天的咖啡（高毛利） 客單價低，重視翻桌率

習題演練 17 | 請畫出十九世紀末巴黎茶沙龍的商業模式圖

	咖啡館		茶沙龍
目標族群（顧客）	有相同喜好或職業的人士 僅限男性	⬌	有相同喜好的人士 女性為主
價值（提供價值）	以咖啡為主 認真談天說地 建立人脈	⬌	紅茶和甜點 悠閒放鬆 裝潢也很重要
能力（營運／資源）	依興趣或職業，開設在不同地點 供應咖啡	⬌	地點 供應紅茶與獨家甜點
獲利模式（利潤）	白天的咖啡（高毛利） 客單價低，重視翻桌率	⬌	白天的紅茶與甜點（高毛利） 客單價偏高

習題演練 18 | 請畫出勞依茲咖啡館的商業模式圖

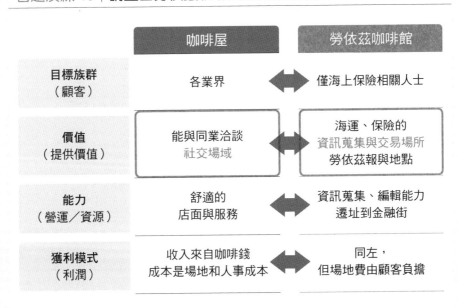

	咖啡屋		勞依茲咖啡館
目標族群（顧客）	各業界	⬌	僅海上保險相關人士
價值（提供價值）	能與同業洽談 社交場域	⬌	海運、保險的 資訊蒐集與交易場所 勞依茲報與地點
能力（營運／資源）	舒適的 店面與服務	⬌	資訊蒐集、編輯能力 遷址到金融街
獲利模式（利潤）	收入來自咖啡錢 成本是場地和人事成本	⬌	同左， 但場地費由顧客負擔

習題演練 19 | 請畫出日本星巴克的商業模式圖

	傳統咖啡館		星巴克
目標族群 （顧客）	上班族男士	⬌	年輕男女
價值 （提供價值）	能喝杯咖啡 小憩的地方	⬌	只要待於此，就能體驗 美妙經驗的劇場！ 「第三空間」
能力 （營運／資源）	門市：二流地段 咖啡：個人技術 店員：OJT？	⬌	門市：一流地段與空間 咖啡：獨家咖啡機 店員：咖啡師教育、無標準營運手冊
獲利模式 （利潤）	客單價：偏低～偏高 翻桌率：偏低	⬌	單價：偏高 翻桌率：偏低

習題演練 20 | 請畫出羅多倫的商業模式圖，尤其詳加描述價值與能力部分

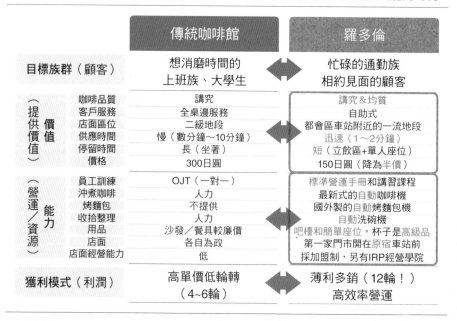

		傳統咖啡館		羅多倫
目標族群（顧客）		想消磨時間的 上班族、大學生	⬌	忙碌的通勤族 相約見面的顧客
（提供價值） 價值	咖啡品質	講究	⬌	講究＆均質
	客戶服務	全桌邊服務		自助式
	店面區位	二級地段		都會區車站附近的一流地段
	供應時間	慢（數分鐘～10分鐘）		迅速（1～2分鐘）
	停留時間	長（坐著）		短（立飲區＋單人座位）
	價格	300日圓		150日圓（降為半價）
（營運／資源） 能力	員工訓練	OJT（一對一）	⬌	標準營運手冊和講習課程
	沖煮咖啡	人力		最新式的自動咖啡機
	烤麵包	不提供		國外製的自動烤麵包機
	收拾整理	人力		自動洗碗機
	用品	沙發／餐具較廉價		吧檯和簡單座位，杯子是高級品
	店面	各自為政		第一家門市開在原宿車站前
	店面經營能力	低		採加盟制，另有IRP經營學院
獲利模式（利潤）		高單價低輪轉 （4~6輪）	⬌	薄利多銷（12輪！） 高效率營運

習題演練 21 │ 請畫出藍瓶咖啡的商業模式圖

	星巴克	藍瓶咖啡
目標族群 （顧客）	年輕男女 （閒聊／工作）	年輕男女 （熱愛咖啡）
價值 （提供價值）	是一座劇場，人只要待在此，就會有美妙的體驗！「第三空間」	美妙的咖啡體驗 無Wi-Fi、插座
能力 （營運／資源）	門市：一流地段與空間 咖啡：獨家咖啡機 店員：咖啡師教育、無標準營運手冊	門市：二級地段 咖啡：搜羅稀有咖啡豆、獨家菜單、自家烘豆坊 店員：傳授手沖技術 員工：設有品管經理
獲利模式 （利潤）	單價：偏高 輪轉：偏低	單價：偏高 輪轉：普通

習題演練 22 │ 請用加盟總部的觀點，畫出SEVEN CAFÉ的商業模式圖

	SEVEN CAFÉ（總部觀點）	
目標族群 （顧客）	顧客	加盟主
價值 （提供價值）	附近就買得到 好喝又便宜的咖啡	吸引新客上門 提升既有顧客的客單價／ 圍堵自助式服務
能力 （營運／資源）	小型自動咖啡機（現磨） 盡可能降低店員的時間與技術 咖啡豆與冰塊的採購能力	
獲利模式 （利潤）	門市：BEP 是 1 杯 100 日圓，門市毛利 50％，40 杯／每天合購。對推升女性顧客比例與回購率都有貢獻[※] 總部：大量銷售（1 年 10 億杯）帶來高獲利	

※　合購率2成，回購率55%，女性消費者達5成

索引【關鍵字】

索引【組織、公司】

索引【人物】

管理學，最強商業邏輯養成

作者	三谷宏治
譯者	張嘉芬
商周集團執行長	郭奕伶
商業周刊出版部	
總監	林雲
責任編輯	林亞萱
封面設計	FE 設計
內文排版	菩薩蠻數位文化有限公司
出版發行	城邦文化事業股份有限公司 商業周刊
地址	104 台北市中山區民生東路二段 141 號 4 樓
	電話：(02)2505-6789　傳真：(02)2503-6399
讀者服務專線	(02)2510-8888
商周集團網站服務信箱	mailbox@bwnet.com.tw
劃撥帳號	50003033
戶名	英屬蓋曼群島商家庭傳媒股份有限公司城邦分公司
網站	www.businessweekly.com.tw
香港發行所	城邦（香港）出版集團有限公司
	香港灣仔駱克道 193 號東超商業中心 1 樓
	電話：(852) 2508-6231　傳真：(852) 2578-9337
	E-mail：hkcite@biznetvigator.com
製版印刷	中原造像股份有限公司
總經銷	聯合發行股份有限公司 電話：(02) 2917-8022
初版 1 刷	2023 年 3 月
初版 2.5 刷	2023 年 10 月
定價	500 元
ISBN	978-626-7252-23-9（平裝）
EISBN	（EPUB）9786267252260／（PDF）9786267252253

「新しい経営学」（三谷宏治）
ATARASHII KEIEIGAKU
Copyright © 2019 by Koji Mitani
Book Designs by Kensaku Kato
Figure Designs by Yushi Kobayashi
Original Japanese edition published by Discover 21, Inc., Tokyo, Japan Complex Chinese edition published by arrangement with Discover 21, Inc
Complex Chinese translation copyright ©2023 by Business Weekly, a Division of Cite Publishing Ltd., Taiwan

國家圖書館出版品預行編目（CIP）資料

管理學，最強商業邏輯養成／三谷宏治作；張
嘉芬譯. -- 初版. -- 臺北市：城邦文化事業股份有
限公司商業周刊，2023.03
400 面；17×22 公分
譯自：新しい経営学
ISBN 978-626-7252-23-9（平裝）

1.CST: 企業管理　2.CST: 企業經營
494　　　　　　　　　　112000729

金商道

The positive thinker sees the invisible, feels the intangible, and achieves the impossible.

惟正向思考者，能察於未見，感於無形，達於人所不能。 —— 佚名